Web 开发与设计

Rust Web开发

[德] 巴斯蒂安·格鲁伯(Bastian Gruber) 著

赵 永 邹松廷 卢贤泼 译

清華大學出版社

北 京

北京市版权局著作权合同登记号 图字：01-2024-0791

Bastian Gruber
Rust Web Development
EISBN: 9781617299001

图书在版编目(CIP)数据

Rust Web 开发 / (德) 巴斯蒂安 • 格鲁伯(Bastian Gruber) 著；赵永，邹松廷，卢贤泼译. —北京：清华大学出版社，2024.4
(Web 开发与设计)
书名原文：Rust Web Development
ISBN 978-7-302-65823-8

Ⅰ. ①R… Ⅱ. ①巴… ②赵… ③邹… ④卢… Ⅲ. ①程序语言—程序设计 Ⅳ. ①TP312

中国国家版本馆 CIP 数据核字(2024)第 060616 号

责任编辑：王 军 刘远菁
装帧设计：孔祥峰
责任校对：成凤进
责任印制：杨 艳

出版发行：清华大学出版社
网 址：https://www.tup.com.cn，https://www.wqxuetang.com
地 址：北京清华大学学研大厦 A 座 邮 编：100084
社 总 机：010-83470000 邮 购：010-62786544
投稿与读者服务：010-62776969，c-service@tup.tsinghua.edu.cn
质 量 反 馈：010-62772015，zhiliang@tup.tsinghua.edu.cn
印 装 者：三河市人民印务有限公司
经 销：全国新华书店
开 本：170mm×240mm 印 张：22.5 字 数：520 千字
版 次：2024 年 4 月第 1 版 印 次：2024 年 4 月第 1 次印刷
定 价：98.00 元

产品编号：099490-01

推荐序

《Rust Web 开发》由 Bastian Gruber 撰写，旨在为读者提供从头到尾编写 Web 应用程序的全面指导。作者不仅详细介绍了 Rust 语言的基础知识，还深入探讨了如何使用 Rust 构建高效、安全的 Web 服务。书中涵盖了 Rust 编程的各个方面，包括异步编程、数据库连接、集成第三方 API 等关键技术点，以及如何部署和测试 Rust Web 应用程序。

本书特别适合那些对 Rust 编程有一定的了解，且希望深入探索如何利用 Rust 开发 Web 服务的开发者。通过一系列实用的示例和讲解，读者可以学习到如何利用 Rust 的性能优势和安全特性来构建下一代 Web 应用程序和 API。

经过仔细审阅《Rust Web 开发》一书的试读章节，我发现这本书并非只是一本技术手册，而是一本充满洞见和实用知识的宝典，它为 Rust 编程语言在 Web 开发领域的应用提供了全新的视角。作者通过丰富的示例和实战经验，使得读者能够快速掌握 Rust 在 Web 开发中的实际应用，无论是新手还是有经验的开发者，都能从中获益。

书中的内容安排合理，以 Web 开发为主线，从基本的路由函数开始，到日志调试，再到添加数据库和集成第三方 API，最后将应用程序部署到生产环境中。每一个章节都紧密围绕着实际的项目需求展开，不仅提供了代码示例，还深入讲解了背后的语言特性、设计理念和最佳实践。这种由浅入深的教学方法，旨在帮助读者构建坚实的知识基础，同时激发读者探索更高级话题的兴趣。

特别值得一提的是，这本书虽然看上去用到了一些特定的 Web 框架，但是其内容却超越了框架，读者能够学到更多 Rust 基础知识。

总而言之，《Rust Web 开发》是一本既适合初学者，又能让有经验的开发者深入理解的书籍。它不仅提供了关于如何使用 Rust 进行 Web 开发的详细指导，还展现了 Rust 在现代 Web 开发中的巨大潜力。无论你是 Rust 的初学者，还是希望将 Rust 应用于 Web 开发的资深程序员，这本书都将是你不可多得的资源。强烈建议所有对 Web 开发和 Rust 语言感兴趣的读者阅读本书，相信它将成为你技术书架上的一份珍贵财富。

张汉东
资深独立咨询师
《Rust 编程之道》作者
Rust 中文社区布道者

序　言

我骨子里是一个实用主义者。我对编程的初次接触源于我小镇上的一个邻居对我的启发，他(当时)通过向企业销售网站赚了一大笔钱。我想，如果他能靠这个赚钱，那么我也可以。我在 17 岁时和一个朋友创办了一家公司，致力于为企业建立网站。因为在家里就能为这些公司创造如此巨大的价值，我爱上了这个行业。

然而，编程从来不是我最喜欢的，也不是我想深入研究的东西。它只是达到目的的手段，而我必须这样做才能交付一个应用程序或网站。我起初在主机上编写 PL/I 语言，然后在浏览器应用程序中使用 JavaScript，同时做后端 API。我只是喜欢做互联网开发。这种热情引发了我对 Rust 的兴趣。这是我第一次碰到一种能够支持我的语言和编译器，让我能够专注于最重要的事情：为他人创造价值。

本书就是从这种实用主义的角度来写的，用行话讲就是：利用目前最好的工具创造价值。这本书展示了为什么使用 Rust，即使乍一看不明显，也是未来一代 Web 应用程序和 API 的完美选择。本书不仅关注语法，还提供指导和深入探讨，让你能够自信地开始和完成下一个 Rust 项目。

我想揭开 Rust 的面纱，看看 Rust crate、Rust 语言本身以及选择的 Web 框架的幕后有什么。详细程度始终以实用为目标：你需要了解多少内容才能有所作为，理解解决方案以便在自己的项目中进行调整，并知道如何进一步探索。

正如我的一位前同事所说：“写 Rust 代码就像走捷径一样！”我希望本书能让你认识到 Web 开发的美感，使用一种能够支持你并使你能够比以前更快、更安全地完成工作的语言。我很荣幸能带你踏上这个旅程！

致　　谢

首先，我要感谢妻子艾米莉(Emily)，感谢她对我的信任和支持，鼓励我前进，并一直坚信我能完成这本书。写这本书占用了我本来就有限的时间，我将永远感激你的支持。谢谢你始终支持我和家庭。我爱你。

接下来，我要感谢迈克·斯蒂芬斯(Mike Stephens)，是他联系我，使这本书的出版成为可能。最初的通话真正激励了我，让我相信自己真的可以完成一本书。你的智慧和经验影响了这本书和我未来多年的写作。

感谢 Manning 出版社的编辑艾莉莎·海德(Elesha Hyde)：感谢你的耐心、意见、持续的邮件跟进，以及在整个过程中提供的宝贵建议和指导。我总是期待着与你会面，我会非常怀念这些时光。

感谢那些在这个旅程中给我启发的开发人员：马里亚诺(Mariano)，你的智慧和见解不仅帮助我完成这本书，也影响了我作为开发人员的职业生涯；克努特(Knut)和布莱克(Blake)，我们在 smartB 的时光和之后的讨论塑造了我对本书读者的态度；西蒙(Simon)，你教会了我如何成为一名开发人员并认真对待自己的工艺；还有保罗(Paul)，感谢你提供了一个发泄的渠道，让我通过交谈重新充满了能量，并对技术感到兴奋；达达(Dada)，和你一起学习是我能够写这本书的一个重要基石；最后但同样重要的是，塞巴斯蒂安(Sebastian)和费尔南多(Fernando)，和你们在一起的时光塑造了作为开发人员的我，同时影响了我的为人。

感谢所有的审阅者：Alain Couniot、Alan Lenton、Andrea Granata、Becker、Bhagvan Kommadi、Bill LeBorgne、Bruno Couriol、Bruno Sonnino、Carlos Cobo、Casey Burnett、Christoph Baker、Christopher Lindblom、Christopher Villanueva、Dane Balia、Daniel Tomás Lares、Darko Bozhinovski、Gábor László Hajba、Grant Lennon、Ian Lovell、JD McCormack、Jeff Smith、Joel Holmes、John D. Lewis、Jon Riddle、JT Marshall、Julien Castelain、Kanak Kshetri、Kent R. Spillner、Krzysztof Hrynczenko、Manzur Mukhitdinov、Marc Roulleau、Oliver Forral、Paul Whittemore、Philip Dexter、Rani Sharim、Raul Murciano、Renato Sinohara、Rodney Weis、Samuel Bosch、Sergiu Răducu Popa、Timothy Robert James Langford、Walt Stoneburner、William E. Wheeler 和 Xiangbo Mao。你们的建议使这本书变得更好。

关 于 本 书

本书将帮助你从头到尾编写 Web 应用程序(无论是 API、微服务还是单体应用)。你将学习到一切必要的知识，包括如何向外界开放 API，连接数据库以存储数据，以及测试和部署应用程序。

这不是一本参考书，而是一本工作手册。正在构建的应用程序在设计上做出了一些妥协，以便在适当的时候解释概念。需要阅读整本书的内容才能最终将应用程序部署到生产环境中。

哪些人应该阅读本书

本书适合那些已经阅读过 Steve Klabnik 和 Carol Nichols 合著的 *The Rust Programming Language*(No Starch Press，2019)前 6 章，并想知道“可以用它做什么”的读者。它也适合那些之前用其他语言构建过 Web 应用程序的开发人员，他们想知道 Rust 是否适用于他们的下一个项目。最后，对于那些需要使用 Rust 编写和维护 Web 应用程序的新手，这本书也是不错的选择。

本书的编排方式

本书分为三部分，共 11 章和一个附录。

第 I 部分介绍使用 Rust 编写 Web 应用程序的原因和方法。

第 1 章介绍 Rust 适合哪种环境和团队，并解释为团队或下一个项目选择 Rust 的原因。该章将 Rust 与其他语言进行比较，并初步介绍其 Web 生态系统。

第 2 章讲述 Rust 语言基础知识以及完成本书和理解书中代码片段所需的知识，还介绍 Web 生态系统的基础知识，并描述在 Rust 中编写异步应用所需的额外工具。

第 II 部分介绍如何创建应用的业务逻辑。

第 3 章为后续内容打下基础。该章介绍使用的 Web 框架 Warp，以及如何使用 JSON 响应 HTTP GET 请求。

第 4 章涵盖 HTTP POST、PUT 和 DELETE 请求，以及如何从内存中读取假数据。该章还介绍 urlform-encoded 和 JSON 主体之间的区别。

第 5 章讲解如何将代码模块化、执行代码检查和格式化。将大段代码拆分为自己的模块和文件，使用 Rust 的注释系统对代码库进行注释，添加代码检查规则并进行格式化。

第 6 章介绍如何对运行中的应用程序进行反思。该章解释日志记录和跟踪之间的区别，并展示调试代码的各种方法。

第 7 章不再教你使用内存存储，而是添加一个 PostgreSQL 数据库。你将连接到本地主机上的数据库，创建连接池，并在路由函数之间共享该连接池。

第 8 章教你连接到外部服务，发送数据并处理接收到的响应。该章讨论如何打包异步函数和反序列化 JSON 响应。

第Ⅲ部分确保一切就绪，以便将代码投入生产环境。

第 9 章讨论有状态和无状态认证以及它们在代码中的体现。该章引入用户概念并教你添加令牌验证中间件。

第 10 章对输入变量进行参数化，例如 API 密钥和数据库 URL，并准备将代码库构建在各种架构和 Docker 环境中。

第 11 章以单元测试和集成测试结束本书，并介绍如何在每个测试之后启动和关闭模拟服务器。

附录针对审计和编写安全代码提供指导。

本书可以分章阅读。可以使用代码库来查看各章并为当前阅读的部分进行设置。应用程序是逐章构建的，因此如果你跳过某些章节，可能会错过一些信息。不过，章节可以用作一个软参考指南。

关于代码

本书中的代码示例基于 Rust 2021 edition 编写，并在 Linux 和 macOS 上进行了测试，支持 Intel 和 Apple 芯片。

本书包含许多源代码示例，既有带编号的代码清单，也有与普通文本放在一起的代码。在这两种情况下，源代码都以等宽体进行格式化，以与普通文本区分开来。此外，粗体用于突出显示与章节中先前步骤中的代码不同的代码，例如当新功能添加到现有代码行时。在某些情况下，删除线用于表示正在被替换的代码。

在许多情况下，原始源代码已经重新格式化；添加了换行符并重新调整了缩进，以适应书中可用的页面空间。此外，如果正文已对代码进行描述，源代码中的注释通常会从代码清单中删除。代码注释伴随着许多代码清单，以突出显示重要的概念。

扫描本书封底二维码，即可获取本书示例的完整代码。

关 于 作 者

Bastian Gruber 是 Centrifuge 的一名运行时工程师，全职使用 Rust 进行工作。他曾是 Rust 官方异步工作组的一员，并创办了 Rust and Tell Berlin Meetup 小组。他曾在全球最大的加密货币交易所之一从事 Rust 核心后端开发工作。他也是一位有着 12 年经验的作家，定期为 LogRocket 撰写关于 Rust 的文章，并接受采访和演讲的邀请。通过自己的经验，Bastian 拥有了以简单方式讲授复杂概念的能力，他的文章因易于理解和讲解深刻而受到喜爱。

关于封面插图

本书封面上的插图来自 Jacques Grasset de Saint-Sauveur 于 1788 年出版的作品集中的 *Femme de Stirie*(《来自斯蒂里亚的女人》)。作品集中的每幅插图都是精细绘制、手工上色的。

在那个时代，可通过人们的服装轻松辨识出他们居住的地方以及他们所在的行业和社会地位。

Manning 以几个世纪前丰富多彩的地区文化为基础，通过这样的图片使图书封面栩栩如生，从而颂扬计算机行业的创造性和活力。

目　录

第I部分

Rust 介 绍

本书第 I 部分为你学习 Rust 语言奠定基础。在使用 Rust 进行 Web 应用开发之前，需要了解使用 Rust 语言和编写异步服务器应用程序所需的工具。第 I 部分将涵盖这两个主题。

第 1 章关注为什么要使用 Rust。该章展示 Rust 如何在比其他语言有更高性能的同时，让你能够轻松且安全地使用它创建应用程序；介绍如何在本地配置 Rust、工具链的形态，以及 Rust 中的异步和 Web 应用生态系统的形态(重要内容)。

第 2 章进一步讨论本书学习过程中所需的所有基础知识，让你不仅能理解书中的代码片段，而且能足够自信地开始新的 Rust 项目。

第1章 为什么使用 Rust

本章内容

- Rust 安装程序中包含的工具
- 初步了解 Rust 编译器及其独特之处
- 使用 Rust 编写 Web 服务所需的工具
- 支持 Rust 应用程序可维护性的特性

Rust 是一门系统编程语言。与 JavaScript 或 Ruby 这样的解释型语言不同，Rust 拥有编译器，类似于 Go、C 或 Swift。它结合了无运行时开销(如 Go 中的主动垃圾回收，Java 中的虚拟机)，同时提供了易于阅读的语法，类似于 Python 和 Ruby。因此，Rust 的性能和 C 语言相近。这一切都是因为 Rust 编译器可以在运行应用程序之前使所有类型的错误都得到纠正并确保消除许多经典的运行时错误，如释放后仍使用(use-after-free)。

Rust 提供了性能(无运行时和垃圾回收机制)、安全性(编译器确保内存安全，即使在异步环境中)和生产力(其内置的测试、文档和包管理工具使其构建和维护变得轻而易举)。

你可能听说过 Rust，但在跟着教程学习后，发现这门语言似乎过于复杂，以至于你放弃了对它的学习。然而，Rust 在 Stack Overflow 的年度调查中被评为最受欢迎的编程语言，并在 Facebook、Google、Apple 和 Microsoft 等公司中拥有大量粉丝。本书将帮助你解决学习 Rust 过程中的困难，并向你介绍如何熟悉 Rust 的基础知识，以及如何使用它构建和部署可靠的 Web 服务。

注意：

本书假设你已经写过一些小型的 Rust 应用程序，并且熟悉 Web 服务的一般概念。本书将介绍所有基本的 Rust 语言特性及用法，不过，这更像一种复习，而非深入的学习体验。例如，如果你已经读完了 Steve Klabnik 和 Carol Nichols 所写的 *The Rust Programming Language*(No Starch Press，2019)的前 6 章，那么你应该能够轻松地跟上本书中的练习。本书涵盖了 Rust 2021，并兼容 Rust 2018 版本。

Rust 为开发人员提供了一个独特的拓宽视野的机会。你可能是一名希望涉足后端开发的前端开发人员，或者是一名想要学习新语言的 Java 开发人员。Rust 的多功能性使你可以通过学习它来扩展你能够使用的系统类型。你可以在任何可以使用 C++或 C 的地方使用 Rust，也可以在使用 Node.js、Java 或 Ruby 的情况下使用它。Rust 甚至开始在机器学习生态系统中找到立足点，而 Python 多年来一直在这个领域占据主导地位。此外，Rust 非常适合编译为 WebAssembly(https://webassembly.org)，而且许多现代区块链实现(如 Cosmos、Polkadot)都是用 Rust 编写的。

编写代码的时间越长，学习的编程语言越多，你就越能意识到，最重要的是掌握概念及最适合用来解决问题的编程语言。因此，本书不仅探讨如何使用 Rust 代码生成 HTTP 请求，还介绍 Web 服务的一般工作原理，以及异步 Rust 的底层概念，以便你选择最合适的传输控制协议(TCP)抽象。

1.1　开箱即用：Rust 提供的工具

Rust 提供了适量的工具，使应用程序的启动、维护和构建变得简单。图 1.1 列出了开始编写 Rust 应用程序时所需的最重要工具。

工具链/版本管理	Rust编译器	代码格式化程序	代码检查	包管理器	包仓库
Rustup	Rustc	Rustfmt	Clippy	Cargo	crates.io

图 1.1　编写和发布 Rust 应用程序时需要使用的全部工具

可通过在终端上执行代码清单 1.1 中所示的命令来下载 Rustup 并安装 Rust。这适用于 macOS(通过 brew install rustup-init)和 Linux。关于在 Windows 上安装 Rust 的最新方法，可参考 Rust 网站(www.rust-lang.org/tools/install)上的说明。

代码清单 1.1　安装 Rust

```
$ curl --proto '=https' --tlsv1.2 -sSf https://sh.rustup.rs | sh
```

命令行工具 curl 用于通过 URL 传输数据。你可以获取远程文件并将其下载到计算机上。选项--proto 表示可以使用的协议，如安全超文本传输协议(HTTPS)。通过参数--tlsv1.2，使用 1.2 版本的传输层安全协议(http://mng.bz/o5QM)。接下来是 URL，如果你通过浏览器打开它，它会提供一个用于下载的 shell 脚本。此 shell 脚本通过管道(|)传输给 sh 命令行工具，然后执行该脚本。

shell 脚本还将安装 Rustup 工具，让你可以更新 Rust 并安装辅助组件。若要更新 Rust，只需要运行 rustup update：

```
$ rustup update
info: syncing channel updates for 'stable-aarch64-apple-darwin'
info: syncing channel updates for 'beta-aarch64-apple-darwin'
```

```
info: latest update on 2022-04-26,
    rust version 1.61.0-beta.4 (69a6d12e9 2022-04-25)

…

  stable-aarch64-apple-darwin unchanged - rustc 1.60.0
(7737e0b5c 2022-04-04)
    beta-aarch64-apple-darwin updated -
    rustc 1.61.0-beta.4 (69a6d12e9 2022-04-25)
    (from rustc 1.61.0-beta.3 (2431a974c 2022-04-17))
nightly-aarch64-apple-darwin updated -
  rustc 1.62.0-nightly (e85edd9a8 2022-04-28)
(from rustc 1.62.0-nightly (311e2683e 2022-04-18))

info: cleaning up downloads & tmp directories
```

如果想安装更多组件，比如图 1.1 中提到的代码格式化工具，也可使用 Rustup。若要安装代码格式化工具(Rustfmt)，可以运行代码清单 1.2 中的命令。

代码清单 1.2　安装 Rustfmt

```
$ rustup component add rustfmt
```

通过运行 cargo fmt，格式化工具会根据风格指南检查并格式化代码。你需要指定要格式化的文件夹或文件。例如，你可以导航到项目的根目录，然后运行 cargo fmt.(带有一个点)，对所有的目录和文件进行格式化。

执行代码清单 1.1 中的 curl 命令后，你不仅安装了 Rust 库，还安装了包管理器 Cargo。这将使你能够创建和运行 Rust 项目。鉴于这点，让我们创建并执行第一个 Rust 程序。代码清单 1.3 展示了如何运行一个 Rust 应用程序。命令 cargo run 将执行 rustc，编译代码，并运行生成的二进制文件。

代码清单 1.3　运行第一个 Rust 程序

```
$ cargo new hello
$ cd hello
$ cargo run

   Compiling hello v0.1.0 (/private/tmp/hello)
    Finished dev [unoptimized + debuginfo] target(s) in 1.54s
      Running `target/debug/hello`
Hello, world!
```

新程序在控制台打印出“Hello, world!”，稍后将介绍它的原理。可以在项目文件夹 hello 中看到代码清单 1.4 中列出的文件和文件夹。cargo new 命令用指定的名称创建了一个新的文件夹，并为其初始化了一个新的 Git 结构。

代码清单 1.4 Rust 新项目的文件夹内容

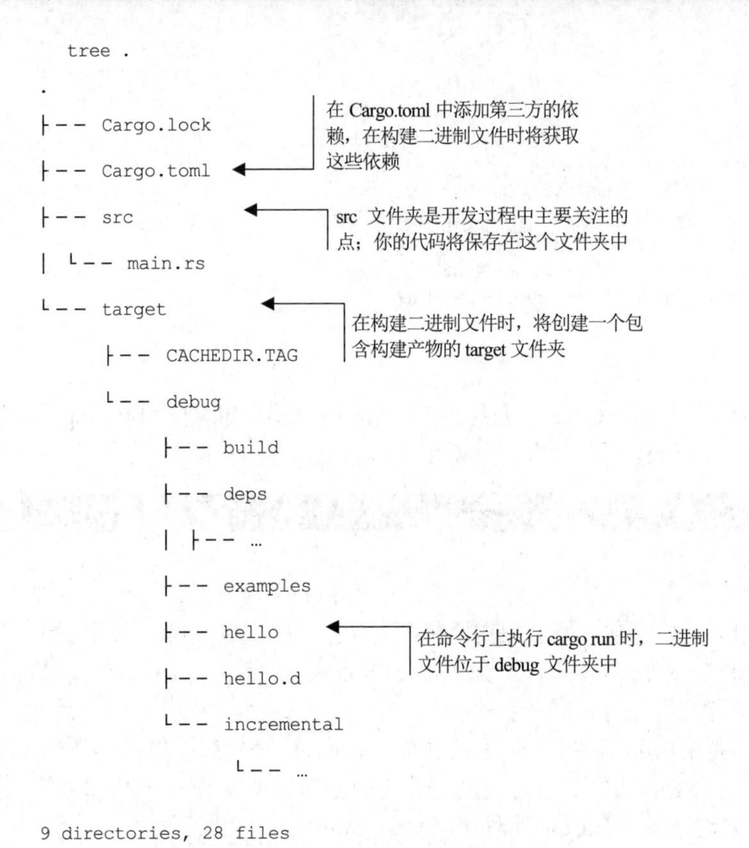
tree .
.
├── Cargo.lock
├── Cargo.toml
├── src
│ └── main.rs
└── target
├── CACHEDIR.TAG
└── debug
├── build
├── deps
│ ├── …
├── examples
├── hello
├── hello.d
└── incremental
└── …
在 Cargo.toml 中添加第三方的依赖，在构建二进制文件时将获取这些依赖
src 文件夹是开发过程中主要关注的点；你的代码将保存在这个文件夹中
在构建二进制文件时，将创建一个包含构建产物的 target 文件夹
在命令行上执行 cargo run 时，二进制文件位于 debug 文件夹中

```
9 directories, 28 files
```

cargo run 命令将构建应用程序并执行位于./target/debug 文件夹内的二进制文件。源代码位于 src 文件夹中。根据构建的应用程序的类型，src 文件夹中包含一个带有代码清单 1.5 所示内容的 main.rs 或 lib.rs 文件。

代码清单 1.5 自动生成的 main.rs 文件

```
fn main() {
    println!("Hello, world!");
}
```

第 5 章将介绍 lib.rs 和 main.rs 文件的区别，以及 Cargo 何时创建这两个文件。target 文件夹中包含 debug 文件夹，debug 文件夹中包含由 cargo run 命令生成的编译后的代码。简单的 cargo build 命令也会产生相同的效果，但只会构建程序，不会执行程序。

在构建 Rust 程序时，Rust 编译器(Rustc)会创建 Rust 字节码，并将其传递给另一个名为 LLVM(https://llvm.org)的编译器，以创建机器代码(LLVM 也被 Swift 和 Scala 之类的语言所使用，并将语言编译器产生的字节码转换为操作系统运行的机器代码)。这意味着 Rust 可以在 LLVM 支持的任何操作系统上进行编译。整个技术栈如图 1.2 所示。

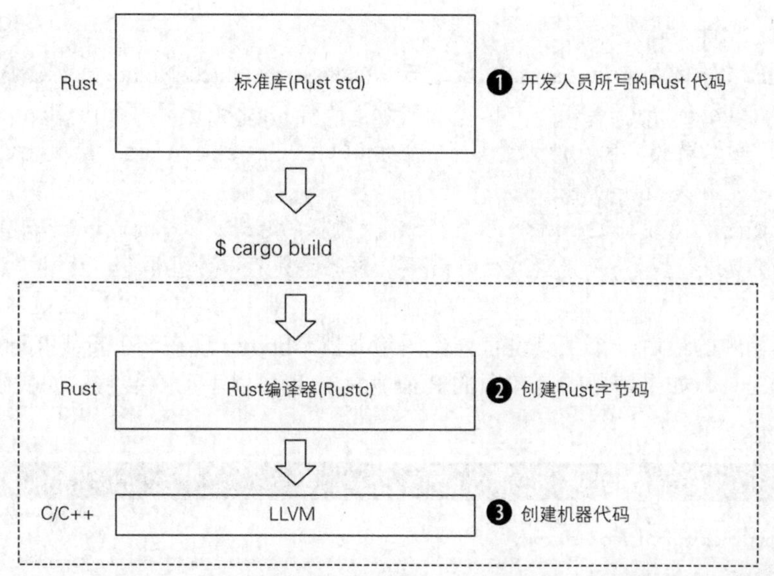

图 1.2　在安装了 Rustup 后，你的设备将会包含 Rust 标准库，其中包括 Rust 编译器

另一个重要的文件是 Cargo.toml，如代码清单 1.6 所示，它包含了项目的整体信息并在必要时指定第三方依赖项。

注意：

在开发库时，不应将 Cargo.lock 文件提交到版本控制系统(如 Git)中。但是在创建应用程序(二进制文件)时，应该将该文件添加到版本控制系统中。应用程序(二进制文件)通常依赖于特定版本的外部库，因此与你合作的其他开发人员需要知道哪些版本是可以被安全安装或需要更新的。另一方面，对于库，应该保证其在所使用库的最新版本上可用。

代码清单 1.6　Cargo.toml 文件内容

```
[package]
name = "check"
version = "0.1.0"
edition = "2021"

# See more keys and their definitions at
# https://doc.rust-lang.org/cargo/reference/manifest.html
[dependencies]
```

通过在[dependencies]部分下添加依赖项名称并运行 cargo run 或 cargo build 来安装第三方库。这将从 crates.io(Rust 包注册表)获取库(在 Rust 社区中称为 crates)。已安装包的实际获取版本将显示在 Cargo.lock 的新文件中。如果该文件位于项目的根目录中，Cargo 将获取 Cargo.lock 文件中指定的确切的包版本。这将有助于在不同机器上使用相同代码库的开发人员复制完全相同的状态。

TOML 文件

TOML 文件格式与 JavaScript 对象表示法(JavaScript Object Notation，JSON)或 YAML Ain't Markup Language(YAML)一样，是一种配置文件格式。它表示 Tom's Obvious Minimal Language，顾名思义，旨在使配置易于阅读和解析。包管理器 Cargo 使用此文件来安装依赖项并填充有关项目的信息。

正如 Rust 核心成员之一所说："这是不太糟糕的选择。"(http://mng.bz/aP9J)这并不意味着 TOML 很糟糕，而是说在处理配置文件时总是存在一些取舍。

工具箱中的最后一个工具是官方代码检查器 Clippy。现在，在安装 Rust 时，默认会安装此工具。如果使用的是较旧的 Rust 版本，也可以手动安装它，如代码清单 1.7 所示。

代码清单 1.7 安装 Clippy

```
$ rustup component add clippy
```

第 5 章将详细介绍如何使用 Clippy 以及如何配置它。

1.2 Rust 编译器

Rust 相比于其他语言的优势在于其编译器。Rust 编译为二进制代码，运行时不进行垃圾回收。这使得它具有类似 C 语言的速度。然而，与 C 语言不同的是，Rust 编译器在编译时强制保证内存安全。图 1.3 展示了用于服务器端编程的流行编程语言与 C 语言之间的差异。

每种语言都有取舍。Go 是图 1.3 所示的语言中最新的一种，它的速度最接近于 C 语言。它使用运行时进行垃圾回收，因此比 Rust 需要更多的开销。Go 的编译器比 Rustc 快。Go 的目标是简化代码，并为此牺牲了一些运行时性能。

Rust 没有运行时开销，并且由于编译器的原因，你在编写代码时会发现 Rust 比 Go 或 JavaScript 提供了更高的舒适度和安全性。例如，Java 和 JavaScript 需要某种虚拟机来运行代码，这会导致严重的性能损失。

在用 Rust 编写程序时，你需要改用 Rust 编译器构建应用程序。如果你是从脚本语言转过来的，这将是一种巨大的心态转变。相比于在几秒钟内启动一个应用程序并对其进行调试，直到它失败，Rust 编译器会在启动之前确保一切正常。例如，请考虑代码清单 1.8 中的代码片段(摘自本书后续内容，用于举例)。

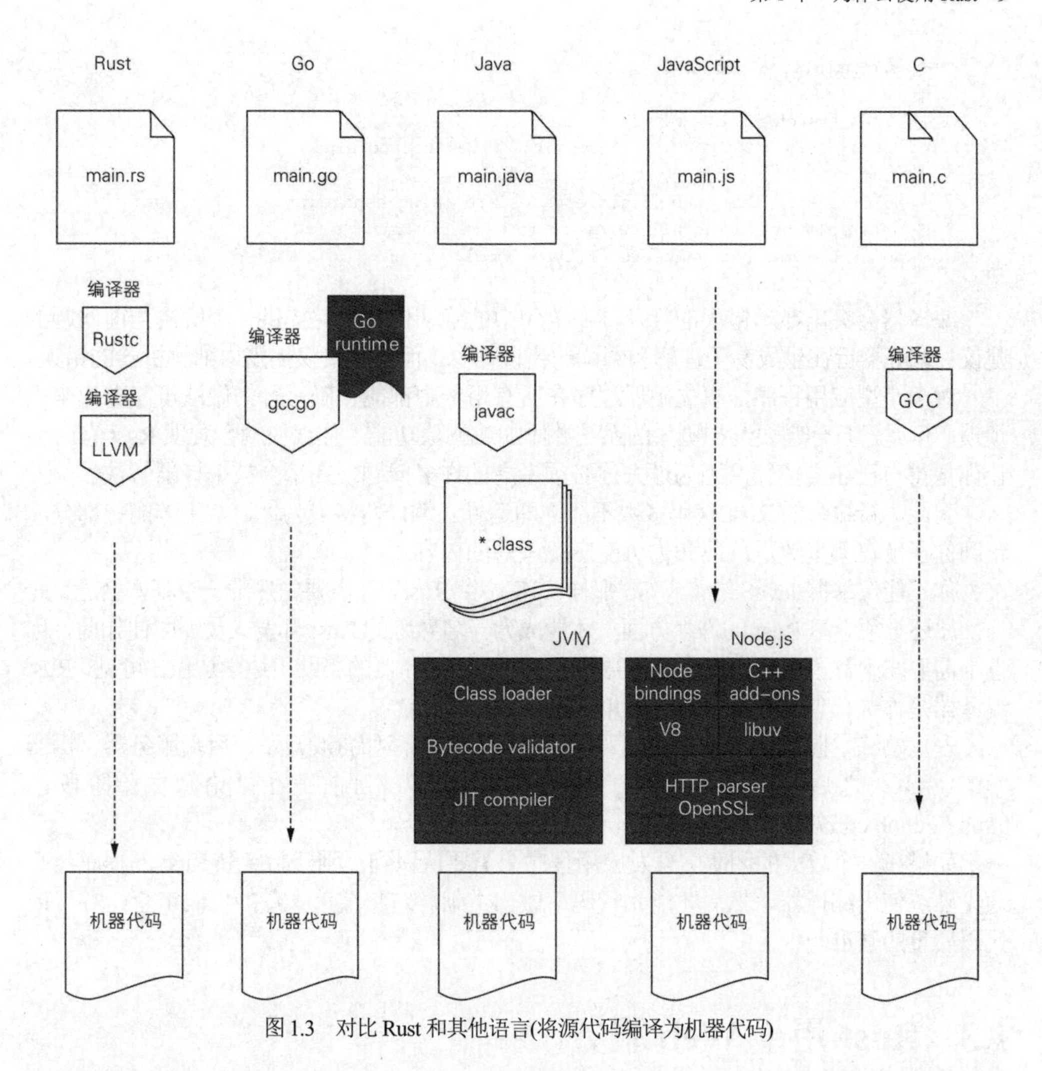

图 1.3　对比 Rust 和其他语言(将源代码编译为机器代码)

代码清单 1.8　校验空 ID

```
match id.is_empty() {
    false => Ok(QuestionId(id.to_string())),
    true => Err(Error::new(ErrorKind::InvalidInput, "No id provided")),
}
```

如果你还不能阅读代码清单 1.8 中的代码片段，不用担心，很快就会了。这是一个 match 块，编译器确保覆盖了每一种用例(无论 id 是否为空)。如果删除 true =>的那一行，并尝试编译代码，将得到代码清单 1.9 所示的错误。

代码清单 1.9　缺少模式匹配的编译器错误

```
error[E0004]: non-exhaustive patterns: `true` not covered
```

```
--> src/main.rs:31:15
   |
31 |        match id.is_empty() {
   |              ^^^^^^^^^^^^^ pattern `true` not covered
   |
   = help: ensure that all possible cases are being handled,
     possibly by adding wildcards or more match arms
   = note: the matched value is of type `bool`
```

编译器会突出显示错误的行及其在语句中的确切位置，并提供一个解决当前问题的建议。编译器旨在生成易于理解和阅读的错误信息，而不是仅仅揭露内部解析器的错误。

对于小型应用程序，事先确保程序在所有用例中都能正确运行的做法可能看起来很烦琐，但是一旦你需要维护更大的系统并添加或删除功能，你很快就会发现 Rust 有时会让你觉得自己在走捷径，因为过去你必须考虑的许多问题现在都会被编译器解决。

因此，新编写的 Rust 代码多数不能立即运行。编译器将成为你日常工作的一部分，帮助你了解在哪里改进代码和你可能忘记考虑的内容。

你不能像掌握 JavaScript 或 Go 那样快速上手 Rust。你需要先熟悉一组基本概念。此外，你还必须学习 Rust 的许多方面，才能成为一名熟练的 Rust 开发人员。即便如此，你也不需要在了解了所有内容之后才开始；你可以在编译器的帮助下边学边做。可见，Rust 编译器是你选择使用 Rust 的最有力的理由之一。

一旦熟练掌握了 Rust，就可以将其用于多个领域，如游戏开发、后端服务器、机器学习，不久之后甚至能将其用于 Linux 内核开发(目前正在讨论和试验阶段：https://github.com/Rust-for-Linux)。

如果在一个较大的团队中开发应用程序，需要认识到，刚开始接触 Rust 的程序员必须先熟练使用编译器，然后才能为代码库做出贡献。这将覆盖大量的代码审查，并保证代码质量的基准。

1.3　Rust 用于 Web 服务

前面的小节已经介绍了开发人员选择 Rust(而不是其他编程语言)的主要原因。接下来将介绍如何用 Rust 来编写 Web 服务。令人意外的是，当涉及 HTTP 时，Rust 并没有像 Go 或 Node.js 那样覆盖广泛的范围。由于 Rust 是一种系统编程语言，Rust 社区决定将实现 HTTP 和其他功能的工作留给社区。

图 1.4 展示了一个典型的 Web 服务技术栈，以及 Rust 在多大程度上提供支持。底部的两层(TCP/IP)由 Rust 栈覆盖。Rust 标准库实现了 TCP，可以打开一个 TCP(或用户数据报协议，UDP)套接字并监听传入的消息。

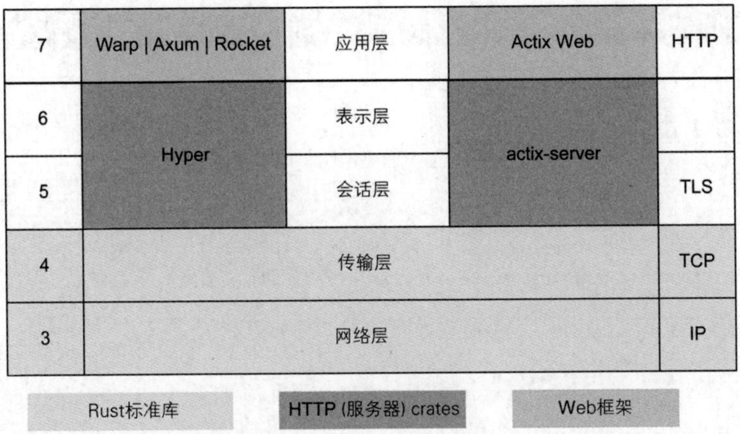

7　Warp | Axum | Rocket　应用层　Actix Web　HTTP

6　Hyper　表示层　actix-server

5　会话层　TLS

4　传输层　TCP

3　网络层　IP

Rust标准库　HTTP (服务器) crates　Web框架

图 1.4　Rust 标准库和第三方库的覆盖范围(基于 OSI 模型)

然而，由于没有 HTTP 实现，因此，如果想编写一个纯 HTTP 服务器，你必须从头开始实现它，或者使用第三方库(如 Hyper，作为底层被 curl 使用)。

若使用的是 Web 框架，那么 HTTP 的实现是已经确定的。例如，Web 框架 Actix Web 使用它自己的 HTTP 服务器(actix-server)实现。当你使用 Warp、Axum 或 Rocket 时，它们都使用 Hyper 作为 Web 服务器(打开套接字，等待并解析 HTTP 消息)。

如图 1.4 所示，TCP 包含在 Rust 标准库中，但是其上的一切都是由社区支持的。这在代码中是什么样子的呢？下面以 Go 为例。代码清单 1.10 展示了用 Go 编写的 HTTP 服务器。

代码清单 1.10　使用 Go 编写的 HTTP 服务器的简单示例

```
package main

import (
      "fmt"
      "net/http"
)

func hello(w http.ResponseWriter, req *http.Request) {
    fmt.Fprintf(w, "hello\n")
}

func main() {

      http.HandleFunc("/hello", hello)

      http.ListenAndServe(":8090", nil)
}
```

可以看到，Go 提供了一个 HTTP 包。Rust 则缺少 HTTP 部分，它仅实现了 TCP 部分。可以用 Rust 创建一个 TCP 服务器，参考代码清单 1.11，但不能立即使用它来响应常规的 HTTP 消息。

代码清单 1.11 使用 Rust 编写的 TCP 服务器示例

```
use std::net::{TcpListener, TcpStream};

fn handle_client(stream: TcpStream) {
    // 做点事情
}

fn main() -> std::io::Result<()> {
   let listener = TcpListener::bind("127.0.0.1:80")?;

   for stream in listener.incoming() {
      handle_client(stream?);
   }
   Ok(())
}
```

因此，HTTP 的实现取决于社区。幸运的是，已经有了很多实现。当你在后面的章节中选择 Web 框架时，不需要担心 HTTP 实现的部分。

编写 Web 服务的另一大基石是异步编程。这使你有能力同时处理多个请求，而且它减少了等待服务器响应的时间。

当一个 Web 服务器收到一个请求时，需要完成一些任务(访问数据库，写入文件，等等)。如果 Web 服务器在第一个请求处理完成之前收到第二个请求，那么第二个请求将不得不等待第一个请求处理完成。想象一下几乎同时收到数百万个请求的情况。

因此，需要一种方法将任务放在后台，并继续在服务器上接收请求。这就是异步编程的意义所在。其他框架和语言(如 Node.js 和 Go)在一定程度上会自动在后台处理这个问题。而在使用 Rust 时，需要更细致地了解异步编程的组件，这样才能正确选择框架。

为了创建可以异步处理工作的应用程序，编程语言(或其周围的生态系统)需要提供以下概念：

- 语法——标记一段代码为异步代码。
- 类型——一种更复杂的类型，可以保存异步任务的状态。
- 线程调度器(运行时)——处理线程或其他将工作放在后台并进行处理的方法。
- 内核抽象——在后台使用异步的内核方法。

Rust 中的异步运行时

这里谈及的运行时，与 Java 运行时或 Go 的垃圾回收不一样。在编译过程中，运行时将被编译成静态代码。每个支持某种形式异步代码的库或框架都会选择一种运行时来构建。运行时的工作是选择自己的方式来处理线程和管理后台的工作(任务)。

因此，最终有可能出现多个运行时。例如，如果选择了一个基于 Tokio 运行时的 Web 框架，并且有一个建立在另一个运行时之上的工具库来执行异步的 HTTP 请求，那么在二进制代码中至少会编译两个运行时。至于是否会产生副作用，取决于应用程序的设计。

在 Rust 中，异步获取网站的示例代码如代码清单 1.12 所示。关于代码的细节，此处不会详细介绍，将留给第 2 章及以后的章节，但你应该能初步了解 Rust 中的异步代码。为了让代码清单 1.12 中的代码片段能正常工作，需要将外部 crate Reqwest(这不是拼写错误，这里并非指单词 request)添加到项目中(通过 Cargo.toml 文件)。

代码清单 1.12　在 Rust 中异步地发起 HTTP GET 请求

运行时的使用在应用程序的 main 函数之上定义

```
// ch_01/minimal_reqwest/src/main.rs
// https:/ /github.com/Rust-Web-
    Development/code/tree/main/ch_01/minimal_reqwest

use std::collections::HashMap;

#[tokio::main]
async fn main() -> Result<(), Box<dyn std::error::Error>> {
    let resp = reqwest::get("https:/ /httpbin.org/ip")
        .await?
        .json::<HashMap<String, String>>()
        .await?;
    println!("{:#?}", resp);
    Ok(())
}
```

通过将 main 函数标记为异步函数，在其中使用 await 关键字

使用 Reqwest 包来执行 HTTP GET 请求，它将返回 Future 类型

使用 await 关键字告诉程序，在继续执行此函数之前，希望等到 future 处于完成状态

打印出响应的内容

关键字 Ok 返回一个空的结果

使用#[tokio::main]注解来标记 main 函数。这里使用的异步运行时(或线程调度器)是 Tokio。Tokio 本身通过另一个名为 Mio 的 crate 使用了之前提到的操作系统的异步内核应用程序编程接口(API)。

可以使用标准的Rust语法将函数标记为异步(async)函数，并在future(http://mng.bz/5mv1)类型上使用 await。在 Rust 中，future 是一个可以实现到类型上的 trait。这个 trait 规定实现必须有一个类型 Output(表示当计算完成时 future 返回的内容)，以及一个名为 poll 的函数(运行时可以调用它来处理 future)。当使用 Web 框架时，你可能永远不会接触到 future 的实际实现，但仍须了解底层概念，这样编译器消息和框架实现对你来说才有意义。

Rust 与其他语言不同，在 Rust 中，future 的工作只有在交给运行时并主动启动时才开始。异步函数返回一个 Future 类型，函数的调用者负责将这个 future 传递给运行时，以便对其进行处理。

对于开发人员来说，这意味着在调用函数时添加.await，表示运行时将执行它。此外，还有其他启动 future 的方法(如 Tokio 的 join!宏：http://mng.bz/694D)，你将在第 8 章中使用这些方法。

对运行时的选择基本上由后续选择的 Web 框架负责。Web 框架将决定它所依赖的运行时。

图 1.5 展示了之前列出的组件，以及代码清单 1.12 中使用的组件。第 2 章将更深入地讨论相关内容。Rust 在其标准库中提供了语法和类型，并将运行时和内核抽象留给社区来实现。

图 1.5 Rust 为异步编程提供了语法和类型，但运行时和内核抽象在核心语言之外实现

代码清单 1.13 展示了一个使用 Web 框架 Warp(本书后续的选择)的最小可用 Web 应用。Web 框架 Warp 建立在 Tokio 运行时之上，这意味着也必须将 Tokio 添加到项目中(通过 Cargo.toml 文件，如代码清单 1.14 所示)。

代码清单 1.13 使用 Warp 的最小可用 Rust HTTP 服务器

```
// ch_01/minimal_warp/src/main.rs
// https:/ /github.com/Rust-Web-Development/code/tree/main/ch_01/minimal-warp

use warp::Filter;

#[tokio::main]
async fn main() {
    let hello = warp::get()
        .map(|| format!("Hello, World!"));

    warp::serve(hello)
        .run(([127, 0, 0, 1], 1337))
        .await;
}
```

代码清单 1.14 最简单的 Warp 示例的 Cargo.toml 文件

```
[package]
name = "minimal-warp"
version = "0.1.0"
edition = "2021"
[dependencies]
tokio = { version = "1.2", features = ["full"] }
warp = "0.3"
```

以上语法可能看起来很陌生，但你可以看到 Tokio 运行时的内容都被抽象到 Warp 框架中，Tokio 运行时的唯一标志是 main 函数上方的那一行。第 2 章将更详细地介绍 Tokio 框架，以及为什么选择它。

你可能会疑惑，既然 Rust 没有标准的运行时来处理异步代码，Rust 标准库中也不包含 HTTP，为什么用它来写 Web 服务呢？这归根结底是因为语言特性和社区。

你可以认为，正因为没有标准的 HTTP 实现和运行时，所以 Rust 更加面向未来，因为社区可以随时介入并改进某些方面，或为不同的问题提供不同的解决方案。在需要处理应用程序中的异步工作和大流量的环境中，语言的类型安全性、速度和正确性发挥了至关重要的作用。从长期来看，快速且安全的语言将使你获益。

1.4　Rust 应用程序的可维护性

Rust 编译器帮助你编写健壮的软件，而 Rust 的其他语言特性也使 Rust 更易于维护。例如，Rust 内置了文档功能。第 5 章将更深入地介绍如何使用内置工具正确地为代码编写文档。包管理器 Cargo 提供了一个命令，利用此命令，可以通过代码注释生成文档。这些文档可以在本地浏览，并在将库导出到 crates.io 时默认构建。嵌入代码文档中的代码不仅会出现在预生成的 HTML 文档中，而且会通过测试，因此可以确保永远不会有过时的代码示例。

除了文档化，模块化代码库还有助于将部分代码组合在一起，或将可重用的代码提取到它自己的 crate 中。Rust 通过在 Cargo.toml 文件中使用依赖项(dependency)来将本地库(从官方 crates.io 注册表或你希望的任何其他位置)纳入其中，从而使模块化变得非常简单。

Rust 还默认支持测试。不需要额外的 crate 或其他辅助工具来创建和运行测试。所有这些内置的和标准化的功能消除了团队中的许多分歧，你可以专注于编写和实现代码，而不是总忙着寻找新工具来编写文档或测试。

如果以后需要帮助，但团队中没有专业人士，可以在诸多 Discord 频道、Reddit 论坛和 Stack Overflow 标签中寻求指导。例如，关于运行时 Tokio 和 Web 框架 Warp 的帮助，可以在 Tokio Discord 服务器上找到，该服务器为每个工具提供了一个频道。这是一个很好的方法，可以用来寻求帮助或阅读其他人的评论，以了解更多关于所用工具的信息。

1.5　本章小结

- Rust 是一种系统编程语言，可以生成二进制文件。
- Rust 配备了一个严格的编译器，提供有用的错误信息，因此你可以轻松发现错误并改进。
- 与 Rust 相关的工具随安装包一起提供，或者有官方推荐，不需要你不断地探索、讨论和学习新工具，从而为你节省时间。
- 编写异步代码(第 2 章将介绍具体方法)时，需要选择一个运行时，因为 Rust 不像 Go 或 Node.js 那样包含一个运行时。
- Web 框架是基于运行时构建的，因此运行时的选择将由后续选择的框架决定。
- Rust 的速度、安全性和正确性在维护大大小小的 Web 服务和代码库时将带来巨大帮助。
- 文档和测试内置于语言本身，这使代码的维护变得更加容易。

第2章 建立基础

本章内容

- 介绍 Rust 类型
- 理解 Rust 的所有权系统
- 在自定义类型中实现自定义行为
- 理解异步生态系统中的组件
- 选择用于构建 Web 服务的第三方库
- 使用 Rust 构建基本可用的 Web 服务

第 1 章介绍了 Rust 自带的特性和创建 Web 服务所需的工具。本章将详细讨论这些要点。本章分为两部分：第一部分详细介绍如何使用 Rust 语言创建自定义类型和函数；第二部分将构建一个 Web 服务器，并为用户提供响应。

正如前面提到的，阅读 *The Rust Programmig Language*(https://doc.rust-lang.org/book/)的第 1~6 章将对你有很大帮助。本章将介绍阅读本书所需的概念，所以即使你没有任何基础的知识，仅阅读本章可能也足够了。然而，再次建议你至少简要地浏览一下 *The Rust Programmig Language* 的前 6 章，这样你才能对语言本身有一定的基础。

在本书中，你将创建一个示例问答 Web 服务，用户可以在其中提问和回答问题。你将构建一个具象状态传输(REST)API，并在本书结束时部署和测试一个运行中的服务。你还将对问题进行存储、更新和删除，并发布答案。在本书后续部分，你将弄清楚如何对这个 Web 服务进行认证，以及如何进行适当的测试。

本书将重点关注 Web 服务中和 Rust 相关的内容。无论最终你在自己的项目中选择了哪个 Web 框架，本书的内容都应该在某种程度上对你有所帮助。本书的目标是传授和展示一种实现方式。

需要注意，Rust 具有两面性。一方面，你不需要了解操作系统的底层细节；另一方面，应适当了解操作系统如何分配内存和执行函数，这对你来说是有益的。这也是本书的目的。你不仅要学习另一种语法，还要增强对操作系统和 Web 服务的整体理解。

本章的目的在于建立基础。图 2.1 展示了后续各小节的内容。了解了 Rust 中会经常接触的领域之后，便可以花时间有针对性地深入学习。对于 Web 服务，也是如此。如果曾经遇到性能问题或对框架的选择不满意，你便会知道如何在 Rust 生态系统中选择更符合需求的 crate。

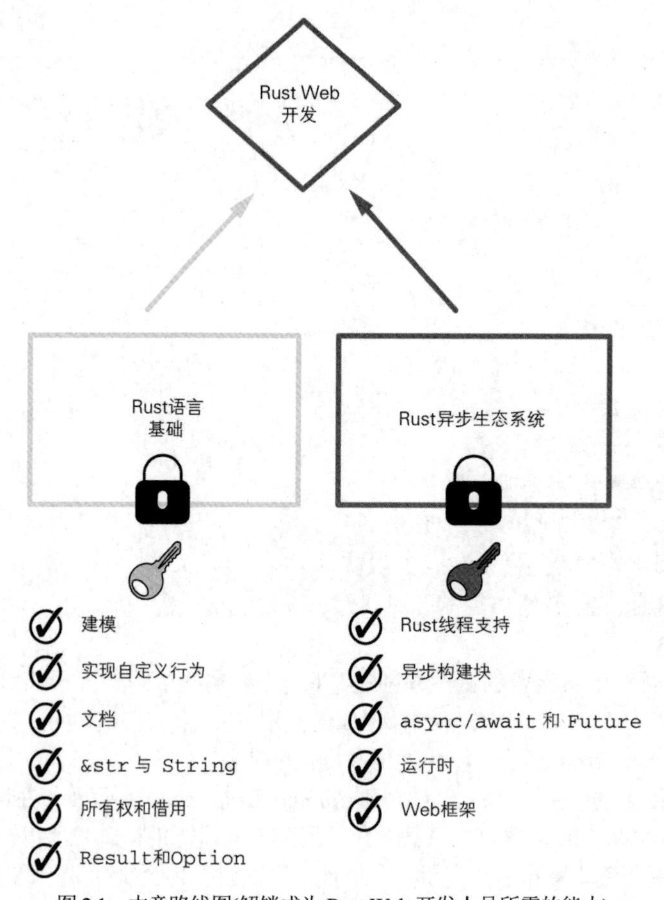

图 2.1　本章路线图(解锁成为 Rust Web 开发人员所需的能力)

为了使阅读本书成为一件有价值的事，你应该现在学习这些基础知识，这样，在许多年以后，你仍然能从中受益。这是本书中最后一个更注重基本原理(而非代码)的章节，从下一章开始将加快节奏。

你将从结构体(struct)开始实现 Web 服务，并在本章末尾运行一个基本的 Web 服务器，但本章的目标是在过程中解释相关概念。接下来的章节将假设你对 Rust 语言和生态系统已经有了基本了解。

2.1　遵循 Rust 规范

Rust 是一门复杂的语言，但在开始时或在进行较大的项目时，你不必了解所有细节。编译器和其他工具(如 Clippy，将在第 5 章中深入研究)将在很大程度上帮助你以整洁的方式完成代码。因此，本书虽然不会涵盖语言的每个方面，但当你遇到问题时，你可以信心满满地搜索到相关话题。

为了自信地使用 Rust 工作，需要掌握以下技能：

- 通过官方 Rust 文档 docs.rs 查询类型和行为。
- 快速迭代错误或问题。
- 理解 Rust 所有权系统原理。
- 识别和使用宏。
- 通过结构体(struct)创建自定义的类型，并通过 impl 实现行为。
- 在现有类型上实现 trait 和宏(macro)。
- 使用 Result 和 Option 编写函数式 Rust。

本章将介绍以上基础知识，在后续章节中，你将进行练习和更深入的探索。需要了解的一点是，即使在探索过程中遇到复杂的问题或挑战，也可通过之前学习的技能来解决，你只需要积累经验和正确的思维方式来克服它们。

由于 Rust 是一种静态类型语言，你需要在程序开始时投入更多精力。如果不熟悉现有类型和如何处理未知值，那么你可能需要更长的时间，才能快速从另一个端点获取 JSON 文件或建立一个简单的程序。

2.1.1 使用结构体对资源进行建模

创建一个具象状态传输 API，意味着将提供创建、读取、更新和删除(CRUD)资源的路由。因此，第一步是思考在 Web 服务中需要处理哪些模型或类型。

一个明智的选择是从最小可用应用程序开始规划。这包括想要实现的自定义数据类型及其行为(方法)。对于当前的应用程序，需要考虑以下内容：

- 用户(User)
- 问题(Question)
- 答案(Answer)

用户可以注册并登录系统，然后发布和查看问题以及这些问题的答案。本书后面的章节将在讨论应用程序的认证和授权时重点关注用户。下面将实现不需要检查密码和用户 ID 的路由。

在 Rust 中创建和实现自己的类型时所需的东西如图 2.2 所示。你将从实现 Question 类型开始，并在探索过程中了解所遇到的所有问题和需要的类型；可通过使用 struct 关键字并向其添加字段来创建自己的类型，然后使用 impl 块以函数形式添加行为。

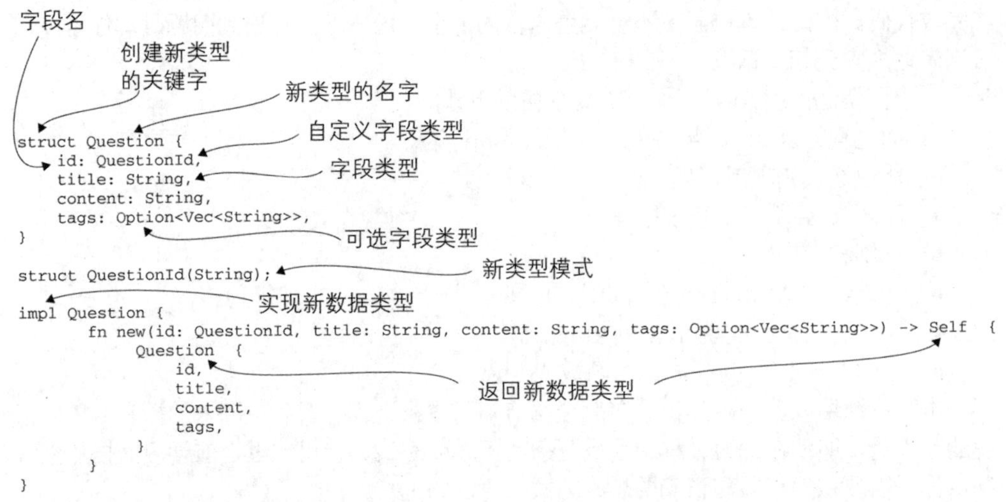

图 2.2　自定义类型可以用 struct 来创建，通过 impl 代码块来添加自定义方法

下面从创建问题(Question)和答案(Answer)开始，如代码清单 2.1 所示，回顾一下在 Rust 中创建自定义类型的基本过程。

代码清单 2.1　创建并实现 Question 类型

```
struct Question {
    id: QuestionId,
    title: String,
    content: String,
    tags: Option<Vec<String>>,
}
struct QuestionId(String);

impl Question {
    fn new(
        id: QuestionId,
        title: String,
        content: String,
        tags: Option<Vec<String>>
    ) -> Self {
        Question {
            id,
            title,
            content,
            tags,
        }
    }
}
```

在创建 Question 类型时，使用 ID 来区分不同的 Question(当前手动创建 ID，在本书后面的部分中，将使用自动生成的 ID)。每个 Question 都有一个标题，实际内容在 content 中。我们还使用 tags 将某些问题组合在一起。2.1.2 节将解释 Option 的含义。Rust 中的函数与其他编程语言中的函数非常相似。图 2.3 展示了 Rust 中的函数签名，以及每个元素的含义。

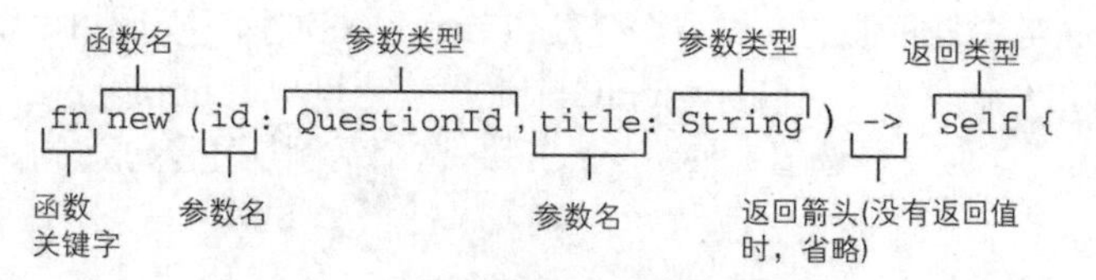

图 2.3 Rust 返回值时的函数签名细节

在 Rust 中，你需要经过以下步骤来创建自定义类型数据：

(1) 通过 struct Question{...}创建新的结构体。

(2) 将字段及其类型添加到结构体中。

(3) Rust 没有默认的构造函数名称，最佳实践是使用 new 作为方法名。

(4) 使用 impl 代码块将行为添加到自定义类型中。

(5) 返回 Self 或 Question 以实例化该类型的新对象。

我们还使用了 New Type 模式(http://mng.bz/o5Zr)，在这种模式下，并非简单地为 Question ID 使用字符串，而是将字符串封装到一个名为 QuestionId 的结构体中。每次传递参数或尝试创建一个新 Question 时，需要创建一个新的 QuestionId，而不是简单地传递一个字符串。通过自定义类型，可以传达特定的目的——编译器会确保使用的是正确类型。

就目前而言，这似乎是不必要的，但在更大的应用程序中，这会使参数更有意义。你可以将自定义类型视为 ID。应用程序中可以存在同时处理 Question ID(如上面提到的)和 Answer ID 的函数。将原始类型封装在结构体中以赋予它们意义，并使其在实例化时保持灵活性。

2.1.2 理解 Option

Option 在 Rust 中很重要。Option 能够确保在应该有值的地方不会出现空值(null)。通过 Option 枚举，可以随时检查所提供的值是否存在，并处理不存在的情况。而且，当使用 Option 枚举时，编译器会确保始终覆盖每一种情况(Some 或 None)。这还允许声明非必需的字段，因此在创建新的 Question 时，标签列表并不是必需的，你可以根据自己的需求和偏好决定是否提供。

另外，在与外部 API 交互并且需要接收数据时，也可将某些字段标记为可选。因为 Rust 是严格类型化的，如果类型上存在没有被设置的字段，编译器就会抛出一个错误。此外，在默认情况下，所有的结构体字段在定义时都是必需的。因此，必须确保那些非必需的字段都被标记为 Option<Type>。

Rust Playground

Rust 学习过程中的一个重要部分是使用一些可用的工具来快速验证想法。Rust Playground 网站(https://play.rust-lang.org/)提供了 Rust 编译器和最常用的包，以便快速迭代较小的程序。因此，你不必每次都创建本地 Rust 项目来尝试某个主题。

检查 Option 是否具有值的常见方法是使用 match 关键字。对于代码清单 2.2，你可以复制、粘贴其中的代码并在 Rust Playground 中运行或通过单击 http://mng.bz/neZg 来运行，该代码清单展示了如何在可选值上使用 match 块。这个示例是凭空创建的，旨在演示 match 块的用例。

Rust 中的模式匹配

初学者往往将 match 视为 switch 的替代关键字。然而，Rust 中的模式匹配功能要强大得多。*The Rust Programmig Language* 的第 18 章详细介绍了这一点(http://mng.bz/AVYp)。

例如，match 模式还允许解构结构体(http://mng.bz/49na)、枚举(http://mng.bz/Qnww)等。这种强大的机制使代码更具可读性，并利用 Rust 强大的类型系统在代码库中表达更多含义，同时编译器可以保证机制生效。

代码清单 2.2 使用 match 处理 Option 值

```
fn main() {
    struct Book {
        title: String,
        isbn: Option<String>,
    }

    let book = Book {
        title: "Great book".to_string(),
        isbn: Some(String::from("1-123-456"))
    };

    match book.isbn {
        Some(i) => println!(
              "The ISBN of the book: {} is: {}",
              book.title,
              i
        ),
        None => println!("We don't know the ISBN of the book"),
    }
}
```

标准库还提供了大量可用于 Option 值的方法和特性(http://mng.bz/Xa7G)。例如，book.isbn.is_some()返回 true 或 false，表示它是否有值。

2.1.3 使用文档解决错误

通过简单的程序，可以接触到许多基本的 Rust 行为和功能，因此，下面将尝试在程序中使用之前在 Question 结构上实现的构造函数创建一个新的 question(见代码清单 2.3)。如果要在 Rust Playground 中调试，可以使用 http://mng.bz/yaNG。注意，代码清单 2.3 中的代码无法被编译，而且会出现一些错误(见代码清单2.4)，稍后一起解决这些错误。

代码清单2.3 创建示例question并打印

```
// ch02/src/main.rs

struct Question {
    id: QuestionId,
    title: String,
    content: String,
    tags: Option<Vec<String>>,
}

struct QuestionId(String);

impl Question {
  fn new(
      id: QuestionId,
      title: String,
      content: String,
      tags: Option<Vec<String>>
  ) -> Self {
      Question {
          id,
          title,
          content,
          tags,
      }
  }
}

fn main() {
    let question = Question::new(
        "1",
        "First Question",
        "Content of question",
        ["faq"]
    );
    println!("{}", question);
}
```

在 main.rs 文件的末尾添加以上片段并运行。注意，此处使用了双冒号(::)来调用 Question 上的 new 方法。Rust 有两种在类型上实现函数的形式：

- 关联函数(associated function)
- 方法(method)

关联函数不接收&self 参数，此类函数通过两个双冒号(::)来调用，大致等同于其他编程语言中的静态函数。尽管被称为关联函数，但它们并不与一个特定的实例相关联。在另一种方式中，方法接收&self 参数，并且可以简单地通过点(.)来调用。图2.4展示了以上两种实现和调用的区别。

你可以在终端上使用 cargo run 命令来启动应用程序。然而，图2.4中的代码将返回一长串错误。即使你已编写 Rust 多年，也有可能遇到这种情形。编译器很严格，你需要熟悉它的错误红海。

```
impl Question {
    fn new(id: QuestionId, title: String, …) -> Self {
        Question {
            id,
            title,
            content,
            tags,       let q = Question::new(QuestionId("1".to_string()), "title".to_string(), …);
        }
    }

    fn update_title(&self, new_title: String) -> Self {
        Question::new(self.id, new_title, self.content, self.tags)
    }
}                       q.update_title("better_title".to_string());
```

图2.4 关联函数(new，上面的函数)不需要&self参数，通过双冒号(::)调用；方法(update_title，下面的函数)需要 &self参数，通过点符号(.)调用。若要从一个 impl 代码块中调用函数，可通过该块的名称(本例中为 Question::new(...))来实现

Rust 希望生成安全且正确的代码，因此对允许编译的内容很挑剔。这样的好处是，它可以指导编码，并给出友好的错误信息，以便你快速看出错误的位置。

代码清单 2.4 给出了尝试编译当前代码后的错误信息。

代码清单 2.4 尝试编译当前代码后的错误信息

```
error[E0308]: arguments to this function are incorrect
  --> src/main.rs:27:20
   |
27 |     let question = Question::new(
   |                    ^^^^^^^^^^^^^       ← Rust 编译器标识了问题的确切位置和内容
28 |         "1",
   |         --- expected struct `QuestionId`, found `&str`   ← 双引号之间的文本不是 String，而是 &str
29 |         "First Question",
   |         ---------------- expected struct `String`, found `&str`
30 |         "Content of question",
   |         --------------------- expected struct `String`, found `&str`
31 |         ["faq"],
   |         ------- expected enum `Option`, found array `[&str; 1]`
   |
= note: expected enum `Option<Vec<String>>`
            found array `[&str; 1]`        ← 编译器期望的 tags 不是一个数组，而是一个枚举 Option
note: associated function defined here
  --> src/main.rs:11:8
   |
11 |     fn new(
   |        ^^^
12 |         id: QuestionId,
   |         --------------
13 |         title: String,
   |         -------------
14 |         content: String,
   |         ---------------
15 |         tags: Option<Vec<String>>,
   |         -------------------------
```

```
help: try using a conversion method
   |
29 |           "First Question".to_string(),
   |                            ++++++++++++
help: try using a conversion method
   |
30 |           "Content of question".to_string(),
   |                                 ++++++++++++
error[E0277]: `Question` doesn't implement `std::fmt::Display`
--> src/main.rs:33:20
   |
33 |     println!("{}", question);
   |                    ^^^^^^^^ `Question` cannot
     be formatted with the default formatter
   |
   = help: the trait `std::fmt::Display` is not implemented for `Question`
   = note: in format strings you may be able to use `{:?}` (or {:#?}
       for pretty-print) instead
   = note: this error originates in the macro `$crate::format_args_nl`
       (in Nightly builds, run with -Z macro-backtrace for more info)

Some errors have detailed explanations: E0277, E0308.
For more information about an error, try `rustc --explain E0277`.
error: aborting due to 5 previous errors; 1 warning emitted
```

无法在控制台打印 question

你可以利用以上错误信息来学习更多关于 Rust 语言及其特性的知识，以便为未来构建稳固的 Web 应用程序做好准备。你会发现有些错误会导致两次报错，还有一些错误是重复的，通过解决前一个错误就可以消除这些错误。

最佳实践是始终从第一个错误开始纠正，因为这可能是后面出现错误的原因。因此，下面回顾一下第一个问题(见代码清单 2.5)，看看如何解决它。

代码清单 2.5　第一个编译错误

```
 --> src/main.rs:27:20
   |
27 |     let question = Question::new(
   |                    ^^^^^^^^^^^^^
28 |         "1",
   |         --- expected struct `QuestionId`, found `&str`
```

以上错误描述了两个问题：首先，需要传递自定义的 QuestionId 类型，而不是&str；其次，根据代码清单 2.3 中的结构体定义，需要封装 String，而不是&str。

不妨趁机查看一下&str 的文档(https://doc.rust-lang.org/std/primitive.str.html)，看看可以如何解决这个问题。第一次打开 Rust 的文档时可能会心生畏惧，但不要担心，因为你只需要时间来适应，看一下图 2.5。

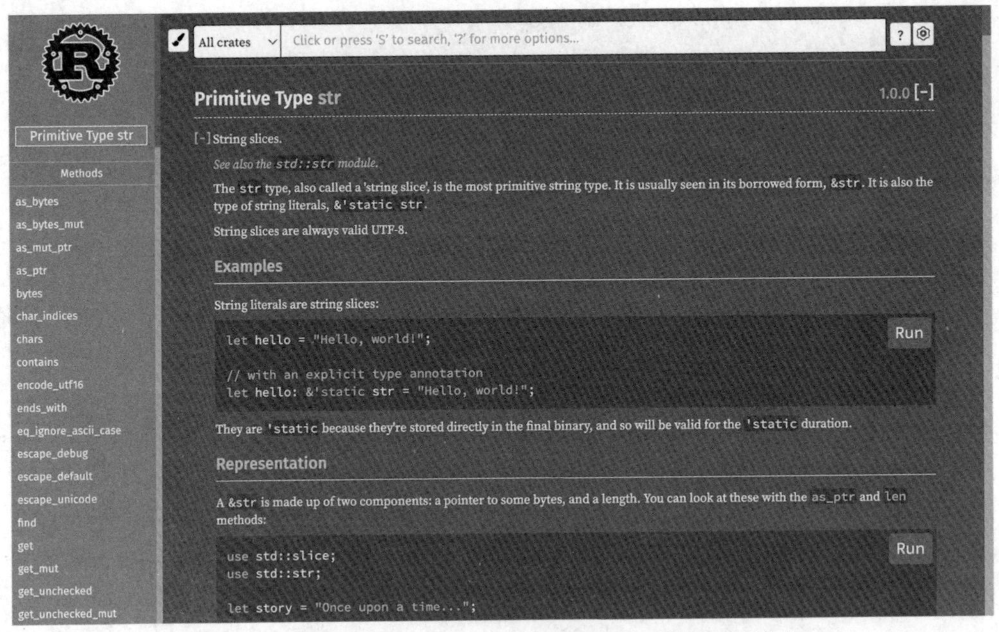

图 2.5　Rust 的文档虽然复杂，但它允许快速浏览，并提供大量的信息

文档包含一个主窗口和左侧边栏。主窗口通常展示你正在查看的类型，侧边栏则提供实现细节以及在这个类型上实现的方法和特质。务必了解以下内容：

- 方法(method)
- 特质实现(trait implementation)
- 自动特质实现(auto trait implementation)
- 全局特质实现(blanket implementation)

本地和离线浏览文档

如果在火车上、飞机上，或者只是想在本地拥有 Rust 的文档，可通过 rustup 安装文档(doc)组件：

```
$ rustup component add rust-docs
```

之后，你可以在默认浏览器中打开标准库中的文档：

```
$ rustup doc -std
```

也可从代码库中生成文档，其中包含所有 Cargo 依赖关系：

```
$ cargo doc -open
```

这将包含你定义的结构体和函数，即使你没有明确为它们创建文档，也是如此。

在继续探讨并选择一种方法将&str 转化为 String 之前，必须了解这两者之间的区别，以及为什么 Rust 对它们的处理方式不同。

2.1.4　在 Rust 中处理字符串

在 Rust 中，String(http://mng.bz/M0w7)和&str(https://doc.rust-lang.org/std/primitive.str.html)的主要区别在于，String 是可调整大小的。String 是一个字节的集合，它是作为向量实现的。你可以在源代码中查看 String 的定义，如代码清单 2.6 所示。

代码清单 2.6　标准库中 String 的定义

```
// Source: https://doc.rust-lang.org/src/alloc/string.rs.html#294-296

pub struct String {
    vec: Vec<u8>,
}
```

通过 String::from("popcorn")，可以创建字符串，并且可以在创建后修改它们。可以看到，String 底层是一个向量，这意味着可以根据需求在这个向量中移除或插入 u8 值。

&str(字符串字面量)是 u8 值(文本)的表示，不允许修改。你可以将其视为指向底层字符串的固定大小窗口。2.1.5 节将解释 Rust 中的所有权概念，但现在重要的是理解，如果拥有一个 String，则“拥有”这块内存并可以修改它。

在处理&str 时，处理的是指向内存空间的指针，可以读取但不能修改。这使得使用&str 的内存效率更高。一个经验法则：如果创建的函数只需要读取字符串，应使用&str 作为参数类型；如果想拥有并修改它，则使用 String。

如图 2.6 所示，字符串字面量和字符串都存在于堆(heap)中，但在栈(stack)中分配了不同的指针。你不需要详细了解堆和栈的概念，但为了将来更好地理解编译器的错误，不妨熟悉一下这个概念。下面的“栈与堆”部分补充说明了主要概念。

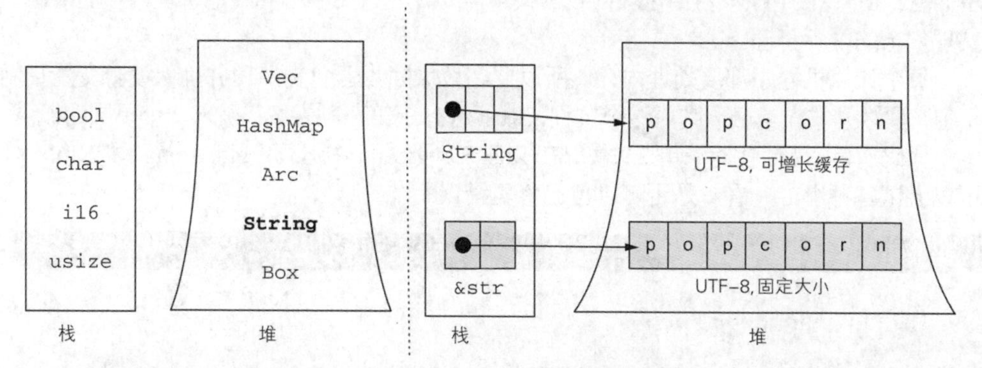

图 2.6　在 Rust 中，原始类型被存储在栈中，而更复杂的类型被存储在堆中。String 和&str 指向更复杂的数据类型(UTF-8 值的集合)。&str 有一个显示堆上位置的胖指针(内存地址和长度字段)，而 String 指针不仅有地址和长度字段，还有一个容量字段

栈与堆

操作系统为其处理的变量和函数分配内存。操作系统必须保存函数并调用它们，以

处理并重用数据。为此，操作系统使用了两个概念：栈和堆。

栈通常由程序控制，每个线程都有自己的栈。它存储地址、寄存器值和程序值(变量、参数和返回值)。基本上，所有具有固定大小(或填充到正确的模数)的内容都可以存储在栈上。

堆的特征更明显(尽管可以有多个堆)，堆上的操作更昂贵。数据没有固定的大小，可以被分割成多个块，因此读取操作可能需要更多时间。

str 表示什么

去掉&符号的&str 就是 str，这是实际处理的数据类型。但是，str 是一个不可变的、没有固定长度的 UTF-8 字节序列。由于其长度未知，你需要通过指针来处理它(可以参考 Stack Overflow 上的一个很好的解释：http://mng.bz/aP9z)。

也可引用 Rust 文档的说法："str 类型，也称为'字符串切片'，是最原始的字符串类型，通常以借用形式&str 出现。"2.1.5 节将详细介绍 Rust 中的借用。

简短总结：

- 如果需要拥有和修改文本，则创建一个 String 类型。
- 在只需要查看文本时，使用&str。
- 通过结构体创建新的数据类型时，通常创建 String 类型的字段。
- 当向函数传递字符串/文本时，通常使用&str。

2.1.5 深入理解移动、借用和所有权

如果对 String 和&str 进行进一步的比较，将涉及 Rust 的一个重要概念：所有权。简单而言，Rust 希望在不使用垃圾回收器或不需要开发人员小心翼翼地管理内存的情况下实现安全的内存管理。

每个计算机程序都要处理内存，所以要么垃圾回收器负责清理并确保没有变量指向空值，要么开发人员必须考虑这个过程。Rust 选择了第三种方案：引入一个不同的概念。

代码清单 2.7 至代码清单 2.9 最好在 Rust Playground 中运行：http://mng.bz/gRml。你可以尝试各种组合，看看是否可以自己修复错误。

代码清单 2.7 给&str 赋值

```
fn main() {
    let x = "hello";
    let y = x;

    println!("{}", x);
}
```

当运行此程序时，会在控制台上看到“hello”被打印出来。现在尝试使用 String。

代码清单 2.8 给 String 赋值

```
fn main() {
    let x = String::from("hello");
    let y = x;

    println!("{}", x);
}
```

会得到以下错误信息：

```
error[E0382]: borrow of moved value: `x`
 --> src/main.rs:5:20
  |
2 |     let x = String::from("hello");
  |         - move occurs because `x` has type `String`,
              which does not implement the `Copy` trait
3 |     let y = x;
  |             - value moved here
4 |
5 |     println!("{}", x);
  |                    ^ value borrowed here after move
```

为什么会遇到这个错误？代码清单 2.7 创建了一个类型为&str 的新变量：一个指向字符串切片(str)的引用(&)，值为 hello。如果将这个变量赋值给一个新变量(y = x)，就创建了一个指向内存中相同地址的新指针。现在有两个指针指向同一个底层值。

如图 2.6 所示，在创建字符串切片后不能更改它，因此，它是不可变的。你可以打印两个变量，它们都是有效的，并且都将指向保存单词 hello 的底层内存。

当处理实际字符串(而不是引用)时，情况会发生变化。代码清单 2.8 创建了一个复杂类型——String。Rust 编译器当前强制实行单一所有权原则。当像之前那样使用 y = x 重新分配 String 时，将所有权从变量 x 转移到 y。

由于所有权从 x 转移到 y，因此 x 退出作用域，并且 Rust 在内部将其标记为未初始化(uninit)状态(https://doc.rust-lang.org/nomicon/drop-flags.html)。图 2.7 阐释了这个概念。如果尝试打印变量 x，你会发现由于所有权已经转移到了 y，现在 x 已经不存在了且没有值。

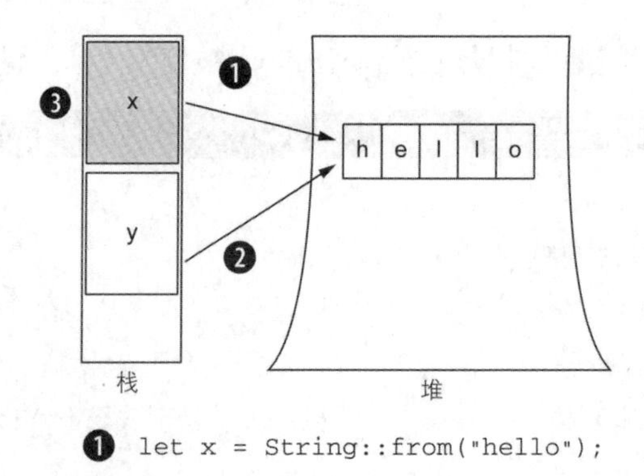

图 2.7 当将复杂类型重新分配给新变量时，Rust 复制指针信息并将所有权转移到新变量。旧变量不再被需要并退出作用域

下面探讨另一个需要理解 Rust 所有权原则的领域：函数处理。将变量传递给函数时会将底层数据的所有权移交给函数。在 Rust 中，有不同的处理方式：

- 将所有权移交给函数并从函数返回一个新变量。
- 传递变量的引用以保留所有权。

代码清单 2.9 展示了通过函数修改 String 对象的例子。将一个 String 的可变引用(这样就可以修改它)传递给一个函数。现在，该函数可以访问底层数据并进行修改。一旦该函数完成任务，将在 main 函数内部重新获得所有权，因此可以打印 address。

可通过此 Playground 链接(http://mng.bz/epBz)尝试此示例中的各种选项。

代码清单 2.9 将所有权移交给函数

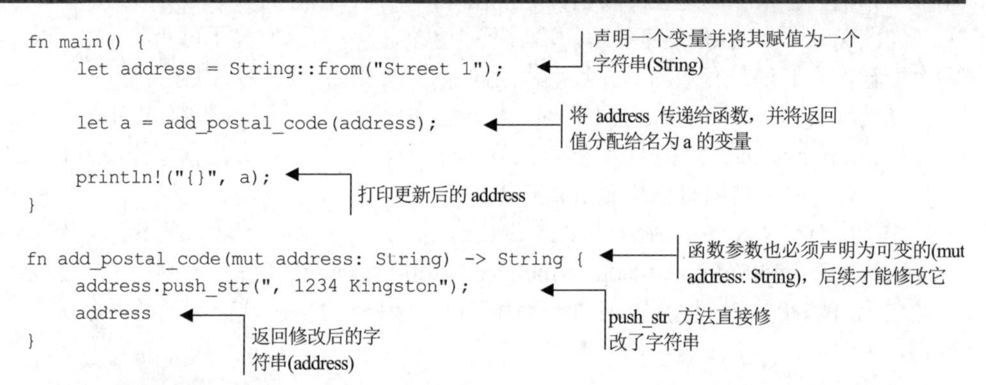

```
fn main() {
    let address = String::from("Street 1");

    let a = add_postal_code(address);

    println!("{}", a);
}

fn add_postal_code(mut address: String) -> String {
    address.push_str(", 1234 Kingston");
    address
}
```


下面详细看看上面的例子。首先，默认情况下，变量是只读的，如果想要改变(mutate)它们，必须在创建新变量时在 let 关键字后添加 mut。然后，调用 add_postal_code 函数，它将把邮政编码添加到刚刚创建的 String 对象中。

通过将 address 传递给 add_postal_code 函数，将所有权移交到了这个函数。当尝试在这行代码之后打印 address 时，将会像代码清单 2.8 一样出现错误。add_postal_code 函数期望一个可变的 String 对象(通过参数中的 mut 关键字)并通过.push_str 函数向其添加新字符。然后，它返回更新后的字符串，并将其重新分配给变量 a。

可以使用与之前完全相同的名称(address)，而不是为这个新变量找个新名字。这是 Rust 的一个特性，被称为变量遮蔽(variable shadowing，http://mng.bz/p6ZG)，因此不必不断地为要修改的变量寻找新的名称。

代码清单 2.10 展示了一种略有不同的方式，该方式在 Rust 代码库中可能更常见。与其传递 address 的值并失去所有权，不如传递一个引用。因此，我们保留了所有权，并在函数需要的时候将所有权借给它。

代码清单 2.10 传递引用

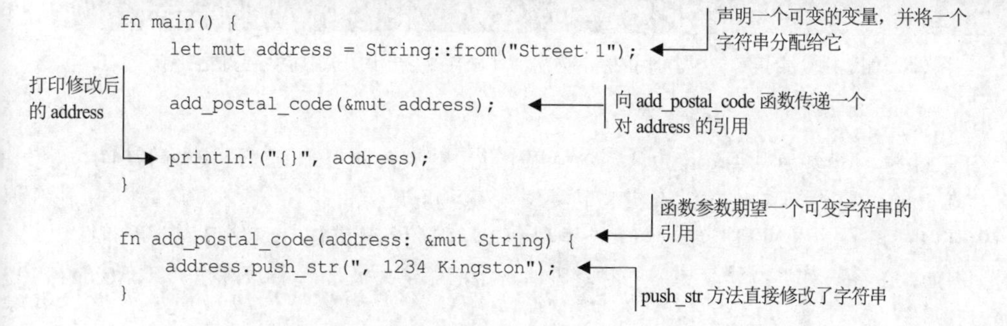

add_postal_code 函数在函数体的执行期间借用所有权。因此，在你尝试打印它之前，address 变量不会超出范围(如前所述)。

fn main() {
let mut address = String::from("Street 1");
声明一个可变的变量，并将一个字符串分配给它
打印修改后的 address
add_postal_code(&mut address);
向 add_postal_code 函数传递一个对 address 的引用
println!("{}", address);
}
函数参数期望一个可变字符串的引用
fn add_postal_code(address: &mut String) {
address.push_str(", 1234 Kingston");
}
push_str 方法直接修改了字符串

以上内容总结了关于 String 与&str 以及 Rust 中所有权原则的探讨。一个简单的错误揭示了这门语言的许多内部动态。现在你能够修复代码清单 2.5 中的第一个错误(期望一个 QuestionId 类型而不是&str 类型)。

2.1.6 使用和实现 trait

编译器告诉你，它期望的是一个 QuestionId，而不是一个&str 类型。打开&str 的文档(https://doc.rust-lang.org/std/primitive.str.html)，看看如何将其转化为一个 String 类型的值。向下滚动时，你会看到一个名为 ToString 的 trait 实现。必须单击 ToString 旁边的[+]来获得更多的细节(见图 2.8)。单击 Read more 以浏览 to_string 函数定义，如果一个类型实现了 ToString trait(&str 也实现了)，便可以使用。

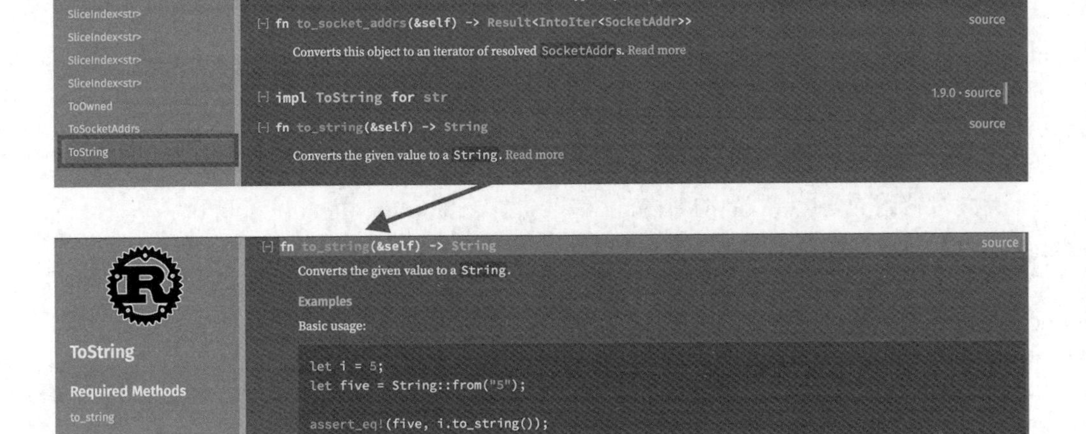

图 2.8 侧边栏提供了某一类型可用的所有方法，有时需要进一步探索才能找到实现细节

trait

在 Rust 中，若要实现共享行为，可以使用 trait。这大致相当于其他语言中的接口。然而，在 Rust 中，你可以在你没有定义的类型上实现 trait。

你可以使用 trait 为应用程序中的多个类型创建所需的行为，还可以使用 trait 标准化行为。例如，在将一种类型转换为另一种类型时，你可以使用 trait(如标准库中的 ToString trait)。

trait 的另一个优点是，它们使你能够在不同的上下文中使用类型。Rust 程序可以是泛型的，接收所有表现出某种行为方式的类型。想象一个餐厅，它接收所有能在桌子下喝水的动物。你的 Rust 程序中的函数可以有类似的行为。例如，它们可以返回具有某种特征的类型。只要你的类型实现了这些特征，这些类型就可以被返回。

当你想要在控制台上输出自定义的结构体时，你会很快在 Rust 中实现 trait，例如，可以使用 derive 宏(在编译时为你编写所有自定义的 trait 实现)。

你可以使用 to_string 将&str 转换为 String。该方法接收&self，这表明可以在所有定义的&str 上使用点符号调用它，并返回 String。这有助于解决许多错误。此外，尝试将 ID 封装在 QuestionId 中，因为这是在结构体中定义的方式，如代码清单 2.11 所示。

代码清单 2.11 将&str 转化为 String

```
// ch_02/src/main.rs

struct Question {
    id: QuestionId,
    title: String,
    content: String,
    tags: Option<Vec<String>>,
}
```

```
struct QuestionId(String);

impl Question {
    fn new(
        id: QuestionId,
        title: String,
        content: String,
        tags: Option<Vec<String>>
    ) -> Self {
        Question {
            id,
            title,
            content,
            tags,
        }
    }
}

fn main() {
    let question = Question::new(
        QuestionId("1".to_string()),
        "First Question".to_string(),
        "Content of question".to_string(),
        ["faq".to_string()],
    );
    println!("{}", question);
}
```

只需要在命令行上执行 cargo run，你便可以看到取得的一些进展。现在只剩下两个错误，不妨再次查看第一个错误(见代码清单 2.12)。

代码清单 2.12 错误地返回了数组而不是向量

```
error[E0308]: mismatched types
  --> src/main.rs:25:9
   |
25 |            ["faq".to_string()],
   |            ^^^^^^^^^^^^^^^^^^^
               expected enum `Option`,
               found array of 1 element
   |
= note: expected enum `Option<Vec<String>>`
          found array `[String; 1]`
```

报错信息似乎是由两个错误组成的。编译器期望接收一个包含 Vec 的 Option 枚举，却传递了一个数组。下面再次使用 docs.rs 文档查找 Option(https://doc.rust-lang.org/std/option/index.html)。

根据提供的示例可知，需要将标签(tag)封装在 Some 中。Question 结构体需要字符串向量，而不是数组。在 Rust 中，向量和数组并不相同。如果想要的东西类似于其他语言中的数组，你可能需要在 Rust 中使用 Vec。

文档也提供了相应的帮助，它介绍了在 Rust 中创建向量的两种方式。可以使用

Vec::new，然后使用.push 插入元素，或者使用 vec!宏。不妨借助代码清单 2.13 中的示例来相应地更新代码。

代码清单 2.13　封装及创建向量

```
fn main() {
    let question = Question::new(
        QuestionId("1".to_string()),
        "First Question".to_string(),
        "Content of question".to_string(),
        Some(vec!("faq".to_string())),
    );
    println!("{}", question);
}
```

再次运行该程序，可以看到其中只剩下一个错误，如代码清单 2.14 所示。

代码清单 2.14　面临的最后一个错误：缺少 trait 实现

```
error[E0277]: `Question` doesn't implement `std::fmt::Display`
  --> src/main.rs:27:20
   |
27 |      println!("{}", question);
   |                     ^^^^^^^^ `Question` cannot
          be formatted with the default formatter
   |
   = help: the trait `std::fmt::Display` is not implemented for `Question`
   = note: in format strings you may be able to use `{:?}` (or {:#?}
          for pretty-print) instead
   = note: required by `std::fmt::Display::fmt`
   = note: this error originates in a macro
        (in Nightly builds, run with -Z macro-backtrace for more info)

error: aborting due to previous error
```

最后一个错误似乎是缺少一个名为 std::Display 的 trait 实现。在 Rust 中，可通过 println!宏来打印变量，并为想要打印的每个变量添加大括号({})：

```
println!("{}", variable_name);
```

这将调用 Display trait 实现中的 fmt 方法：http://mng.bz/O6wn。上面的错误信息还建议使用{:?}而不是常见的大括号({})。下面的"Display 与 Debug"补充说明了两者之间的区别。

Display 与 Debug

Rust 中的所有原始类型都实现了 Display trait(http://mng.bz/YKZN)。Display trait 规定提供的实现应以人类可读的形式显示数据。对于数字和字符串，这很容易，但是对于向量，应该如何做？任何东西都可以放在向量里面，因为 Vec<T>是一个数据类型的通用容器。对于这些用例(像向量这样的复杂数据结构)，Rust 标准库使用了 Debug trait。

对开发人员来说，这两种方式的区别如下：当处理字符串和数字时，打印是通过大括号({})完成的，如println!("{}", 3)。当处理更复杂的数据结构(如结构体或JSON值)时，也可以使用{:?}，它可以调用Debug trait，如println! ("{:?}", question)。

Debug trait可通过在结构体上方放置derive宏来实现。因此，不一定必须自己实现Debug trait，也可以打印出相应的数据结构。

```
#[derive(Debug)]
struct Question {
    title: String,
    ...
}
```

可通过添加#来进行格式打印，如println!("{:#?}", question)。数据结构将以多行形式进行展示，而不是展示一个长字符串。

和前面的ToString trait一样，Display也是Rust标准库中所有基本类型都会实现的一个trait。这使得编译器知道如何显示这些数据类型(将它们转换为人类可读的输出信息)。自定义类型不是标准库的一部分，因此没有实现这个特性。

该如何搜索并实现Display trait呢？答案还是Rust文档。可以搜索Display (http://mng.bz/G1wq)，然后单击[src]以找到对应的实现。注释部分展示了一个实现的例子(见代码清单2.15)。

代码清单2.15 Display trait的实现示例

```
// https://doc.rust-lang.org/src/core/fmt/mod.rs.html#743-767

/// # Examples
///
/// ```
/// use std::fmt;
///
/// struct Position {
///   longitude: f32,
///   latitude: f32,
/// }
///
/// impl fmt::Display for Position {
///    fn fmt(&self, f: &mut fmt::Formatter<'_>) -> fmt::Result {
///        write!(f, "({}, {})", self.longitude, self.latitude)
///    }
/// }
///
/// assert_eq!("(1.987, 2.983)",
///            format!(
///             "{}",
///             Position {
///               longitude: 1.987, latitude: 2.983,
///            }
///          )
```

```
/// );
/// ```
```

通过 Rust 文档中的代码示例(见代码清单 2.15)，你可以逐步学习如何使用文档在自己的类型上实现 trait。先将以上基本示例复制到代码库中，并尝试用自己的结构体(Question)对示例中的结构体(Position)进行替换。以下代码片段在 Question 上实现了 Display trait，粗体字表示进行的修改：

```
impl std::fmt::Display for Question {
    fn fmt(&self, f: &mut std::fmt::Formatter) -> Result<(), std::fmt::Error>
    {
      write!(
        f,
        "{}, title: {}, content: {}, tags: {:?}",
        self.id, self.title, self.content, self.tags
      )
    }
}
```

当尝试通过 println!宏来打印一个 question 时，会调用在 Question 上实现的 fmt 函数。函数会调用 write!宏，将文本打印到控制台，你可通过传递参数来定义具体的内容。

不过，需要注意两点：其一，Question 结构体有一个名为 QuestionId 的自定义结构体，默认情况下不实现 Display trait；其二，对于 tags，我们使用的是一个更复杂的向量结构。不能在向量这种更复杂的结构上使用 Display trait，而必须使用 Debug trait。代码清单 2.16 展示了实现 Display trait 和 Debug trait 的 main.rs 文件。

代码清单 2.16 将 Display trait 的实现添加到 Question 上

```
...

impl std::fmt::Display for Question {
    fn fmt(&self, f: &mut std::fmt::Formatter)
          -> Result<(), std::fmt::Error> {
        write!(
          f,
          "{}, title: {}, content: {}, tags: {:?}",
          self.id, self.title, self.content, self.tags
        )
    }
}

impl std::fmt::Display for QuestionId {
   fn fmt(&self, f: &mut std::fmt::Formatter)
       -> Result<(), std::fmt::Error> {
      write!(f, "id: {}", self.0)
   }
}

impl std::fmt::Debug for Question {
    fn fmt(&self, f: &mut std::fmt::Formatter<'_>)
            -> Result<(), std::fmt::Error> {
```

```
        write!(f, "{:?}", self.tags)
    }
}
```

…

Debug 的实现看上去与 Display trait 很相似。在 write!宏中使用{:?}替代{}。如果每次都要通过上面的代码来实现和展示一个自定义类型，该过程会非常烦琐。

Rust 标准库为此提供了一个名为 derive 的过程宏(procedural macro)，你可以将其(通过#[derive])放在结构体定义之上。Display trait 的文档还介绍了一个重要信息："Display 与 Debug 类似，但 Display 用于面向用户的输出，所以不能被派生。"

声明宏(declarative macro)

在 Rust 中，可通过名字后面的感叹号来识别宏。这表示声明宏或类似函数的过程宏(另一种宏类型)。在 Rust 中一开始就会用到的最常见的声明宏是 println!，它可以将文本打印到控制台。

宏会将封装的代码转换为标准的 Rust 代码。这会在编译器将所有的 Rust 代码组合成二进制文件之前完成。

你还可以创建自己的宏，尽管该过程中几乎没有什么规则与限制。但应该在熟练掌握 Rust 标准之后，当想让自己的生活变得更轻松时，再去创建自己的宏。

因此，继续为类型派生 Debug trait。然后，需要在 println!宏中通过{:?}(而不是{})来使用 Debug。更新后的代码如代码清单 2.17 所示。运行程序后，你将在控制台上看到 question 的内容(暂时忽略警告)。

代码清单 2.17 使用 derive 宏来实现 Debug trait

```
#[derive(Debug)]
struct Question {
    id: QuestionId,
    title: String,
    content: String,
    tags: Option<Vec<String>>,
}

#[derive(Debug)]
struct QuestionId(String);

impl Question {
  fn new(
      id: QuestionId,
      title: String,
      content: String,
      tags: Option<Vec<String>>
  ) -> Self {
     Question {
        id,
        title,
        content,
```

```
            tags,
        }
    }
}

fn main() {
    let question = Question::new(
        QuestionId("1".to_string()),
        "First Question".to_string(),
        "Content of question".to_string(),
        Some(vec!("faq".to_string())),
    );
    println!("{:?}", question);
}
```

以上代码仍有改进空间。我们已经将 question 的 ID 抽象为 QuestionID 结构体，但仍然要记住 QuestionID 需要一个 String 作为输入。可以隐藏这个实现细节，让用户能更方便地生成 question 的 ID。

Rust 提供了一些用于常见功能的 trait。其中之一是 FromStr trait，它类似于之前讨论过的 ToString trait。可以按照以下方式使用 FromStr：

```
let id = QuestionId::from_str("1").unwrap(); // from_str() can fail
```

以上代码简单地表达了："从类型&str 创建类型 *X*。" Rust 没有隐式类型转换，只有显式类型转换。因此，你总是需要指明是否要将一个类型转换为另一个类型，参见代码清单 2.18。

代码清单 2.18　将 FromStr trait 实现添加到 QuestionId

```
use std::io::{Error, ErrorKind};
use std::str::FromStr;

…

impl FromStr for QuestionId {
    type Err = std::io::Error;

    fn from_str(id: &str) -> Result<Self, Self::Err> {
        match id.is_empty() {
            false => Ok(QuestionId(id.to_string())),
            true => Err(
              Error::new(ErrorKind::InvalidInput, "No id provided")
            ),
        }
    }
}

…
```

trait 的签名允许接收一个&str 类型，并返回自定义的类型(QuestionId)或在 ID 为空的情况下返回一个错误。将参数命名为 id，类型为&str(因为这是将接收的类型)。参数的名称(本例中是 id)可以是任何内容。然后通过匹配判断 id 是否不为空，同时返回一个包含一个字段的 QuestionId 类型，并将其转换为 String，正如在结构体中指定的那样。

接下来我们就可以改变在 main 函数中创建 question ID 的方式。不再使用.to_string，而是在 QuestionId 上调用::from_str。可以在 trait 的实现(见代码清单 2.19)中看到，from_str 不接收&self 类型，因此它不是可以通过点(.)来调用的方法，而是需要通过双冒号(::)来调用的关联函数。

代码清单 2.19　使用 FromStr trait 通过&str 创建 QuestionId

```
…

fn main() {
        let question = Question::new(
            QuestionId::from_str("1").expect("No id provided"),
            "First Question".to_string(),
            "Content of question".to_string(),
            Some(vec!("faq".to_string())),
        );
        println!("{:?}", question);
}
```

2.1.7 处理结果

为什么需要在函数后添加.expect？仔细观察，可以看到 FromStr trait 的实现返回了一个 Result。与 Option 类型相似，Result 类型有两种变体：成功或错误。在成功的情况下，通过 Ok(value) 封装值。在错误的情况下，通过 Err(error) 封装错误。Result 类型也是通过枚举类型实现的，它的结构如代码清单 2.20 所示。

代码清单 2.20　Rust 标准库中 Result 的定义

```
pub enum Result<T, E> {
    Ok(T),
    Err(E),
}
```

就像 Option 一样，Result 也实现了许多方法和 trait。其中一个方法是 expect，根据文档，它返回包含的 Ok 值。可以看到，该方法实际上是将 QuestionId 包装在 Ok 中返回的，这意味着 expect 返回其中的值；如果发生错误，它会使用指定的错误信息来触发 panic。

适当的错误处理需要一个 match 语句，从 from_str 函数中接收一个错误，并以某种方式处理它。不过，在这个简单的例子中，目前的处理方式已经足够了。另一个常见的方法是 unwrap，它更具可读性，但在没有指定错误信息的情况下会触发 panic。

在生产环境中，不要使用 unwrap 或 expect，因为它们会导致 panic 并使应用程序崩溃。始终使用 match 来处理错误情况，或者确保自己能捕获错误并优雅地返回错误。

你也可以轻松地在自己的函数中使用 Result 枚举。返回的签名类似于-> Result<T, E>，其中，T 是你想要返回的数据，E 是错误(可以是自定义的，也可以是来自标准库的)。

Result 与 Option 类似，主要区别在于 Error 变体。当数据可以存在但不一定存在(缺少的数据不会引起问题)时，使用 Option。当确实期望数据存在并且必须主动管理不存在的情况时，使用 Result。

之前的代码就是一个简单的例子。在 Question 结构体中将 tags 标记为可选的，因为即使没有它们，你也可以创建 question。然而，ID 是必需的，如果 QuestionId 结构体无法从&str 创建，则会创建失败，且必须向此方法的调用者返回错误。在完成了基本结构和类型实现之后，让我们为应用程序添加一个 Web 服务器，以便为用户提供第一个虚拟数据。

2.2 创建 Web 服务器

在讨论 Web 服务器的构建时，我们已经大致了解了 Rust 提供的特性和它不具备的特性。下面回顾以下要点：

- Rust 不附带可以处理异步后台工作的运行时。
- Rust 提供了表示异步代码块的语法。
- Rust 包含具有状态和返回类型的 Future 类型。
- Rust 实现了 TCP(和 UDP)，但没有实现 HTTP。
- 选择的 Web 框架附带了实现的 HTTP 和其他所有功能。
- 运行时由选择的 Web 框架决定。

Web 框架在幕后决定了很多东西：运行时、HTTP(及 HTTP 服务器实现)的抽象，以及如何将请求传递给路由函数。因此，你需要确保选择的 Web 框架的设计理念及其选择的运行时是和自己的需求匹配的。

为了让你对将要讨论的语法和主题有所了解，代码清单 2.21 简单呈现了本章结束时将完成的示例。阅读本章的最后一部分后，你将了解这段代码的功能。当前只是想突出部分内容。

代码清单 2.21 使用 Warp 的最小可用 Rust HTTP 服务器

```
use warp::Filter;

#[tokio::main]
async fn main() {
  let hello = warp::get()
      .map(|| format!("Hello, World!"));

  warp::serve(hello)
       .run(([127, 0, 0, 1], 1337))
       .await;
}
```

代码的第 3 行，即#[tokio::main]，表示正在使用的运行时。2.2.1 节将讨论运行时。

为了让你有个直观的印象，上面展示了它在 Rust 源代码中的样子。接下来，第 4 行是 main 函数，我们将其标记为异步函数。这样做是为了同时处理多个请求(由于有了运行时)，并且在异步函数内部，可以使用.await 关键字来表示该函数在本质上是异步的，不会立即产生结果。这些便是 Rust 异步编程中的 3 个(共 4 个)关键组件。

2.2.1 同时处理多个请求

当编写服务器应用程序时，你通常需要同时为多个客户端提供服务。即使并非所有连接都在同一毫秒到达，你也需要时间从数据库中读取数据或在硬盘上打开文件。

与其等待每个线程完全结束，让另外数百个(甚至数千个)请求等待并堆积，不如选择触发一个线程(比如数据库查询)，并确保你在它完成时得到通知。与此同时，可以为其他客户端提供服务。

绿色线程(green thread)

在谈论异步编程时，总会涉及线程。线程是由进程创建(生成)的，并在其内部运行。线程通常由操作系统(在内核内部)处理，因此从用户的角度看，管理线程的成本较高(因为需要不断中断内核)。

因此，绿色线程(http://mng.bz/nemK)的概念应运而生。绿色线程完全位于用户空间，并由运行时管理。

通过编写异步应用程序，你可以同时处理多个请求。回顾一下第 1 章中的 minimal-tcp 代码(http://mng.bz/z52a)，你会发现它以阻塞的方式处理一个接一个的流(stream)。处理完一个流之后再去处理下一个流。

在多线程环境中，可以把每个流放在自己的线程上，让它们在后台完成计算，然后将它们放回前台，并把答案发回给请求的客户端。另一个设计方案是使用单线程，在可能的情况下不断地执行任务。关键是，一个耗时较长的方法可将控制权交还给运行时，并发出信号，表示它需要更长的时间来完成。运行时可以执行其他计算，并检查这个耗时较长的方法是否已经完成计算。

要异步处理传入的 HTTP 请求，需要一种理解异步概念的编程语言，而且该语言应提供相应的类型和语法，以便我们标记应该异步执行的代码。我们还需要一个运行时，它可以接收代码并知道如何以非阻塞方式执行它。图 2.9 显示了所需的成分。

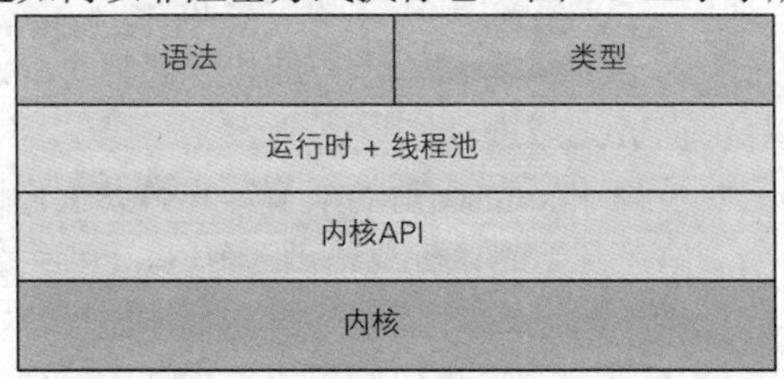

图 2.9 异步编程环境需要 4 个要素(语法、类型、运行时和内核抽象)才能工作

异步编程环境的 4 个要素总结如下：

- 通过 epoll/select/poll 使用内核的异步读写 API(详细信息见 http://mng.bz/09zx)。
- 能在用户空间中关闭长耗时任务，并在任务完成时发出通知，以便继续工作。这意味着运行时能创建和管理绿色线程。
- 编程语言的语法允许在代码中标记异步块，使得编译器能够理解如何处理它们。
- 标准库中的特定类型允许互斥访问和修改。与存储特定值的类型(如 number 类型)不同，异步编程类型需要在存储值的同时存储长耗时任务的当前状态。

Rust 最初使用了绿色线程，但后来因运行时占用空间较大而放弃了它们。因此，Rust 没有运行时和对异步内核 API 的抽象。这与 Node.js 和 Go 不同，它们都自带原生运行时和对内核 API 的抽象。

Rust 提供了语法和类型。Rust 本身支持异步概念，并提供了足够的组件来构建运行时并对内核 API 进行抽象。

2.2.2 Rust 的异步环境

为了使 Rust 占用更小的空间，其开发人员决定使其不包含任何运行时以及对内核异步 API 的抽象。这使得程序员有机会选择符合项目需求的运行时。这也使 Rust 在未来的运行时发生巨大进步时变得更具前瞻性。

图 2.8 展示了异步编程的主要要素。Rust 提供了语法和类型。经过充分测试的运行时(如 Tokio 和 async-std)也是可用的，你还可使用 Mio 对异步内核 API 进行抽象。图 2.10 展示了 Rust 生态系统的组件。

图 2.10 Rust 异步编程生态系统的组件

对于语法，Rust 提供了 async 和 await 的组合作为关键字。可以将函数标记为 async，以便在其中使用 await。使用了 await 的函数会返回 Future 类型，它具有在成功执行时返回的值的类型，以及一个名为 poll 的方法，该方法执行长耗时的线程并返回 Pending 或 Ready。Ready 状态可以具有 Error 或成功的返回值。

通常情况下，你不需要了解 Future 类型的细节。它有助于你进一步理解底层系统，以便你在需要时创建一个，但在开始时，你只需要了解 Future 为什么存在，以及它如何与生态中的其他部分一起使用。

在 Rust 中，运行时的选择对每个异步应用程序来说都很重要。运行时将包含对内核 API 的抽象(在大多数情况下，这是一个名为 Mio 的库)。但是，让我们先看一下 Rust 自带的语法和类型。

2.2.3 Rust处理async/await

Rust在运行时之上集成了两个组件。第一个是async/await语法。下面回顾一下第1章中执行异步HTTP调用的一个代码片段(见代码清单2.22)。

代码清单2.22 async HTTP调用示例

```
use std::collections::HashMap;

#[tokio::main]
async fn main() -> Result<(), Box<dyn std::error::Error>> {
   let resp = reqwest::get("https:/ /httpbin.org/ip")
       .await?
       .json::<HashMap<String, String>>()
       .await?;
   println!("{:#?}", resp);
   Ok(())
}
```

注意，为了让以上代码片段正常工作，必须在Cargo.toml文件中添加Tokio和Reqwest包。许多Rust包将其逻辑分割成不同的功能，这使得应用程序可以只包含较小的功能子集，而不必包含不需要的代码。

```
[dependencies]
reqwest = { version = "0.11", features = ["json"] }
tokio = { version = "1", features = ["full"] }
```

特性标记

在Cargo.toml文件中添加Tokio到依赖项时，需要添加特性标志。特性标志允许开发人员仅添加一个包的子集，从而节省编译项目的时间并减小项目占用的空间。

并非所有的包都支持特性标志，但有些确实支持。注意，如果你添加一个包并希望使用某些特性，编译器不会通知你该特性未包含在Cargo.toml文件中。对新手来说，最安全的做法是添加一个包的所有特性，完成后，看看你是否可通过仅使用某些特性来减少你拉取的代码量。

特性标志的命名没有标准化，包的所有者可以为其特性命名。对于Tokio，以下代码使用特性标志 full:

```
tokio = { version = "1", features = ["full"] }
```

函数调用reqwest::get("https://httpbin.org/ip")返回一个future，它包装了返回类型。此调用以对象的形式返回当前的IP地址，该对象具有一个键和一个值。在Rust中，这可通过哈希映射来表示：HashMap<String, String>。Reqwest包默认返回Future(https://docs.rs/reqwest/latest/reqwest/#making-a-get-request)。如果想以阻塞的方式发出HTTP请求，可以使用reqwest::blocking客户端：

```
https://docs.rs/reqwest/latest/reqwest/blocking/index.html
```

我们期望一个包装在 future 内部的哈希映射作为响应：Future<Output=HashMap<String, String>>。然后，我们可以在 future 上调用 await，这样运行时就会接管它，并尝试执行其中的功能。假设这将花费较长的时间，因此运行时将在后台处理任务，并在读取文件时填充内容变量。

你通常不会遇到需要自己定义 future 的情况，至少在开始使用 Rust 和 Web 服务时不会。重要的一点是，在使用包或其他人的代码时，如果函数被标记为 async，则必须使用 await。

这种语法的目的是使异步 Rust 代码对程序员来说看起来像同步的、阻塞的代码。在后台，Rust 将这段代码转换为一个状态机，其中每个不同的 await 代表一个状态。一旦所有状态都完成，函数将继续执行到最后一行并返回结果。

由于语法看起来像阻塞性的、并发的过程，你可能很难理解异步编程的本质和陷阱。在实现第一个应用程序时，我们将更深入地了解这个问题。现在，了解这些成分就够了。下面看一下 future 的内部，了解正在处理的内容，或者所用的运行时正在处理的内容。

2.2.4　使用 Rust Future 类型

在代码清单 2.22 中，可以看到 await 函数返回了一些内容，并将其保存在变量 resp 中。在这里，Future 类型开始发挥作用。如前所述，Future 是一个更复杂的类型，具有以下签名(见代码清单 2.23)。你不必完全了解它的功能，不过代码片段中包含两个链接，以便你深入了解。代码清单 2.23 之后的内容对关键功能进行了解释。

代码清单 2.23　Rust 中的 Future trait

```
// Docs: https://doc.rust-lang.org/std/future/trait.Future.html
// Source code:
// https:/ /doc.rust-lang.org/src/core/future/future.rs.html#36-104

pub trait Future {
    type Output;
    fn poll(self: Pin<&mut Self>, cx: &mut Context<'_>)
        -> Poll<Self::Output>;
}
```

Future 有一个名为 Output 的关联类型，例如，它可以是一个文件或字符串，并且有一个名为 poll 的方法。此方法被频繁调用以确认 future 是否到达 Ready 状态。poll 方法返回一个类型 Poll，它可以是 Pending 或 Ready 状态。一旦到达 Ready 状态，poll 将返回第 2 行中指定的类型或错误。一旦 future 到达 Ready 状态，它将返回一个结果，然后将其赋值给变量。

你可以看到 Future 是 trait。这提供了一个优势——你可以对程序中的任何类型实现这个 trait。

Rust 的不同之处在于 future 不会主动启动。在其他语言(如 Go 或 JavaScript)中，当将变量赋值给 promise 或创建 go routine 时，它们的每个运行时都将立即开始执行。在 Rust 中，必须主动对 future 使用 poll 方法，这是运行时的工作。

2.2.5　选择运行时

运行时是异步 Web 服务的核心。其设计和性能在很大程度上决定了应用程序的基本性能和安全性。在 Node.js 中，由 Google V8 引擎来处理这个任务。Go 也有自己的运行时，它同样是由 Google 开发的。

你不需要详细了解运行时的原理以及如何执行异步代码。不过，可以尝试了解术语和它关联的概念，这是有益的。你可能会在后面的代码中遇到问题，了解你选择的运行时的工作原理，可以帮助你解决问题或重写代码。

许多人批评 Rust 没有附带运行时，因为运行时在每个 Web 服务中都是一个核心部分。不过从另一个角度看，根据自己的需求选择特定的运行时，其优点是可以根据性能和平台的要求来调整应用程序。

Tokio 是最受欢迎的运行时之一，被广泛应用于整个行业。因此，它是应用程序的首要安全保障。我们将在示例中选择 Tokio，稍后将详细介绍如何根据需要选择运行时。

运行时负责创建线程，轮询各个 future，并驱动它们完成。它还负责将任务传递给内核，并确保使用异步内核 API 以避免出现瓶颈。Tokio 使用一个名为 Mio(https://github.com/tokio-rs/mio)的库来与操作系统内核进行异步通信。作为开发人员，你可能永远不会接触到 Mio 中的代码，但不妨了解一下，在使用 Rust 开发 Web 服务器时，你将哪些类型的库和抽象层加入项目中。

如图 2.11 所示，运行时在 Web 服务中起着相当重要的作用。将代码标记为 async 时，编译器将代码交给运行时。然后，实现决定了执行此任务的速度、准确性和无错误性。

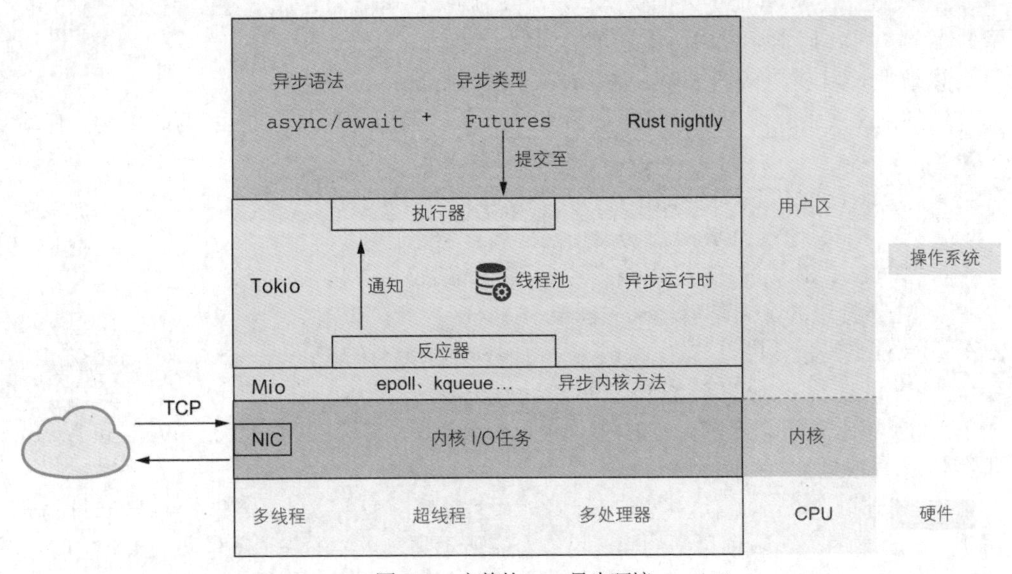

图 2.11　完整的 Rust 异步环境

下面通过一个示例任务来看看幕后发生了什么，见图 2.12。

❶ 在 Rust 代码中，把一个函数标记为 async。当等待函数的返回值时，在编译期间告诉运行时这是一个返回 Future 类型的函数。

❷ 运行时将这段代码交给执行器。执行器负责调用 Future 上的 poll 方法。

❸ 如果是网络请求，运行时将其交给 Mio，Mio 在内核中创建异步套接字，并请求一些 CPU 时间来完成任务。

❹ 一旦内核完成工作(例如，发送请求并获取响应)，它会通知套接字上的等待进程。响应器负责唤醒执行器，执行器继续使用从内核返回的结果进行计算。

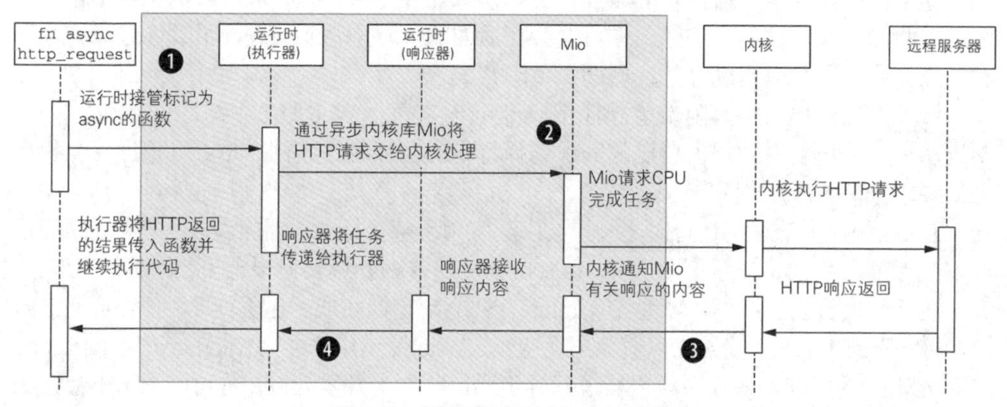

图 2.12 在后台执行异步 HTTP 请求

2.2.6 选择 Web 框架

由于 Rust 在 Web 服务方面仍然是一个新领域，你可能需要开发团队和社区更积极的帮助来解决你在探索过程中可能遇到的问题。

以下是 Rust 提供的四大 Web 框架：

- Actix Web 是最完整、使用最频繁的 Web 框架，具有很多功能；有时可能会有点“偏执”。
- Rocket 使用宏来注解路由函数，并内置了 JSON 解析。它是一个完整的框架，包含了编写稳定的 Web 服务器所需的所有功能。
- Warp 是 Rust 最初的 Web 框架之一。它与 Tokio 社区密切合作，提供了很大的自由发挥空间。它是最基础的框架，将许多设计决策留给了开发人员。
- Axum 是最新的框架之一，试图尽可能构建在已有的 Tokio 生态系统的 crate 之上，并借鉴了 Warp 和其他框架的设计经验。

Actix Web 带有自己的运行时(但你也可以选择使用 Tokio)。Rocket、Warp 和 Axum 框架使用 Tokio。

本书选择了 Warp。它足够小，不碍事，而且被广泛使用，有一个非常活跃的 Discord 频道。你自己的公司或项目中的情况可能会有所不同。重要的是了解框架的来龙去脉，哪些是纯 Rust 代码，以及你的代码在哪里会受到你选择的框架的影响。

书中的大部分内容和代码都与框架无关。一旦配置好服务器并添加了路由函数，你将再次进入纯 Rust 领域，之后就不会看到太多涉及框架的内容了。书中将明确突出这些部分，以便你知道在哪里添加自己选择的框架。

如图 2.13 所示，传入的 TCP 请求必须交给运行时 Tokio，它直接与内核通信。Hyper 库将启动 HTTP 服务器并接收这些传入的 TCP 流。在此基础上，Warp 将包装框架功能，如将 HTTP 请求传递给正确的路由函数。代码清单 2.24 展示了所有这些操作。

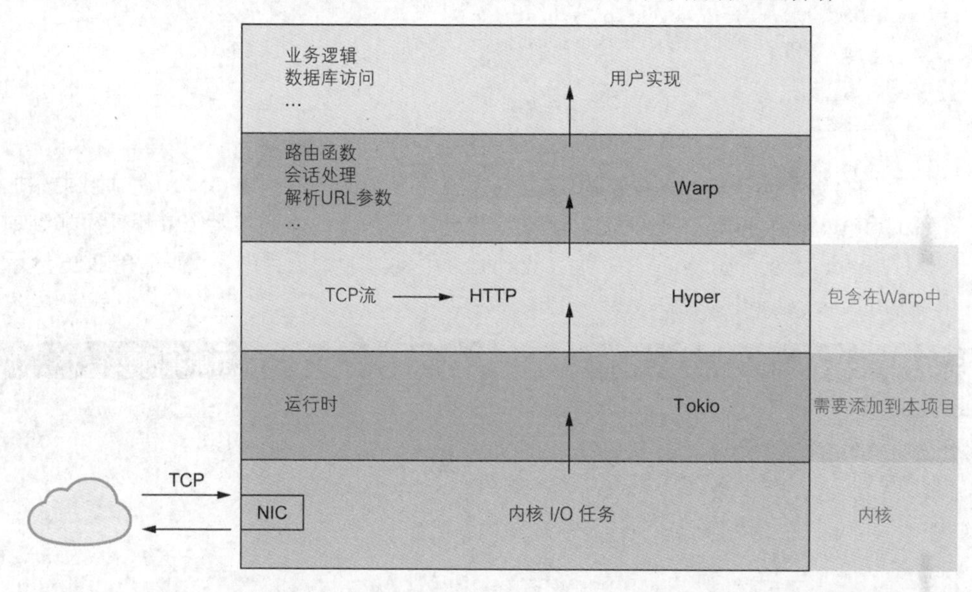

图 2.13　当使用 Warp 时，你将继承运行时 Tokio 和 Hyper 作为底层的 HTTP 抽象和服务器

代码清单 2.24　使用 Warp 的最小可用 Rust HTTP 服务器

```
use warp::Filter;

#[tokio::main]
async fn main() {
    let hello = warp::path("hello")
        .and(warp::path::param())
        .map(|name: String| format!("Hello, {}!", name));

    warp::serve(hello)
            .run(([127, 0, 0, 1], 1337))
            .await;
}
```

.map 函数是一个 Warp 过滤器，它从前面的函数中获取可能的参数并对它们进行转换

(.map(||...))的签名使用了一个闭包(||)，它捕获环境中的变量并使它们在函数(map)内部允许被访问。在代码清单 2.24 中，map 函数内部没有使用任何变量。然而，如果 HTTP GET 请求有任何参数，可通过闭包(||)在 map 内部捕获和处理这些参数。*The Rust Programming Language* 对闭包有更详细的介绍(https://doc.rust-lang.org/book/ch13-01-closures.html)。

为了以一个可用的 Web 服务器结束本章，我们将把这个示例片段放入代码库中。到

目前为止，main 函数如代码清单 2.25 所示。

代码清单 2.25 目前为止的 main 函数

```
fn main() {
    let question = Question::new(
        QuestionId::from_str("1").expect("No id provided"),
        "First Question".to_string(),
        "Content of question".to_string(),
        Some(vec!("faq".to_string())),
    );
    println!("{:?}", question);
}
```

我们移除了创建新 question 的代码(第 3 章将介绍如何返回 JSON)，在项目中添加了运行时和 Warp 服务器，并在 main 函数中启动了服务器；需要将两个依赖项添加到项目中。Hyper crate 包含在 Warp 中，而 Tokio 必须手动添加到项目中。代码清单 2.26 展示了更新后的 Cargo.toml 文件。

代码清单 2.26 更新后的 Cargo.toml 文件(已将 Tokio 和 Warp 添加到项目中)

```
[package]
name = "ch_02"
version = "0.1.0"
edition = "2021"

[dependencies]
tokio = { version = "1.2", features = ["full"] }
warp = "0.3"
```

添加 Tokio 依赖项后，可以在 main 函数上通过注解使用 Tokio 运行时，并在其中编写 Warp 所需的异步代码。代码清单 2.27 展示了 ch_02 文件夹中更新后的 main.rs 文件。

代码清单 2.27 在 main.rs 文件中启动 Warp 服务器

```
use std::str::FromStr;
use std::io::{Error, ErrorKind};

use warp::Filter;

…

#[tokio::main]
async fn main() {
    let question = Question::new(
        QuestionId::from_str("1").expect("No id provided"),
        "First Question".to_string(),
        "Content of question".to_string(),
        Some(vec!("faq".to_string())),
    );
    println!("{:?}", question);
```

```
    let hello = warp::get()
        .map(|| format!("Hello, World!"));

    warp::serve(hello)
        .run(([127, 0, 0, 1], 3030))
        .await;
}
```

可通过在命令行中使用 cargo run 来启动服务器(暂时忽略警告)。它仍然会在命令行上打印示例 question，同时启动服务器。你可以打开浏览器并访问地址 127.0.0.1:3030，然后，应该会看到“Hello, World!”。

有了服务器的支持后，可以开始实现 REST 端点，序列化自己的结构体以返回正常的 JSON 给请求客户端，并在端点上接收查询参数。第 3 章将介绍更多相关的内容。

2.3 本章小结

- 开始时应通过结构体映射资源，并思考类型之间的关系。
- 通过在类型上添加 new 之类的辅助方法和转换类型来简化你的工作。
- 理解 Rust 中的所有权、借用原则、它们会对你编写代码的方式产生怎样的影响，以及编译器可能因此抛出的错误。
- trait 可以帮助你通过增加功能使你的自定义数据类型与你选择的框架良好地兼容。
- 使用 derive 宏来为常见用例实现 trait，可以节省大量自编代码。
- 重视 Rust 文档，因为你经常会用它来查找类型和框架中的功能。反过来，这也有助于你更好地理解该语言。
- Rust 附带了异步语法和类型，但需要更多内容来编写异步应用程序。
- 运行时负责同时处理多个计算，并为异步内核 API 提供抽象。
- 选择一个被积极维护的 Web 框架，该框架拥有庞大的社区和支持，并可能被较大公司使用(可能和你当前的公司不同)。
- 选择的 Web 框架将抽象出 HTTP 实现、服务器和运行时，以便专注于为应用程序编写业务逻辑。

第Ⅱ部分

开　始

本书的第Ⅱ部分涵盖业务逻辑，并教你创建具有各种API端点的Web应用。它涉及数据库访问、日志记录和第三方 API。我们还将对应用进行整理，并将其拆分为各个模块。读完这一部分后，你将会了解Rust Web开发的日常工作，以及在哪寻找额外信息。

在第3章中，我们将建立第一个路由函数和HTTP GET方法的端点。你将熟悉Web框架Warp，并了解如何将传入的HTTP请求传至路由函数，如何返回适当的HTTP响应，以及产生错误时如何应对。

第4章扩展了这些主题，在这一章中，将为API实现POST、PUT和DELETE端点。你将学会如何接收参数，解析JSON，并将问题和答案放入内存存储。

在编写了大量的业务逻辑后，是时候整理代码了。第5章详细介绍了Rust的模块系统。你将学会判断是否需要以及何时创建sub-crate，或将业务逻辑拆分为单独的模块，以便在应用中访问它们。

运行Web服务时可能会出现故障，用户可能会反馈问题，而且故障会被发现。在开发应用以及在生产环境下运行应用时，检查的工作至关重要。第 6 章将会确保你拥有所需的工具和技能来实现日志记录，追踪异步行为，以及在本地调试你的代码。

Web应用通常不会开放API端点，这些应用也与其他服务和数据库通信。这正是我们在第Ⅱ部分最后两章中所做的。第7章使用PostgreSQL数据库来替代内存存储，我们也将与数据库建立连接，并在路由函数间共享此链接。

第 8 章教你如何访问第三方 API，并以此作为第Ⅱ部分的结尾。这给我们提供了一个完美示例：同时处理多个异步调用，将 JSON 数据解析到结构体中，并处理这些调用中的超时调用。

第3章

创建第一个路由函数

本章内容

- 为服务器添加一个路由函数
- 理解 Warp 的过滤器 trait
- 将数据序列化为 JSON 格式
- 返回正确的 HTTP 响应
- 返回各种不同的 HTTP 错误码
- 设置处理跨域的方式

在本章的第一部分，我们将建立一个基础的 Web 服务器，它包含所有需要的工具，可充当贯穿本书的基线。本章第二部分将展示在 Web 服务器中，可以多么轻松地实现跨源资源共享；即使不在同一个区域上，浏览器也能轻松访问服务器。

本章将会为你使用 Warp 和创建服务器(详见后续章节)奠定基础，你将明白 Warp 是如何传递 HTTP 请求的(通过其过滤器系统)，在后面的章节中，我们将会用 Warp 来添加中间件和传递状态。

从现在起，我们不得不更加果断，正如第 2 章提到的，选择 Warp 作为服务器框架。后面提到的所有代码都能在本书的 GitHub 仓库(https://github.com/Rust-Web-Development/code)中找到。

请查看图 3.1，注意框架所包含的技术栈。你将总会选择一个运行时和在 HTTP 服务器上抽象的库。HTTP 库 Hyper 已经在 Warp 中，而 Tokio 则必须添加到 Cargo.toml 文件中。

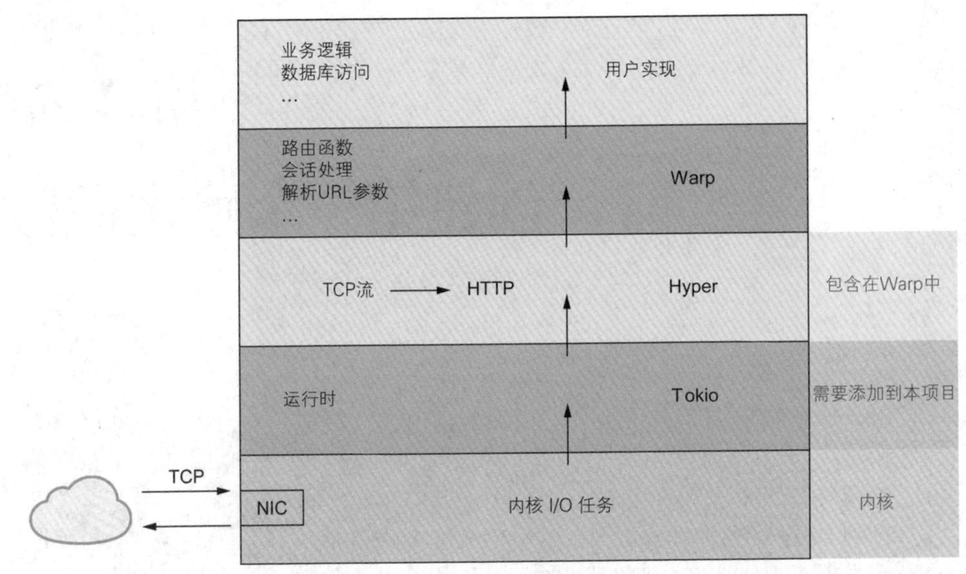

图 3.1 在 Web 框架 Warp 中，Tokio 是其运行时，Hyper 是服务器库

在整本书的课程中，我们将创建一个用于问答的服务，供用户提出问题和解答这些问题。这个服务可以作为内部问答服务网站的起点，用于获取关于公司产品、流程和代码库的信息。

3.1 认识 Web 框架：Warp

选择 Warp 作为 Web 框架的原因有如下四点：

- 它足够小巧，不碍事，而且被广泛使用，有一个活跃的社区积极维护着。
- 它是基于 Tokio 运行时的，这是目前 Rust 生态中的标准运行时。
- 它有一个活跃的 Discord 频道，Warp 框架创建者和其他使用者经常在上面解答用户的疑惑。
- 它在 GitHub 上得到活跃的开发和更新，并且有着很好的文档。

你可能不喜欢 Warp 的部分设计选择，但这四点都非常重要，不容忽视。务必记住，在开发、部署和维护 Rust Web 服务的过程中，不要孤军奋战。在你的日常工作中，关键是获得有经验社区的帮助。下面来看看你能用 Warp 做些什么，包括需要哪些外部 crate 来使其运行，以及如何使用它强大的过滤器系统。

3.1.1 Warp 包括哪些内容

请记住，Rust 的标准库中并不包含 HTTP 的实现，因此，一个 Web 框架应当有它自身的 HTTP 实现或者使用 crate。Warp 使用名为 Hyper 的 crate。Hyper 是用 Rust 编写的一个 HTTP 服务器，它支持 HTTP/1、HTTP/2 和异步概念，这使它成为 Web 框架的完美基石。

在前两章，你已了解到每个异步事件都需要一个运行时，而 Rust 不允许将其放在标准库中。因此，Hyper(以及 Warp)需要以一个社区为基础进行构建。Tokio 是一个不错的选择。当使用 Warp 时，你不需要将 Hyper 放入代码中。然而，你需要将 Tokio 添加到依赖项中，并手动将其添加到项目中。

代码中不必包含 Hyper 的原因是 Warp 将会把 Hyper 拉到自己的代码库里，并且在 Hyper 基础上进行构建。然而，Tokio 需要作为一个单独的依赖项，因为必须在自己的项目中使用 Tokio crate 来注释主函数(并在本书后续章节中使用其他 Tokio 宏和函数)。

因此，每个 Warp 项目至少拥有两个依赖项：Warp 本身和 Tokio。既然理解了 Warp 是基于哪些 crate 构建起来的，让我们关注一下 Warp 是如何工作的，这样你以后就可以在创建 Web 服务时做出正确的决定。

3.1.2 Warp 的过滤器系统

对每个框架来说，前两步都是一样的。

(1) 在一个指定端口(1024 或者以上)启动一个服务。

(2) 为一个 HTTP 请求提供路由函数，该请求应与指定的路径、HTTP 方法和参数相匹配。

在 Warp 中，路由是过滤器的集合，这些过滤器链接在一起。每个请求将尝试去匹配你创建的过滤器，如果不能匹配，则继续尝试下一个。代码清单 3.1 展示了这个过程：通过 Warp 启动服务器(Warp 在后台使用 Hyper 来创建和启动 HTTP 服务器)，然后将一个过滤器对象传递给::serve 方法。所有代码都可以在该项目的 GitHub 库(https://github.com/Rust-Web-Development/code)中找到。

代码清单 3.1　使用路由过滤器对象启动 Warp 服务器

```
// import the Filter trait from warp
use warp::Filter;
#[tokio::main]
async fn main() {
        // create a path Filter
        let hello = warp::path("hello").map(|| format!("Hello, World!"));

        // start the server and pass the route filter to it
        warp::serve(hello).run(([127, 0, 0, 1], 3030)).await;
}
```

查阅文档中关于::path 的部分(http://mng.bz/82XP)，发现它是 Warp 中过滤器模块的一部分。当传递路由 hi 到::serve 方法时，Warp 可以接收指定 IP 地址和端口的 HTTP 请求，然后尝试将其与给定的过滤器进行匹配。本例正在寻找 http://127.0.0.1:3030/hello 上的请求。当你运行服务，打开浏览器，并转向这个 URL 时，你将在浏览器中收到“Hello, World!”的文本。

Warp 默认监听 HTTP 的 GET 请求。如果想更改监听的 HTTP 方法，可以使用 Warp

中的方法过滤器，如.get 或.post。

一开始，这个过滤器系统可能看起来平平无奇，但是请牢记：你在路由上做的一切都是通过过滤器完成的。提取头部信息、(查询)参数、JSON 体……这些都是通过过滤器完成的。在第 4 章，将添加一个本地数据库到服务，然后在不同的路由函数中共享这个数据库的访问权。这也将通过 Warp 的过滤器系统来完成。

3.2 获取第一个 JSON 响应

有了基本的知识，就可以开始开发程序。每一步，我们都将深入研究 Rust 及其生态系统。现在来看看如何从名为 Warp 的库中得到帮助，为我们做繁重的工作，让我们可以更加专注于业务逻辑。

每次接收到 HTTP 请求时框架都会通过若干步骤进行处理：

(1) 检查 HTTP 请求中的请求路径。

(2) 检查 HTTP 请求方法(如 GET、PUT 或 POST)。

(3) 将请求转发至负责处理这个路径和类型的路由函数。

(4) 在将请求转发到路由函数之前，该请求可以在中间件中传递，中间件可以进行权限认证或者在传递给路由函数的请求中添加信息。

图 3.2 展示了整个流程。位于方框旁边的是必须使用 Warp 来处理请求的方法的调用。POST、PUT 或者 DELETE 的请求的调用看起来很相似，只有一些很小的差别。

无论你使用的是哪个框架，它们都有相同的设计原则。但实际实现的方法以及调用方式和时间有所不同。

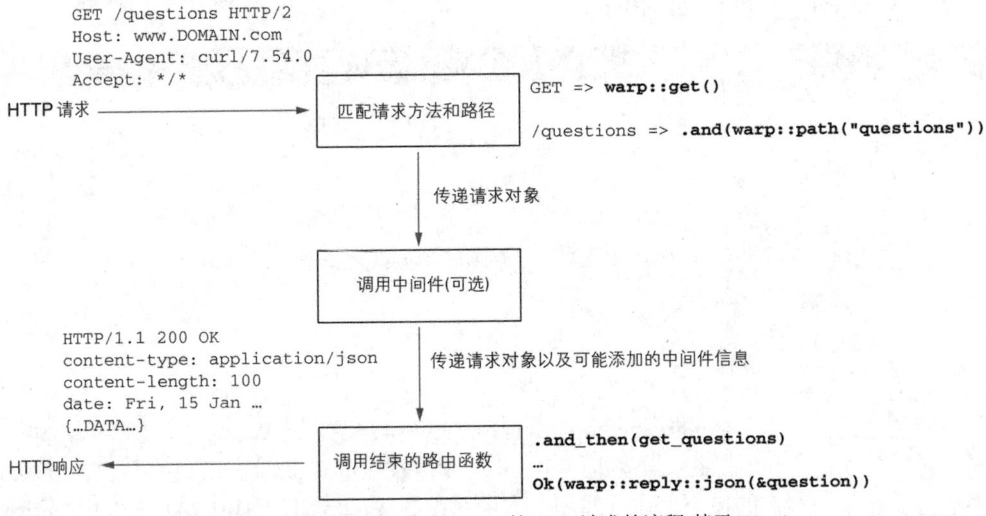

图 3.2 发送、解析和响应 HTTP 的 GET 请求的流程(基于 Warp)

3.2.1　与你的框架理念保持一致

用框架实现 API 的第一步是设置一个最小可行的版本。之后，你实现最简单的路径来看你的框架如何应对以及你希望事情变成什么样。

在第 2 章末尾，我们已将 Tokio 和 Warp 加入项目中。代码清单 3.2 展示了为本章奠定基础的主函数。

代码清单 3.2　主函数的现状

```
…

#[tokio::main]
async fn main() {
       let hello = warp::get()
            .map(|| format!("Hello, World!"));

       warp::serve(hello)
            .run(([127, 0, 0, 1], 3030))
            .await;
}
```

我们还在 Cargo.toml 文件中添加了 Warp 和 Tokio，如代码清单 3.3 所示。

代码清单 3.3　将依赖项添加到 Cargo.toml

```
…

[dependencies]
tokio = { version = "1.2", features = ["full"] }
warp = "0.3"
```

创建一个心理或身体检测清单，用于检查框架是否可以完成以下操作(如果可以，则检查其如何完成)：

- 它是如何解析传入的请求路径以及 HTTP 方法的？
- 我能直接从 HTTP 主题解析 JSON 请求吗？
- 我如何解析请求中的统一资源标识服的参数？
- 我如何添加用于身份认证或者日志记录的中间件？
- 我如何在路由函数间传递数据库连接之类的对象？
- 我必须怎样返回 HTTP 响应？
- 该框架有内置的 Session 或者 Cookie 处理方法吗？

这些都是在使用 Web 框架时首先会面临的问题，所以浏览一下上面的清单，看看你选择的框架是如何支持这些操作的。如果无法完成其中一个或更多操作，就弄清楚实现这些操作有多难。后续章节将通过框架来回答这些问题。

一种好的学习态度是：“我不知道事情是怎么样的，但是让我了解下。”阅读示例代码并记下你不懂的地方。一开始你可能会记录很多，但是你会发现，只要秉持开放的心态，并时常阅读框架的文档，你就能快速了解代码的内容。

该框架在一开始就会指导你如何接收、解析和响应 HTTP 请求。与中间件相关的一切都取决于你，这是任何应用程序的一个主要部分。严格类型语言的好处在于，你可以使用和实现框架中的类型来轻松扩展函数和数据类型。

3.2.2 处理正确的路由

每个 Web 应用程序开始时都致力于接收一个 HTTP 的 GET 信息并返回响应。然后，你可以扩展和修改这种简单的工作模式。代码清单 3.4 展示了如何创建一个路由函数(用于将一个 HTTP 传入其中)，以及在 Warp 中一个路由是如何被创建的。

你可能已经发现了，这本书的理念是和错误共存，而不是直接展示一些正确的例子。这段代码不会被编译，而且其中的原因很重要。我们还不能序列化一个 Question 来响应这个请求，下一节将会解释如何在 Rust 中做到这点。

代码清单 3.4 添加第一个路由函数并删除打印的问题

```
use warp::Filter;

...

async fn get_questions() -> Result<impl warp::Reply, warp::Rejection> {
    let question = Question::new(
        QuestionId::from_str("1").expect("No id provided"),
        "First Question".to_string(),
        "Content of question".to_string(),
        Some(vec!("faq".to_string())),
    );

    Ok(warp::reply::json(
        &question
    ))
}

#[tokio::main]
async fn main() {
    let get_items = warp::get()
        .and(warp::path("questions"))
        .and(warp::path::end())
        .and_then(get_questions);

    let routes = get_items;

    warp::serve(routes)
        .run(([127, 0, 0, 1], 3030))
        .await;
}
```

- 创建第一个路由函数，需要返回一个响应和拒绝，以使 Warp 可以使用它
- 创建一个新的问题，这个问题将会被返回给请求客户
- 使用 Warp 的 JSON 响应来返回问题的 JSON 版本
- 使用 Warp 的功能，通过连接多个过滤器来创建一个大的过滤器并将其赋给 get_items
- 通过 path::end 来表示监听的是/question(而不是/question/further/params 之类)
- 定义路由变量，稍后会派上用场
- 将路由过滤器传递给 Warp 的 serve 方法，并启动服务器

正如前面所说的，在 Warp 中，主要的概念是过滤器。它通过一个 trait 在 Warp 中实

现，可以解析、转变以及返回数据。你使用它的次数越多，就越容易理解它的使用方法。

可通过关键字来连接过滤器。我们的探索从 get 过滤器开始，这个过滤器用来过滤 HTTP 请求中的 GET 请求。然后添加一个路径，用于过滤对 HTTP 主机 URL 后的参数的请求。以代码清单 3.4 为例，过滤所有对 localhost:3030/questions 的 GET 请求。使用 path::end 过滤器，所以可以精确监听/questions(而不是/questions/more/deeper 之类)。每个请求将通过一个过滤器，如果符合，则将调用 and_then 这部分，它将调用路由函数 get_questions。

路由函数必须有固定的返回格式。必须返回如下内容：

- 结果
- warp::Reply(针对成功的部分)
- warp::Rejection(针对错误)

期间发生的一切都取决于开发人员。只需要为框架配置正确的响应类型。创建一个路由对象，在这个对象中，暂时只指定了/questions 路径上针对 HTTP 的 GET 请求的过滤器组合。

在 get_questions 函数的最后，调用 JSON 函数从 Warp 将问题以 JSON 形式返回。现在，这看来有点神奇。编译器(以及这方面的函数)如何知道问题的 JSON 结构列？可以查阅文档(http://mng.bz/E0wj)并检查下函数签名，如代码清单 3.5 所示。

代码清单 3.5　Warp 的 JSON 函数签名

```
pub fn json<T>(val: &T) -> Json
where
    T: Serialize,
…
```

这表明，传递给函数(val: &T)的任何值都必须是引用，而且该值必须实现序列化(Serialize)。文档中突出显示了序列化这个词，你可以单击该词，然后跳转到名为 Serde 的库的文档。

3.2.3　使用 Serde 库

Serde 库将序列化和反序列化绑定到一个框架中。它是 Rust 生态中基础的标志序列化(反序列化)框架。它能将结构体转换为列入 JSON、TOML 或者二进制 JSON(BSON)格式，并将其转换回来。但是，首先需要把 Serde 添加到 Cargo.toml 文件中，如代码清单 3.6 所示。

代码清单 3.6　添加 Serde 到项目

```
…
[dependencies]
…
serde = { version = "1.0", features = ["derive"] }
```

与其为每个数据结构编写烦琐的映射功能来创建合适的 JSON 格式，不如在结构体上使用宏。编译器将会在编译过程中调用 Serde 库，并创建正确的序列化信息。

这正是需要为 Question 结构体做的事。如代码清单 3.7 所示，使用 derive 宏，在已经注释的 Debug trait 添加序列化 trait，并用逗号分隔开。

代码清单 3.7 使用 Serde 序列化功能返回 JSON

```
use serde::Serialize;

...

#[derive(Debug, Serialize)]
struct Question {
    id: QuestionId(String),
    title: String,
    content: String,
    tags: Option<Vec<String>>,
}

#[derive(Debug, Serialize)]
struct QuestionId(String);

...
```

必须通过 use 关键字导入 Serde 的序列化功能，并使其可用于编写的文件，然后将其添加至结构体。

请牢记，如果结构体中包含其他自定义对象，这些对象也必须在其结构体定义上添加序列化信息。如果 Question 结构体没有设置默认的 Rust 标准类型，比如字符串，那么它也必须实现序列化的功能。

在添加序列化 trait 后，Warp 的 JSON 功能就得到满足。传递给 Warp 的值是对一个新问题的引用，该问题实现了序列化功能。

```
async fn get_questions() -> Result<impl warp::Reply, warp::Rejection> {
    let question = Question::new(
        QuestionId::from_str("1").expect("No id provided"),
        "First Question".to_string(),
        "Content of question".to_string(),
        Some(vec!("faq".to_string())),
    );

    Ok(warp::reply::json(
       &question
    ))
}
```

第 4 章将阐释这是如何反过来工作的。你将看到需要做什么来接收 JSON 数据，并将其转换为自定义的结构体数据。提示：在结构体上添加 Serde 中的反序列化功能，让编译器知道如何把 JSON 格式的数据转为自定义结构体的数据，这其实很简单。

到目前为止，假设可以创建一个新问题，并将其返回给请求客户端。然而，如果不能创建一个对象，或者如果浏览器或其他服务器请求的路径不存在，会发生什么？

3.2.4　优雅地处理错误

请牢记，基本上 Warp 中的一切都是过滤器。如果一个过滤器不能将请求映射到其签名，该请求将被拒绝。Warp 的文档是这样描述的："许多内置的过滤器将自动以适当的方式拒绝请求。"重要的是知道，如果有多个过滤器，每个都可能返回拒绝的信息，所以其他过滤器可以接收请求，看看是否相符。

如果链中的最后一个过滤器不能将请求映射到其签名，Warp HTTP 服务器将返回拒绝信息给请求客户端，即返回一个 404 错误码。这一点很重要，因为有时你可能不想用 404 处理一个没正确响应的过滤器，而是用其他东西。图 3.3 展示一个传入的请求是如何被设置的路径过滤掉的，以及如何恢复一个可能被拒的请求。

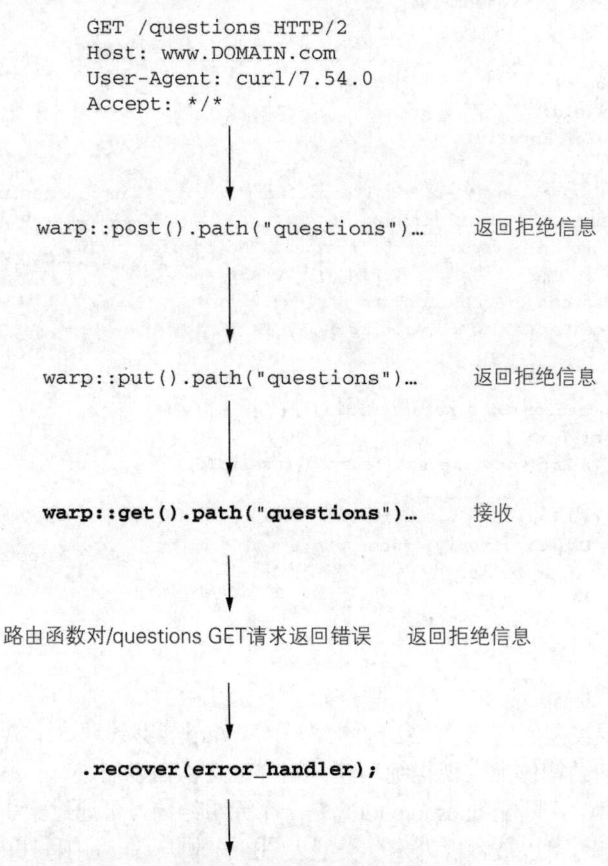

图 3.3　一个 HTTP 请求传递至每一个过滤器时，都可能遭受拒绝，这些被拒绝的请求可以被 Warp 的恢复方法找回，并发送到自定义的 HTTP 响应

因此，Warp 提供了一个用于恢复的过滤器，可以找回被前面过滤器所拒绝(关于如何

从方法返回一条拒绝信息，见代码清单 3.9)的所有请求，并在错误处理方法中遍历它们。这种恢复过滤器可以被添加到多个过滤器组成的链的末端。代码清单 3.9 展示了如何在主函数中使用这种恢复过滤器。

但首先必须做三件事才能利用恢复处理函数返回一个自定义错误：

(1) 创建自定义错误类型。

(2) 在这个类型上实现 Warp 的拒绝 trait。

(3) 利用路由函数返回这个自定义错误。

结果代码如代码清单 3.8 所示。

代码清单 3.8 添加一个自定义错误并返回它

```
use warp::{Filter, reject::Reject};
…

#[derive(Debug)]
struct InvalidId;
impl Reject for InvalidId {}

async fn get_questions() -> Result<impl warp::Reply, warp::Rejection> {
    let question = Question::new(
        QuestionId::from_str("1").expect("No id provided"),
        "First Question".to_string(),
        "Content of question".to_string(),
        Some(vec!("faq".to_string())),
    );

    match question.id.0.parse::<i32>() {
        Err(_) => {
            Err(warp::reject::custom(InvalidId))
        },
        Ok(_) => {
            Ok(warp::reply::json(
                &question
            ))
        }
    }
…
```

首先为错误类型创建一个空结构体。为了使 Warp 能够处理这个类型，需要添加 Debug 宏，并在创建的结构体上实现拒绝功能。这样就可以在以后进行一些巧妙的错误处理。

在方法本身中，匹配 question_id(它是一个元组结构，可通过索引访问，索引为 0)，并查看字符串是否可以被解析为一个类型为 i32 的数据。在应用程序的后续版本中，你可以想象在更复杂的校验器上传递所创建的对象的场景。现在，只需要确定 ID 是个有效的数字。

如果不能将字符串数据解析为数字，将创建一个自定义错误，然后通过 Err(warp::reject::custom(InvalidId))来拒绝该请求。这将通知 Warp 去下一个过滤器。然后，可以使用恢复过滤器来获取每个被拒绝的请求，并检查哪个 HTTP 消息必须返回响应。

可以更新 get_items 路由，并在末端添加恢复过滤器，如代码清单 3.9 所示。

代码清单 3.9　在路由过滤器中使用错误处理函数

```
…

#[tokio::main]
async fn main() {
    let get_items = warp::get()
        .and(warp::path("questions"))
        .and(warp::path::end())
        .and_then(get_questions)
        .recover(return_error);

    let routes = get_items;

    warp::serve(routes)
        .run(([127, 0, 0, 1], 3030))
        .await;
}

…
```

这使得我们可以在 return_error 函数中做更多的错误处理操作，如代码清单 3.10 所示。

代码清单 3.10　为错误处理函数添加例子

```
use warp::{Filter, reject::Reject, Rejection, Reply, http::StatusCode};

…

async fn return_error(r: Rejection) -> Result<impl Reply, Rejection> {
    if let Some(_InvalidId) = r.find() {
        Ok(warp::reply::with_status(
             "No valid ID presented",
             StatusCode::UNPROCESSABLE_ENTITY,
        ))
    } else {
        Ok(warp::reply::with_status(
           "Route not found",
           StatusCode::NOT_FOUND,
        ))
    }
}

…
```

可通过 r.find 搜索特定的拒绝信息。如果找到了想找的，可以返回一个更具体的 HTTP 码和信息；如果没有，就返回一条基本的 404 NOT FOUND 消息。

整个过程在图 3.4 中再次呈现。一条 HTTP 消息进来，到达用 warp::serve 启动的服务器。该框架查看了 HTTP 消息并通过所创建的路由(过滤器)来检查该请求的方法和路径是否和任何一个过滤器匹配。如果匹配，那它就是在这个指定过滤器的末尾调用的路由函数。在这个函数中，要么返回 warp::Reply，要么返回 warp::Rejection，并在 recover fallback 中处理错误情况，在那里向请求方返回一个自定义错误。

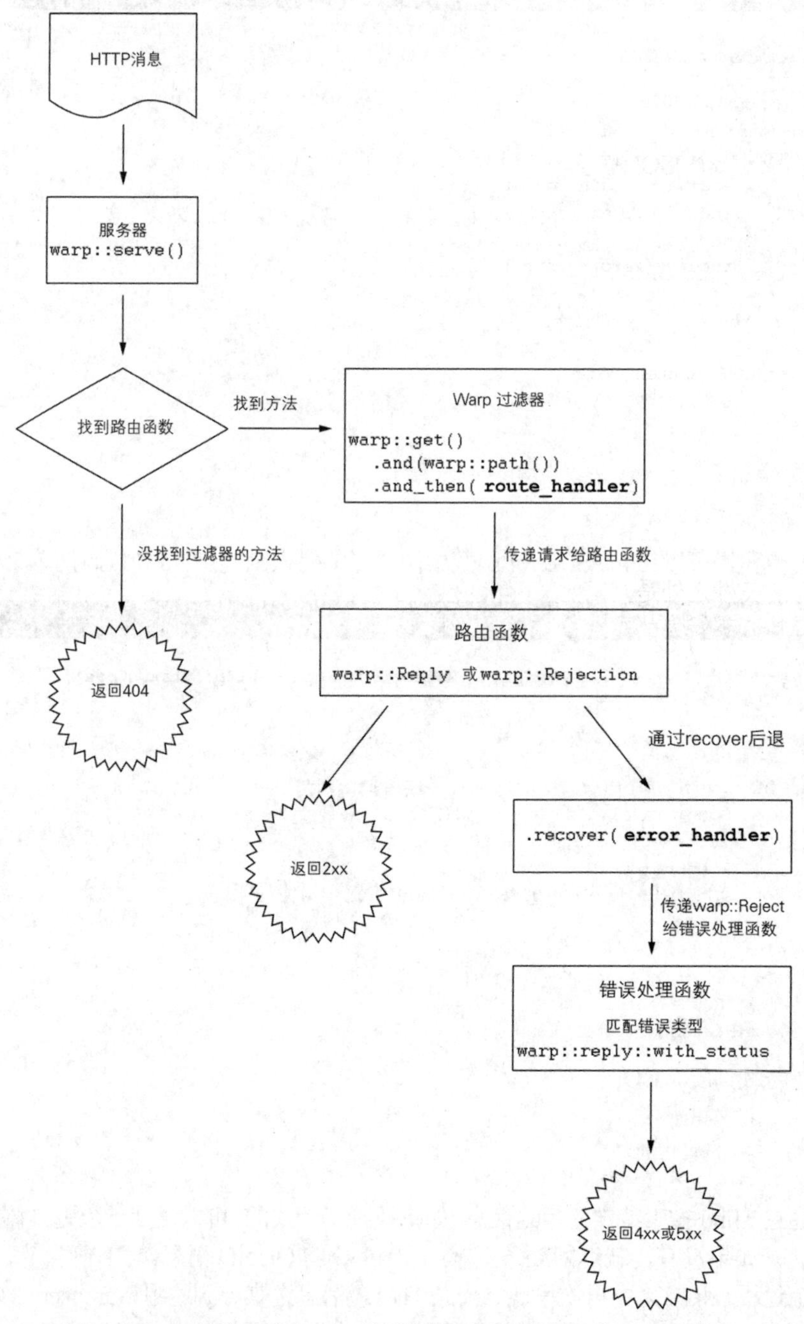

图 3.4　获取一个 HTTP 请求，通过 Warp 过滤器和路由函数发送，并返回适当的 HTTP 消息

可通过 cargo 来运行代码并处理对 localhost:3030/questions 的请求(如代码清单 3.11 所示)。你要么使用第三方客户端，如 Postman，要么打开另一个终端来执行这个命令。

代码清单 3.11　从服务器获取问题的 curl 请求示例

```
curl localhost:3030/questions
```

你将得到一个 JSON 响应，如代码清单 3.12 所示(因为本书格式原因，在终端中，响应在一行中显示)。

代码清单 3.12　从服务器返回的 JSON 响应

```
{
  "id":"1","title":"First Question",
  "content":"Content of question","tags":["faq"]
}?
```

有了这个可行的解决方案，你可继续尝试实现更多的问题，以不同方式使用这些代码，或修改部分代码。例如，尝试返回无效的 JSON 或者返回一个不同的成功或者错误代码。

Rust 的美妙之处是一切都是严格类型化的，所以可以直接在 Warp 这样的库中寻找特性，了解其返回对象的格式，并在重构时发现错误，而且这些都由编译器负责。

在第 4 章，我们将创建其余的路由函数并探索其他的有趣主题，如在线程之间共享数据，但在此之前，我们将通过启用 CORS 来完成 Web 服务器的设置。这让你有机会把这个小型服务部署在另一台机器或者服务器上面，并对其发起请求(第 10 章将介绍这个流程，但现在似乎已经到了将一切设置妥当的时机了)。

3.3　处理 CORS 头信息

当开发公用接口时，你需要考虑跨资源共享(CORS)，详见 http://mng.bz/N5wD。Web 浏览器有一套安全机制，不允许从域名 A 开始的请求访问域名 B。由于你的开发和生产要求，你将无法把网站部署到一台服务器，或试图从本地浏览器或不同域发送请求。

针对这种情况，CORS 应运而生。它应该软化同源政策(http://mng.bz/DDwE)，并允许浏览器向其他域名发送请求。它们是如何做到的？例如，它们没有直接发送一个 HTTP 的 PUT 请求，而是向服务器发送一个预先请求，即一个 HTTP OPTIONS 请求。图 3.5 显示了这个预请求涉及的内容。

这个 OPTIONS 请求询问服务器是否可以发送该请求，而服务器将会在响应头里标识其允许的方法。浏览器会查看其允许的方法，如果其中包含 PUT 方法，它将把实际数据放入请求体中并发送第二个 HTTP 请求。

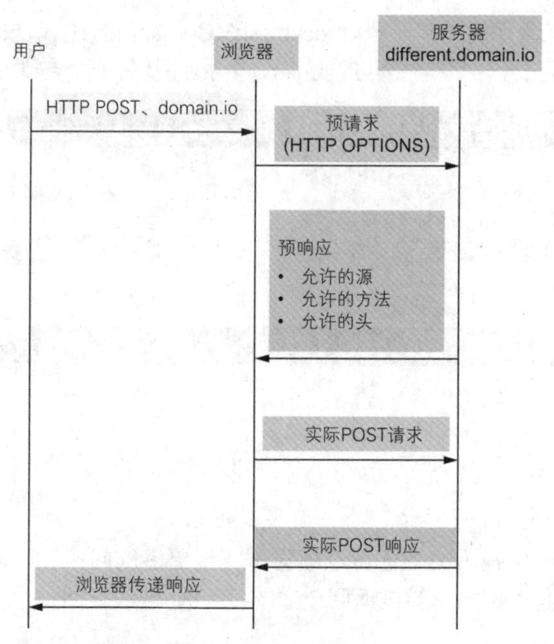

图 3.5 在一个 CORS 工作流中，用户在浏览器中发送一个 POST 请求，浏览器先发送一个 HTTP OPTIONS 预请求到服务器，该服务器返回允许的域名、方法和头信息

然而也有例外，由于 CORS 标准不应该破坏旧的服务器，带有以下头信息的请求将没有预请求。

- application/x-www-form-urlencoded
- multipart/form-data
- text/plain

以下 HTTP 请求也没有预请求。

- HTTP GET
- HTTP POST
- HTTP HEAD

在服务器上，仍需要校验接收到的每一个请求，此外，如果想要对外开放接口，还需要发送允许的方法和允许的来源，以此作为对 HTTP OPTIONS 请求的响应。

现在，大多数时候 CORS 都是在基础层面上完成的。但随着应用程序的扩展，不应将 CORS 实现在每个单独的应用中，而应实现在基础设施层面，比如实现在你的 API 网关中。

如果运行应用的单一实例，并希望你的接口向更多人开放，你必须在应用中处理好与 CORS 相关的问题。幸好，Warp 已经直接支持 CORS。

3.3.1 在应用层面返回 CORS 头信息

框架有一个 CORS 过滤器供我们使用和调整。如代码清单 3.13 所示，本示例允许任意来源的请求，这在生产环境中是不恰当的。也可通过 allow_origin(http://mng.bz/lRZy)指定允许的来源。

代码清单 3.13　让应用能返回适当的 CORS 头信息

```
use warp::{
    Filter,
    http::Method,
    reject::Reject,
    Rejection,
    Reply,
    http::StatusCode
};

…

#[tokio::main]
async fn main() {
    let cors = warp::cors()
        .allow_any_origin()
        .allow_header("content-type")
        .allow_methods(
            &[Method::PUT, Method::DELETE, Method::GET, Method::POST]
        );

    let get_items = warp::get()
        .and(warp::path("questions"))
        .and(warp::path::end())
        .and_then(get_questions)
        .recover(return_error);

    let routes = get_items.with(cors);

    warp::serve(routes)
        .run(([127, 0, 0, 1], 3030))
        .await;
}
```

从 Warp 框架导入 http::Method 并将其用于 allow_methods 数组。根据对 CORS 工作方式的了解，比如，知道浏览器拦截了一个 PUT 请求，先发送一个 OPTIONS 请求，并希望得到以下信息：

- 允许的头信息
- 允许的方法
- 允许的来源

3.3.2　测试 CORS 响应

刚刚设置了所需的一切，现在我们需要发送一个 OPTIONS 请求到 localhost:3030/questions 路由，并假装来自不同的服务器，参见代码清单 3.14。

代码清单 3.14 通过 curl 发送一个 OPTIONS 请求

```
curl -X OPTIONS localhost:3030/questions \
    -H "Access-Control-Request-Method: PUT" \
    -H "Access-Control-Request-Headers: content-type" \
    -H "Origin: https:/ /not-origin.io" -verbose
```

在终端中获得结果，如代码清单 3.15 所示。

代码清单 3.15 从 curl OPTIONS 方法获取的终端结果

```
> OPTIONS /questions/1 HTTP/1.1
> Host: localhost:3030
> User-Agent: curl/7.64.1
> Accept: */*
> Access-Control-Request-Method: PUT
> Access-Control-Request-Headers: content-type
> Origin: https:/ /reqbin.com
>
< HTTP/1.1 200 OK
< access-control-allow-headers: content-type
< access-control-allow-methods: DELETE, PUT
< access-control-allow-origin: https:/ /not-origin.io
< content-length: 0
< date: Fri, 12 Feb 2021 10:15:19 GMT
```

浏览器将认为这个响应是正确的，并继续处理用户的原始请求。让我们也来改下代码。如代码清单 3.16 所示，从代码中移除允许的头信息，然后在错误处理函数中添加 println!，接着再次运行 curl。

代码清单 3.16 如果 CORS 获取失败，则调整错误信息

```
...

async fn return_error(r: Rejection) -> Result<impl Reply, Rejection> {
    println!("{:?}", r);
    if let Some(InvalidId) = r.find() {
        Ok(warp::reply::with_status(
            "No valid ID presented",
            StatusCode::UNPROCESSABLE_ENTITY,
        ))
    } else {
        Ok(warp::reply::with_status(
            "Route not found",
            StatusCode::NOT_FOUND,
        ))
    }
    ...
}

...
```

```
#[tokio::main]
async fn main() {
    let cors = warp::cors()
        .allow_any_origin()
        .allow_header("not-in-the-request")
        .allow_methods(
        &[Method::PUT, Method::DELETE, Method::GET, Method::POST]
        );
    …
}
```

在 Rust 层面，我们得到了如下终端输出(见代码清单 3.17)。

代码清单 3.17　curl 请求服务器返回的错误信息

```
    Finished dev [unoptimized + debuginfo] target(s) in 8.63s
    Running `target/debug/practical-rust-book`
Rejection(CorsForbidden(HeaderNotAllowed))
```

对 curl 请求的响应如代码清单 3.18 所示。

代码清单 3.18　请求服务器时出现的 curl 错误

```
curl -X OPTIONS localhost:3030/questions \
      -H "Access-Control-Request-Method: PUT" \
      -H "Access-Control-Request-Headers: content-type" \
      -H "Origin: https:/ /not-origin.io" -verbose

* Trying 127.0.0.1:3030...
* Connected to localhost (127.0.0.1) port 3030 (#0)
> OPTIONS /questions HTTP/1.1
> Host: localhost:3030
> User-Agent: curl/7.79.1
> Accept: */*
> Access-Control-Request-Method: PUT
> Access-Control-Request-Headers: content-type
> Origin: https:/ /not-origin.io
>
* Mark bundle as not supporting multiuse
< HTTP/1.1 403 Forbidden
< content-type: text/plain; charset=utf-8
< content-length: 42
< date: Sat, 30 Apr 2022 20:25:26 GMT
<
* Connection #0 to host localhost left intact
CORS request forbidden: header not allowed?
```

这种情况之所以发生，是因为 CORS 尚未配置允许的 Access-Control-Request-Headers: content-type header。

如果不拒绝一个 OPTIONS 请求，目前就不能处理错误情况，所以在 return_error 函数里面设置一个默认的 404 NOT FOUND 信息。发现 Warp 包含一个 CorsForbidden 的拒绝类型，可以将其导入错误处理函数中并使用它，参见代码清单 3.19。

代码清单 3.19 禁止在 CORS 中添加有意义的错误

```
use warp::{
    Filter,
    http::Method,
    filters::{
        cors::CorsForbidden,
    },
    reject::Reject,
    Rejection,
    Reply,
    http::StatusCode
};

…

async fn return_error(r: Rejection) -> Result<impl Reply, Rejection> {
    if let Some(error) = r.find::<CorsForbidden>() {
        Ok(warp::reply::with_status(
            error.to_string(),
            StatusCode::FORBIDDEN,
        ))
} else if let Some(InvalidId) = r.find() {
    Ok(warp::reply::with_status(
        "No valid ID presented".to_string(),
        StatusCode::UNPROCESSABLE_ENTITY,
    ))
} else {
   Ok(warp::reply::with_status(
      "Route not found".to_string(),
      StatusCode::NOT_FOUND,
   ))
  }
}
…
```

通过这点改变，curl 可以返回一条适当的错误信息，如代码清单 3.20 所示。

代码清单 3.20 服务器对一个含有不允许的头信息的请求返回适当的错误响应

```
curl -X OPTIONS localhost:3030/questions \
      -H "Access-Control-Request-Method: PUT" \
      -H "Access-Control-Request-Headers: content-type" \
      -H "Origin: https:/ /not-origin.io" -verbose

CORS request forbidden: header not allowed?
```

可以在配置文件中添加正确的 content-type 头信息，然后重新运行代码。

3.4 本章小结

- 务必了解你使用的库包含哪些技术栈。

- 通常来说，你必须使用一个运行时来支持所选框架的异步工作方式。
- 每个 Web 框架都有一个 Web 服务器和正确返回 HTTP 消息的类型。
- 尝试通过一些例子理解所选框架背后的运行方式，并理解其是如何通过这种方式来实现的。
- 从小处着手，在大多数情况下使用 GET 路由来获取特定的资源。
- 使用 Serde 库来对你创建的结构体进行序列和反序列化。
- 立即开始考虑错误路径，并实施自定义的错误处理。
- 如果 HTTP 请求来自另一个域，则必须处理 OPTIONS 请求，这是 CORS 工作的流程。
- Warp 框架有内置的 cors 过滤器，该过滤器可以让我们正确地响应请求。

第 4 章

实现具象状态传输 API

本章内容

- 在应用中添加内存存储
- 把状态传递给路由函数
- 线程间读取内置存储
- 在线程安全的情况下更新内存存储
- 从 JSON 数据和表单中解析数据
- 从请求参数中提取数据
- 为应用添加自定义错误

在上一章，我们开始创建 Q&A 服务。创建了第一个自定义类型——Question 和 QuestionId，然后开始处理错误情况，并将其返回给用户。到目前为止，实现了对/questions 的 GET 请求方法并且会在找不到请求路径时返回 404。本章将对该功能进行扩展。继续使用本书的 GitHub 库(http://mng.bz/BZzJ)。

我们将添加所有缺失的 HTTP 方法(POST、PUT 和 DELETE)，并添加 Answer 类型。图 4.1 展示了计划在第 4 章实现的端口。

接口路径

```
GET    /questions (empty body; return JSON)
POST   /questions (JSON body; return HTTP status code)
PUT    /questions/:questionId (JSON body, return HTTP status code)
DELETE /questions/:questionId (empty body; return HTTP status code)
POST   /answers   (www-url-encoded body; return HTTP status code)
```

图 4.1　在第 3 章实现了对 questions 的 GET 方法，本章覆盖 POST、PUT 和 DELETE 方法，并将介绍如何通过 POST 添加评论

下面将添加内存存储，这个内存存储在本书后续章节中将被一个真实的数据库所取代。还记得第 2 章中的代码示例吗？该示例解释了一个简单的异步设置，并谈到运行时如何从不同线程处理 TCP 连接。

因此，必须在多个线程之间共享数据。不得不探索如何以线程安全的方式在应用中传递数据。

并非你将要创建的每一个接口都要遵循具象状态传输(REST)风格。然而，和其他设计模式相比，你要写的代码和你要面对的问题是一样的。因此，即使你为应用选择一个不同的方法来接收和响应 HTTP 请求，本章的内容对你来说也很有价值。

REST

如果设计一个符合 REST 规范(由 Roy Fielding 于 2000 年提出：http://mng.bz/WM6a)的服务器，你就能确保以无状态的方式访问和修改你提供的数据。一个 REST 风格的接口通常用于通过 HTTP 端点来获取、更新、创建和删除数据。

例如，当你管理问题时，可通过一个 HTTP GET 请求来获取问题列表；当你传递一个 ID 时，你可以访问一个问题。对于更新(通过 HTTP PATCH 和 HTTP PUT)、创建(通过 HTTP POST)以及删除(通过 HTTP DELETE)，亦是如此。这也允许你把数据库中的数据模型从你给用户的展示中抽离出来。你都不需要在数据库中添加一个问题模型，但仍然可以随时收集信息，并将其作为问题提供给用户。

本章将以很大的篇幅讨论 Web 框架，因为我们需要在框架的帮助下接收所有的请求，然后返回响应。然而，此后的内容都是纯粹与 Rust 相关的，不再涉及你选择的 Web 框架。在本章，将经历一些代码的迭代。这部分内容(到 4.1.3 节为止)详见 http://mng.bz/deWQ。

4.1 从内存中获取问题

当定义接口时，一般从 hash map 或者数组开始，而不是从数据库开始。这让你在开发阶段能够快速修改数据模型，而不是迁移数据库。

使用内存数据库(在应用程序启动时初始化的缓存中的结构)的另一个目的是运行需要测试的模拟服务器。你可以从 JSON 文件中解析一组数据，并将其读取到本地数据结构，如向量。在之前的章节中，为 HTTP GET 请求返回了示例问题，如代码清单 4.1 所示。

代码清单 4.1 questions 的 GET 方法的路由函数

```
...

async fn get_questions() -> Result<impl Reply, Rejection> {
    let question = Question::new(
        QuestionId::from_str("1").expect("No id provided"),
        "First Question".to_string(),
        "Content of question".to_string(),
        Some(vec!("faq".to_string())),
    );
      match question.id.0.parse::<i32>() {
        Err(_) => {
            Err(warp::reject::custom(InvalidId))
        },
        Ok(_) => {
            Ok(warp::reply::json(
```

```
                    &question
                ))
            }
        }
    }
…
```

与其按需求创建和返回问题，不如创建一个问题 store，以便在本章中返回、删除、更改和添加记录。

4.1.1　设置一个模拟数据库

创建内存存储的常用方法是实例化一个数组，然后将其赋值给一个名为 store 的变量(见代码清单 4.2)。你甚至可以考虑创建一个更复杂的 store 结构来存储问题，亦可将其用于存储用户、答案等信息。使用 hash map 而不是数组，这样你可以直接通过 ID 来访问问题，而不是每次都在问题列表中遍历来寻找特定的问题。

代码清单 4.2　创建一个用于存储问题的本地 store

```
use std::collections::HashMap;
…
struct Store {
   questions: HashMap<QuestionId, Question>,
}

…
…
```

Rust 实用的文档提供了允许在 HashMap 上调用的方法，例如，insert 让我们可以在这个 map 上添加新的条目。因此，使用以下三种方法来实现 store：

- new
- init
- add_question

可以创建一个允许访问和传递的新 store 对象，使用本地 JSON 文件或者代码中的几个示例问题来初始化 store，并添加问题来增大示例库。

在第 3 章中，你了解到 Rust 并没有一个标准的创建构造函数的方法。因此，使用 new 关键字来创建和返回一个新的 Store，如代码清单 4.3 所示。

代码清单 4.3　对 store 添加构造函数

```
use std::collections::HashMap;

…

impl Store {
    fn new() -> Self {
        Store {
            questions: HashMap::new(),
```

```
            }
        }
    }

    ...
```

HashMap 不是 Rust prelude 的一部分，因此，需要从标准库中导入它。为了能对这个新创建的 hash map 添加问题，应使用 insert 这个方法。接下来，在 impl Store 中添加新的方法(见代码清单 4.4)，使每个通过 store.add_question(&question)创建的新 store 对象都可以使用它。

代码清单 4.4　为 store 新增一个方法来添加问题

```
...
impl Store {
    ...

    fn add_question(mut self, question: Question) -> Self {
        self.questions.insert(question.id.clone(), question);
        self
    }
}
...
```

期望以一个问题来作为参数，并传递 mut self(使用 mut，因此可通过添加问题来转变/改变当前实例)。这个返回值是 Self，在本例中表示 Store。

通过 insert 添加一个问题到正文中，这是 HashMap 的一个方法。hash map 需要以一个字符串作为第一个参数(用来插入问题的 id)，第二个参数为问题本身。返回值是使用刚刚更新的问题的 hash map 来创建的一个 Store 结构。

此处克隆了 id，因为将部分转移它的所有权，并需要把完整所有权交给 store 变量。如果移除这个 clone，会得到以下错误：

```
use of partially moved value: `question`
partial move occurs because `question.id` has type `QuestionId`,
which does not implement the `Copy` traitrustcE0382
```

当尝试使用添加的存储功能来运行更新的代码时，将得到一个编译器错误。该错误表明，有时可能很难找到错误的原因：

```
error[E0599]: no method named `insert` found for
struct `HashMap<QuestionId, Question>` in the current scope
  --> src/main.rs:30:24
   |
15 | struct QuestionId(String);
   | -------------------------
   | |
   | doesn't satisfy `QuestionId: Eq`
   | doesn't satisfy `QuestionId: Hash`
...
```

```
30 |         self.questions.insert(question.id.clone(), question);
   |                              ^^^^^^ method not found in
                                `HashMap<QuestionId, Question>`
   |
   = note: the method `insert` exists but the following trait bounds
   were not satisfied:
         `QuestionId: Eq`
         `QuestionId: Hash`
   error: aborting due to previous error
```

该错误表明 HashMap 中没有该方法，但如果继续阅读整个错误信息，将发现 HashMap 上有这样一个方法，但是该方法没有满足 trait 界限。该错误还给出一个 trait 列表，这些 trait 需要在 QuestionId 结构体上实现。

下面继续修复这个错误，然后讨论它最初出现的原因。代码清单 4.5 展示了如何将 trait Eq 和 Hash 添加到 derive 宏。

代码清单 4.5　通过 derive 宏实现比较 trait

```
…

#[derive(Serialize, Debug, Clone, Eq, Hash)]
struct QuestionId(String);

…
```

但仍然不满足 Rust 编译器的条件。在添加这两个 trait 后，得到一个错误消息：

```
error[E0277]: can't compare `QuestionId` with `QuestionId`
   --> src/main.rs:14:35
    |
14  | #[derive(Serialize, Debug, Clone, Eq, Hash)]
    |                                   ^^ no implementation
                                    for `QuestionId == QuestionId`
    |
  ::: /Users/bgruber/.rustup/toolchains/
     stable-x86_64-apple-darwin/lib/rustlib/src/
     rust/library/core/src/cmp.rs:264:15
    |
264 | pub trait Eq: PartialEq<Self> {
    |               --------------- required by this bound in `Eq`
    |
   = help: the trait `PartialEq` is not implemented for `QuestionId`
   = note: this error originates in a derive macro
    (in Nightly builds, run with -Z macro-backtrace for more info)

error: aborting due to previous error
```

现在，编译器解释了 QuestionId 中没有 Eq 的实现，并说明了一些关于 PartialEq 的情况。在使用 Rust 工作较长时间后，会发现这些错误并不像现在这样看起来那么陌生，添加一个编译器提供的 trait，可以帮你解决大多数的问题。之后，你会对错误信息提出更多质疑，并理解为什么以及什么时候添加一些东西。现在，要添加被推荐的 trait(见代码清单 4.6)。

代码清单 4.6　将 PartialEq trait 添加到 QuestionId 结构中

```
…

#[derive(Serialize, Debug, Clone, PartialEq, Eq, Hash)]
struct QuestionId(String);

…
```

在继续探索之前，先来看看为什么需要这 3 个 trait。QuestionId 作为 hash map 的索引的时候，并不是开箱即用的。必须为自定义结构体派生 PartialEq、Eq 和 Hash。当试图通过一个索引来获取值的时候，这个 hash map 必须在内部比较所有可用的索引(键)，并得到请求的那个。为此，Rust 会比较键(你传递的那个和 hash map 内部的那些)的哈希值。

对用作 HashMap 的键/索引的任意对象来说，HashMap 需要 Eq、PartialEq 和 Hash 这 3 个 trait。在例子中，由于键/索引(QuestionId)是 String 类型的，并且已经实现了这 3 个 trait，因此只需要将其声明为 QuestionId 的派生物。编译器条件得到满足后，cargo run 将会再次启动服务器，并响应在路径/questions 上添加的问题。

4.1.2　准备一组测试数据

接下来是 init 方法，你可以调用该方法，然后读取一组硬编码的示例问题，或解析 JSON 文件来填充本地数据结构，如代码清单 4.7 所示。这种方法在开始前加入 impl 的代码中。

代码清单 4.7　添加一个 init 方法到 Store，并在其中添加示例问题

```
…

impl Store {
    …
    fn init(self) -> Self {
        let question = Question::new(
          QuestionId::from_str("1").expect("Id not set"),
          "How?".to_string(),
          "Please help!".to_string(),
          Some(vec!["general".to_string()])
    );
    self.add_question(question)
  }

  fn add_question(mut self, question: Question) -> Self {
    …
  }
}

…
```

在 self 参数的帮助下，可以调用内部的 add_question 方法。该方法是之前添加到数据库对象中的。可以看到，只需要传递一个 Question；在 add_question 中使用的这个 self 参数是自动从上下文中获取的。

大量的示例模板会让代码库看起来不太整洁，因此，不如提供一个示例 JSON 文件，并利用它读取和初始化问题结构。这也能让之后的添加、修改问题的操作变得更加方便。

为了做到这点，在项目的根节点(和 Cargo.toml 同一级别)提供一个 questions.json 文件。这个文件的结构如代码清单 4.8 所示。

代码清单 4.8　创建一个包含示例问题的 questions.json 文件

```
{
        "1" : {
        "id": "1",
        "title": "How?",
        "content": "Please help!",
        "tags": ["general"]
    }
}
```

为了将数据读取到应用，使用第 3 章引入的 Serde 库。不过这次使用的是 Serde JSON。该库让我们能解析 JSON 文件并将其自动解析为正确的结构。将该库添加到 Cargo.toml 文件中，如代码清单 4.9 所示。

代码清单 4.9　将 Serde JSON 库添加到项目中

```
…

[dependencies]
warp = "0.3"
serde = { version = "1.0", features = ["derive"] }
serde_json = "1.0"
tokio = { version = "1.1.1", features = ["full"] }
```

这也为不少代码的简化提供了契机。与其手动添加问题，不如从文件解析它们，并一步到位地使用这些问题来初始化 store。针对 Store 的新 impl 块如代码清单 4.10 所示。

代码清单 4.10　从 JSON 文件中读取问题到本地 store

```
use serde::{Deserialize, Serialize};
…

impl Store {
    fn new() -> Self {
        Store {
            questions: Self::init(),
        }
    }
```

```
    fn add_question(mut self, question: Question) -> Self {
        self.questions.insert(question.id.clone(), question);
        self
    }

    fn init() -> HashMap<QuestionId, Question> {
        let file = include_str!("../questions.json");
        serde_json::from_str(file).expect("can't read questions.json")
    }
}

#[derive(Deserialize, Serialize, Debug)]
struct Question {
    id: QuestionId,
    title: String,
    content: String,
    tags: Option<Vec<String>>,
}

#[derive(Deserialize, Serialize, Debug, Clone, PartialEq, Eq, Hash)]
struct QuestionId(String);

…
```

从 Store 的实现中移除 add_question，并在新的构造函数中直接调用 init 方法。在 init 中，将返回值 Self 改为 HashMap。将 init 方法的返回值直接赋给 Store 的 questions 属性。

此外，需要使用 Serde 反序列化的 trait，并通过派生的方法在 Question 和 QuestionId 结构体上实现。因为从一个 JSON 文件中读取问题时，Rust 必须知道如何反序列化 JSON 并将其构建为一个 Rust question 对象。下一步是设置存储，并通过路由函数来读取数据。

4.1.3 从模拟数据库中读取

Rust 应用的起点为 main 函数。在该函数中，可以在一切开始之前设置存储。之前的重写操作使存储的设置变得很简单。只需要在 Store 结构体上调用 new 方法来返回新的存储，然后可以将其赋给一个新的变量，见代码清单 4.11。

代码清单 4.11 在服务器启动前创建一个新的 Store 实例

```
…
#[tokio::main]
async fn main() {
    let store = Store::new();
    …
}

…
```

现在必须将这个新创建的对象传到路由函数。这里需要适应 Warp 框架，并与其理念保持一致。之前讨论了过滤器的概念，而这正是我们现在需要创建的。每个 HTTP 请求都要经过我们设置的过滤器，并在该过程中添加或者修改数据。为了处理 Warp 的状态，必须创建一个过滤器，用来保存 store，并将其传递给每个想访问的路由，如代码清单 4.12 所示。

代码清单 4.12　添加一个可以传递给路由的 store 过滤器

```
…

#[derive(Clone)]
struct Store {
   questions: HashMap<QuestionId, Question>,
}

…

#[tokio::main]
async fn main() {
     let store = Store::new();
     let store_filter = warp::any().map(move || store.clone());

     …
     warp::serve(routes)
          .run(([127, 0, 0, 1], 3030))
          .await;
   }

   …
```

对这一新的代码段的解读如下：

- 使用 warp::any，这个 any 过滤器将匹配任何请求，所以这条语句会评估所有请求。
- 通过.map，在过滤器上调用 map 来传递一个值给接收函数。
- 在 map 里面使用 Rust 闭包。move 关键字表示通过值来获取，这说明它将值移到闭包内部，并获取它们的所有权。
- 返回一个克隆的 store，这样每个使用这个 Warp 过滤器的函数都可以访问这个 store。通常情况下，不需要在这克隆 store，因为只有一个路由。但是，因为想创建多个可以访问 store 的路由函数，所以需要克隆它。

现在可将这个过滤器应用到路由函数，如代码清单 4.13 所示。

代码清单 4.13　将 store 添加到/questions 路由和路由函数

```
…

#[tokio::main]
async fn main() {
     let store = Store::new();
     let store_filter = warp::any().map(move || store.clone());
```

```
    …
    let get_questions = warp::get()
        .and(warp::path("questions"))
        .and(warp::path::end())
        .and(store_filter)
        .and_then(get_questions)
        .recover(return_error);

    let routes = get_questions.with(cors);

    warp::serve(routes)
        .run(([127, 0, 0, 1], 3030))
        .await;
}

…
```

使用.and(store_filter)将过滤器添加到过滤器链中。Warp 框架将会把 store 对象添加到路由函数，这意味着必须在 get_questions 函数中传入一个参数。现在也从 store 读取数据，而不是返回自定义的问题。

这一更改使我们可以删除之前为了测试目的而创建的新问题，以及 Question 的 impl 块和错误处理。代码清单 4.14 以粗体展示更新后的代码，删除的代码用删除线标出。

代码清单 4.14 从 store 的 get_questions 读取问题

```
use std::str::FromStr;
use std::io::{Error, ErrorKind};

…

// Adding the Clone trait which we use in the
// get_questions function further down
#[derive(Deserialize, Serialize, Clone, Debug)]
struct Question {
    id: QuestionId,
    title: String,
    content: String,
    tags: Option<Vec<String>>,
}

impl Question {
    fn new(
        id: QuestionId,
        title: String,
        content: String,
        tags: Option<Vec<String>>
    ) -> Self {
        Question {
            id,
            title,
            content,
            tags,
```

```
            }
        }
    }
…

#[derive(Debug)]
struct InvalidId;
impl Reject for InvalidId {}

impl FromStr for QuestionId {
    type Err = std::io::Error;

    fn from_str(id: &str) -> Result<Self, Self::Err> {
        match id.is_empty() {
            false => Ok(QuestionId(id.to_string())),
            true => Err(Error::new(ErrorKind::InvalidInput, "No id provided")),
        }
    }
}

async fn get_questions(store: Store) -> Result<impl Reply, Rejection> {
    let question = Question::new(
        QuestionId::from_str("1").expect("No id provided"),
        "First Question".to_string(),
        "Content of question".to_string(),
        Some(vec!("faq".to_string())),
    );

    match question.id.0.parse::<i32>() {
        Err(_) => {
            Err(warp::reject::custom(InvalidId))
        },
        Ok(_) => {
            Ok(warp::reply::json(
                &question
            ))
        }
    }

    let res: Vec<Question> = store.questions.values().cloned().collect();

    Ok(warp::reply::json(&res))
}

async fn return_error(r: Rejection) -> Result<impl Reply, Rejection> {
    if let Some(error) = r.find::<CorsForbidden>() {
        Ok(warp::reply::with_status(
            error.to_string(),
            StatusCode::FORBIDDEN,
        ))
    } else if let Some(InvalidId) = r.find() {
        Ok(warp::reply::with_status(
            "No valid ID presented".to_string(),
            StatusCode::UNPROCESSABLE_ENTITY,
        ))
```

```
        } else {
            Ok(warp::reply::with_status(
            "Route not found".to_string(),
            StatusCode::NOT_FOUND,
        ))
    }
}

…
```

针对这个路径，我们仍然想返回一个现有问题的列表。因此，使用HashMap中的方法值来丢弃hash map的键(QuestionId)并克隆hash map的值(Question)。克隆它们的原因是方法collect需要拥有对值(而不只是引用)的所有权。

4.1.4 解析查询参数

添加查询参数是为了给路由提供更多的规范，例如，请求读取平台所有的问题，但限制每次请求的数量。因此，你可以在以下路由进行HTTP GET请求：

```
localhost:3030/questions?start=1&end=200
```

这表明客户端或者请求源想读取平台上的前200个问题。情况可能是一个网站想展示第一组问题，当用户向下滑动时，它将请求另一组：

```
localhost:3030/questions?start=201&end=400
```

必须检查应用的参数，来判断是否有添加。不需要为此创建一个路由，相反，添加一个额外的过滤器即可，详见代码清单4.15。

代码清单 4.15 将查询过滤器添加到路由来解析查询参数

```
…

#[tokio::main]
async fn main() {
    let store = Store::new();
    let store_filter = warp::any().map(move || store.clone());

    …

    let get_questions = warp::get()
        .and(warp::path("questions"))
        .and(warp::path::end())
        .and(warp::query())
        .and(store_filter)
        .and_then(get_questions);

    …
}

…
```

这是利用编译器的绝佳机会。当添加这个查询过滤器时，得到以下错误：

```
error[E0593]: function is expected to take 2 arguments,
but it takes 1 argument
   --> src/main.rs:147:19
    |
79  | async fn get_questions( store: Store) ->
    |     Result<impl warp::Reply, warp::Rejection> {
    | ---------------------------------------- takes 1 argument
...
147 |         .and_then(get_questions);
    |                   ^^^^^^^^^^^^^ expected function
    |                                 that takes 2 arguments
    |
   = note: required because of the requirements
     on the impl of `warp::generic::Func<(_, Store)>` for
     `fn(Store) -> impl Future {get_questions}`
```

编译器通过 expected function that takes 2 arguments 这一行告诉我们，Warp 在函数调用 get_questions 中添加了另一个参数。将 warp::query 添加到过滤器链中(见代码清单 4.15)，它在最后调用的 and_then 中添加了一个 hash map。

在 warp::path::end 后面，通过查询过滤器添加了一个 and，之后再添加 store_filter.clone。这也是我们添加参数到 get_questions 时需要牢记的顺序，参见代码清单 4.16。

代码清单 4.16　在路由函数中添加查询参数的 HashMap

```
…

async fn get_questions(
    params: HashMap<String, String>,
    store: Store
) -> Result<impl warp::Reply, warp::Rejection> {
    let res: Vec<Question> = store.questions.values().cloned().collect();

    Ok(warp::reply::json(&res))
}

…
```

现在怎么办？代码将被编译和运行。可以添加终端输出来看 HTTP 请求的内容，这样就能了解如何处理这些新参数了，参见代码清单 4.17。

代码清单 4.17　调试参数来了解其结构

```
…

async fn get_questions(
  params: HashMap<String, String>,
  store: Store
) -> Result<impl warp::Reply, warp::Rejection> {
  println!("{:?}", params);
```

```
  let res: Vec<Question> = store.questions.values().cloned().collect();

  Ok(warp::reply::json(&res))
}

...
```

之所以在println!宏中使用{:?}而不是{}，是因为HashMap是一种复杂的数据结构，{:?}会告诉编译器使用调试格式，而不是展示格式。发送一个如下所示的HTTP GET请求。

```
curl localhost:3030/questions?start=1&end=200
```

将会打印以下内容到终端上(println!输出的内容是粗体的)。

```
    Finished dev [unoptimized + debuginfo] target(s) in 4.33s
    Running `target/debug/practical-rust-book`
{"start": "1", "end": "200"}
```

有一个带有键值对的hash map，内容都是字符串，可以在工作中使用。我们想在某些时候使用这些值，但是它们似乎应该是数字，而不是字符串。幸运的是，Rust内置了一个可用的解析方法。

下面一步步来看：

(1) 需要检查参数HashMap是否包含值。

(2) 如果有，则尝试从起始的字符串解析出数字。

(3) 如果失败了，则返回一个错误。

可以用match来检查这个hash map是否有期待的值，如代码清单4.18所示。

代码清单4.18 匹配参数来检查参数中是否有值

```
...

async fn get_questions(
    params: HashMap<String, String>,
    store: Store
) -> Result<impl warp::Reply, warp::Rejection> {

    match params.get("start") {
         Some(start) => println!("{}", start),
         None => println!("No start value"),
    }
    ...
}

...
```

在None的情况下，只需要打印No start value到终端。似乎也可以完全取消None的情况，只需要使hash map中有个参数为start。Rust提供了这种情况下的短版本匹配，如代码清单 4.19 所示。

代码清单 4.19　打印 start 参数来看结构

```
…

async fn get_questions(
    params: HashMap<String, String>,
    store: Store
) -> Result<impl warp::Reply, warp::Rejection> {

   if let Some(n) = params.get("start") {
       println!("{}", n);
   }
   …
}

…
```

简短的版本看起来是这样的：如果 HashMap 中的 start 键有值，则通过 Some 取出值，并创建一个名为 n 的变量；如果 HashMap 中没有 start 键，那么 if 不满足条件，编译器继续执行后面的代码。

下一步是尝试将包含的字符串解析为数字，如果因为某些原因而失败，则提前返回。HashMap::get 函数返回 Options<&string>，所以有一个对字符串的引用(如果该值存在的话)。这个类型有一个可用的解析方法。我们还必须知道期望的类型，如代码清单 4.20 所示。

代码清单 4.20　尝试将字段 start 从字符串解析为 usize 类型

```
…

async fn get_questions(
    params: HashMap<String, String>,
    store: Store
) -> Result<impl warp::Reply, warp::Rejection> {

    if let Some(n) = params.get("start") {
       println!("{:?}", n.parse::<usize>());
    }

    …
}

…
```

解析方法返回 Result，这就是切换为 Debug 显示({:?})的原因。与其在终端显示输出，不如添加错误处理方法，并分配起始值，参见代码清单 4.21。

代码清单 4.21 解析这个值到 usize 类型，如果解析失败，则返回错误

```
…

async fn get_questions(
    params: HashMap<String, String>,
    store: Store
) -> Result<impl warp::Reply, warp::Rejection> {

    let mut start = 0;

    if let Some(n) = params.get("start") {
       start = n.parse::<usize>().expect("Could not parse start");
    }

    println!("{}", start);
    …
}

…
```

添加一个可变的 start 变量，该变量默认值为 0。在 if 代码块中，仍然解析了参数的 HashMap 中 start 对应的值，但这次调用结果对象上的.expect 方法。为了测试，在终端输出数字。

如果 start 对应的值不能被解析为一个数字，则认为程序失败：

```
Finished dev [unoptimized + debuginfo] target(s) in 7.77s
Running `target/debug/practical-rust-book`
thread 'tokio-runtime-worker' panicked at
   'Could not parse start:
        ParseIntError { kind: InvalidDigit }', src/main.rs:83:34
note: run with `RUST_BACKTRACE=1` environment variable
   to display a backtrace
```

可以看到，仅仅在请求中添加两个参数，就会导致很多错误。要么只有一个正确显示，要么有一个不能解析。为了解释各种错误，可把这个逻辑移到自己的函数中，并添加错误类型和处理方式。

4.1.5 返回自定义错误

希望对发起 HTTP 请求的人返回适当的错误。

此前已经谈到两种可能的错误类型：

- 不能解析参数中的一个数字。
- 开始或结尾参数缺失。

如代码清单 4.22 所示，创建一个覆盖这两种情况的枚举。

代码清单 4.22　添加自定义错误枚举

```
…

#[derive(Debug)]
enum Error {
    ParseError(std::num::ParseIntError),
    MissingParameters,
}

…
```

在新的 Error 上派生出 Debug 的实现，并为其添加两个选项：解析错误和缺失参数。就如之前在错误信息中看到的一样，当 Rust 不能将一个字符串解析为数字的时候，得到一个 ParseIntError。这条信息将被返给用户，让他们知道哪里可能出错了。可以将错误类型封装在大括号中实现。

为了在代码中实现这些自定义错误，还需要执行两个步骤：

(1) 实现 Display trait，这样 Rust 就知道如何将错误格式化为字符串。

(2) 在错误中实现 Warp 的 Reject trait，这样就可以在一个 Warp 路由函数中返回。

每当想让自定义类型学习新的技巧或者与其他框架协作时，可以在其上实现 trait。在 Rust 的世界中，实现 trait 就像学习新的行为或技能。下面从标准库中的 Display trait 开始，参见代码清单 4.23。

代码清单 4.23　添加 Display trait 到 Error 枚举

```
…

impl std::fmt::Display for Error {
    fn fmt(&self, f: &mut std::fmt::Formatter) -> std::fmt::Result {
        match *self {
            Error::ParseError(ref err) => {
                write!(f, "Cannot parse parameter: {}", err)
            },
            Error::MissingParameters => write!(f, "Missing parameter"),
        }
    }
}

…
```

Rust 文档准确地告诉你标准库中的 trait 是如何实现的(http://mng.bz/rnZX)。它们接收的参数包括 self(这是一个自定义类型)，以及来自标准库的 Formatter。然后，在不同的枚举类型上进行匹配，并使用 write!宏告诉编译器遇到错误时(每当你创建可读的错误输出时)打印什么内容。

若在 Warp 框架实现 Reject，情况要简单很多，只需要一行代码，正如代码清单 4.24 所示。Warp 的 Reject trait 是一个标记 trait。它们有一个空的结构，但为编译器提供了某些属性的保证。可通过 Rust 文档(https://doc.rust-lang.org/std/marker/index.html)和关于 trait 的官方文章(https://blog.rust-lang.org/2015/05/11/traits.html)了解更多关于标记的信息。

代码清单 4.24 为自定义错误实现 Warp 的 Reject trait

```
...

impl Reject for Error {}

...
```

这足以让 Warp 在路由函数中接收定义的错误，现在有两部分缺失：

- 在自身函数中提取参数逻辑。
- 在 get_questions 路由函数中调用函数，并让错误传递至 return_error 函数，并在那里进行处理。

为了给代码库和处理的数据赋予更多的意义，我们创建了一个分页结构体，它有两个属性：开始和结束。它可以用来返回适当的类型给路由函数，如代码清单 4.25 所示。

代码清单 4.25 添加一个分页结构体来为接收查询参数添加结构

```
...

#[derive(Debug)]
struct Pagination {
  start: usize,
  end: usize,
}

...
```

#[derive(Debug)]让我们在 println!宏和其他想打印出内容的场景打印这个结构体。下一步是创建一个 extract_pagination 函数，并将参数的 HashMap 传递给它，参见代码清单 4.26。

代码清单 4.26 将查询提取代码移到它的函数中

```
...

fn extract_pagination(
    params: HashMap<String, String>
) -> Result<Pagination, Error> {
  if params.contains_key("start") && params.contains_key("end") {
      return Ok(Pagination {
          start: params
              .get("start")
              .unwrap()
              .parse::<usize>()
              .map_err(Error::ParseError)?,
          end: params
              .get("end")
              .unwrap()
              .parse::<usize>()
              .map_err(Error::ParseError)?,
```

使用 HashMap 上的.contains 方法来检查两个参数是否都在

创建一个新的分页对象，然后设置起始和结束数字

如果两个参数都在这，就返回结果(通过 return Ok())。此处需要 return 关键字，因为想提前返回

HashMap 的.get 方法返回一个选项，因为它不能确定这个键是否存在。此处可以使用不安全的.unwrap 方法，因为之前已经检查过这两个参数是否都在 HashMap 中。将包含的&str 值解析为 usize 整形。这将返回一个 Result，可以使用.map_err 和行尾的问号来解包，如果失败，就返回一个错误

```
        });
    }

    Err(Error::MissingParameters)
}
...
```

如果不满足条件，那么 if 语句将不会被执行；将进入 Err 语句，这里会返回自定义的 MissingParameters 错误，通过双冒号(::)从 Error 中枚举访问

现在可以调用这个方法或 get_questions 路由函数，并用它替换之前的代码，参见代码清单 4.27。

代码清单 4.27　根据传入的参数返回不同的问题

```
...
async fn get_questions(
    params: HashMap<String, String>,
    store: Store,
) -> Result<impl warp::Reply, warp::Rejection> {
    if !params.is_empty() {
        let pagination = extract_pagination(params)?;
        let res: Vec<Question> = store.questions.values().cloned().collect();
        let res = &res[pagination.start..pagination.end];
        Ok(warp::reply::json(&res))
    } else {
        let res: Vec<Question> = store.questions.values().cloned().collect();
        Ok(warp::reply::json(&res))
    }
}
...
```

首先检查参数 HashMap 是否为空，然后将其传递给 extract_pagination 函数。这要么返回 Pagination 对象，要么通过末尾的问号(?)提前返回自定义的错误。之后，使用开始和结束参数从 Vec 中取出一个切片，以返回用户指定的问题。

如果参数无效，可以用在第 3 章创建的 return_error 函数处理错误。再添加一个 else if 代码块，并在 Rejection 过滤器中寻找自定义的错误，如代码清单 4.28 所示。

代码清单 4.28　处理提取参数出错的情况

```
use warp::{Filter, reject::Reject, Reply, Rejection, http::StatusCode};

...

async fn return_error(r: Rejection) -> Result<impl Reply, Rejection> {
    if let Some(error) = r.find::<Error>() {
        Ok(warp::reply::with_status(
            error.to_string(),
            StatusCode::RANGE_NOT_SATISFIABLE,
        ))
    } else if let Some(error) = r.find::<CorsForbidden>() {
        Ok(warp::reply::with_status(
            error.to_string(),
            StatusCode::FORBIDDEN,
```

```
        ))
    } else {
        Ok(warp::reply::with_status(
            "Route not found".to_string(),
            StatusCode::NOT_FOUND,
        ))
    }
}

…
```

但是，如果指定的结束参数大于向量长度，情况会怎么样？如果开始参数被设置为20，结束参数被设置为10，情况又会怎么样？需要处理这些情况，以使应用更加可靠。这个练习由你来实现；它没有涉及任何新的内容。

当通过 cargo run 启动程序时，应该得到和以前一样的输出。但在底层，进行大量的改进：

- 从本地 JSON 文件读取数据。
- 删除一大段代码。
- 传递状态给路由函数。
- 添加自定义错误处理。

接下来将添加一个 JSON 结构，使用 PUT 和 POST 请求来更新内存存储。后面还有一些挑战，所以开始吧。

4.2 创建、更新和删除问题

还得完成一些事才能更新存储：

- 为有参数的 HTTP PUT 请求创建一个路由。
- 为 HTTP POST 请求创建一个路由。
- 从 PUT 和 POST 的请求体接收和读取 JSON。
- 在线程安全的情况下更新内存存储。

前三件事与框架有关，需要你了解 Warp 框架期望如何在这种情况下创建路由。最后一件事则和 Rust 相关。我们已经设置好了存储，但由于同时有多个请求，一个写的操作可能比较费时，而另一个请求也正在进入。

下面从最后一件事开始，确保你能理解为什么需要调整本地状态(Store)，以使它能在异步环境中工作和运行。之后，将添加缺失的路由函数，并在服务器上开放新的 API 端口。

4.2.1 在线程安全的情况下更新数据

在运行异步 Web 服务器时，必须意识到数千个(甚至更多)请求可以在同一秒到达，每个请求都希望写入或者读取数据。有个单一的数据结构，为应用提供状态。但是，当两个或多个请求想同时写入或读取某一数据结构时，会发生什么呢？

必须为每个请求提供单独访问存储的权限，并通知每个请求等待，直到上一个请求在 Store 上完成读取或者写入操作。在这种情况下，两个(或者更多)请求想要更新同一数据结构。需要将其他进程放在等待队列中，这样一来一次只能有一个进程可以修改数据。

此外，你在第 3 章学到了 Rust 对所有权的独特观点。只有一个实例或者进程可以拥有特定变量或者对象的所有权。这会防止数据竞争和空指针(其中引用了不存在的数据)。似乎必须等待一个请求完成，才能将 Store 的所有权返回给下一个请求，这与异步思维完全背道而驰。

面对如下两个问题：

- 阻止两个或更多进程在同一时间修改数据。
- 如果需要，为每个路由函数提供数据存储的所有权，以便进行修改。

在考虑允许 Store 中的等待列表修改数据前，首先必须保证 Rust 可以共享状态的所有权，因此，下面先解决第二个问题。

上一章解释了 Rust 如何在代码中传递变量时转移所有权。如图 4.2 所示，当传递一个复杂的值(如字符串)给一个变量时，编译器将其标记为 uninit(https://doc.rust-lang.org/nomicon/drop-flags.html)。Rust 确保栈上的一个指针有堆上这个结构的所有权，并且只有这个指针能够修改它。

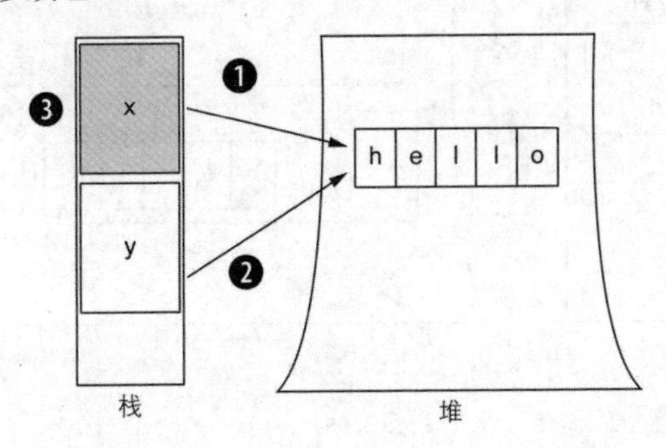

图 4.2　重新分配一个复杂的数据类型(如字符串)到另一个变量，需要内部将所有权转移到新的变量，并丢弃旧的变量

这种所有权的概念对我们来说是一个问题。Rust 的安全措施阻止我们在函数和线程间简单地共享数据，因为每当传递一个值给新函数时，也传递了该值的所有权，而且必须等待其将所有权转移回来。这有两个选项可以考虑：

- 为每个路由函数创建存储的副本。
- 等待一个路由函数完成后，将存储的所有权传递给下一个。

然而，这两个选项都没有适当的方式从根本上解决问题。第一个会大量占用内存，并且仍然无法修改存储中的数据。第二个选项与异步方法相悖。

幸运的是，Rust 能处理这些问题。具体来说，它提供了以下类型：

- Rc<T>
- Arc<T>

Rc 或 Arc 类型会将底层数据结构 T 放在堆上，并在堆上创建一个指针。然后你可以复制该指针，引用相同的数据。这两者的区别在于，Rc 仅适用于单线程，而 Arc 适用于多线程间的数据共享。图 4.3 展示了克隆 Arc 的概念及其内部工作原理。

Arc 类型是原子引用计数的，它就像一个容器，将其中包含的数据移到堆上，并在堆上创建一个指针。当克隆一个 Arc 时，你克隆了指向堆上相同数据结构的指针，在内部，Arc 会增加其计数。当内部计数为 0 时(当所有指向该变量的变量超出作用域时)，Arc 会丢弃这个值。这使我们能在堆上的不同变量之间安全地共享复杂的数据。

我们正在使用多线程(通过 Tokio)，这意味着需要使用 Arc<T>，并将数据存储封装在里面。但这只是解决方案的一部分。我们可以对同一个存储进行读取，但也希望能够对其进行修改。一个线程上的 HTTP POST 请求可以添加问题，另一个线程上的 HTTP PUT 请求可以尝试修改现有问题。

在图 4.3 中，Rust 不会丢弃值 x，而是增大 Arc 的计数。每当 x 或者 y 超出作用域时，Rust 会减小其计数，直到它为 0，然后调用.drop 的方法从堆中删除该值。

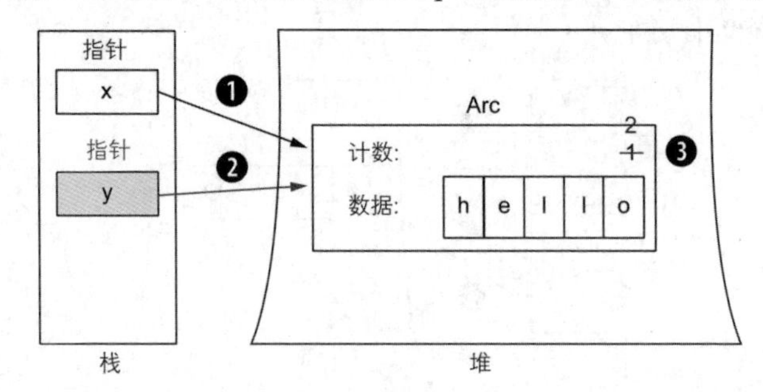


```
❶ let x = Arc::new(String::from("hello"));
❷ let y = Arc::clone(&x);
❸ //increment Arc counter + 1
```

图 4.3　Rust 不会丢弃值 x，而是改变 Arc 的计数

因此我们需要寻找解决办法。Rust 也为这种情况提供了方法。可以使用以下两种类型中的任意一种：

- Mutex
- RwLock

两者都确保读取数据方或写入数据方对底层数据有唯一的访问权限。它们在读取操作或写入操作需要访问数据的时候，对数据加锁，并在前一个操作完成后为下一个读取或者写入操作解锁。两者的区别在于，Mutex 会对写入操作或者读取操作进行阻塞，而 RwLock 允许同时存在多个读取操作，但一次只允许一个写入操作。

然而，必须保持谨慎。这两种类型都是 std::sync 模块的一部分，该模块专注于同步任务，因此不太适合异步环境。RwLock 类型的实现可以用于异步环境，因此需要添加到

项目中。

我们已经在使用 Tokio，它带有 RwLock(http://mng.bz/Vy95)。首先，使用 Arc 将问题封装起来，这样可以将其放在堆上，让多个指针指向它。此外，使用 RwLock 封装问题结构，以防止你同时进行多个写入操作，参见代码清单 4.29。

代码清单 4.29　使 HashMap 变得线程安全

```
…

use std::sync::Arc;
use tokio::sync::RwLock;

…
#[derive(Clone)]
struct Store {
   questions: Arc<RwLock<HashMap<QuestionId, Question>>>,
}

impl Store {
   fn new() -> Self {
      Store {
         questions: Arc::new(RwLock::new(Self::init())),
      }
   }

   …
}
…
```

还必须更新 get_questions 函数从 Store 中读取问题的方式，如代码清单 4.30 所示。

代码清单 4.30　调整读取存储的方式

```
…

async fn get_questions(
    params: HashMap<String, String>,
    store: Store,
) -> Result<impl warp::Reply, warp::Rejection> {
    if !params.is_empty() {
        let pagination = extract_pagination(params)?;
        let res: Vec<Question> = store
             .questions
             .read()
             .await
             .values()
             .cloned()
             .collect();
        let res = &res[pagination.start..pagination.end];
        Ok(warp::reply::json(&res))
    } else {
        let res: Vec<Question> =
    store.questions.read().await.values().cloned().collect();
```

```
            Ok(warp::reply::json(&res))
        }
    }…
```

我们只需要对问题进行简单的读取操作就能请求从 RwLock 中读取数据。需要使用.await，因为另一个进程正在访问相同的数据，导致当时存在一把锁。考虑到对 Store 结构的更新封装，创建两个新函数，以便更新和插入问题。

4.2.2 添加一个问题

我们已经在线程安全的情况下解决了处理状态的问题。现在，可以继续实现 API 路由的其他部分，同时探索如何解析 HTTP 请求体并从 URL 中读取参数。下面将添加的第一个路由用于接收对/questions 路径的 HTTP POST 请求。图 4.4 展示了目前的进展以及对正在实现的 POST 端的期望。

```
API路由

GET    /questions (empty body; return JSON)
POST   /questions (JSON body; return HTTP status code)
PUT    /questions/:questionId (JSON body, return HTTP status code)
DELETE /questions/:questionId (empty body; return HTTP status code)
POST   /answers  (www-url-encoded body; return HTTP status code)
```

图 4.4 期望/questions 路径上的 HTTP POST 请求体中有新的问题

代码清单 4.31 展示了 add_question 路由函数。期望将存储和一个问题作为参数传递给函数。然后，可以使用 Store 上实现的 RwLock，并使用 write 来请求访问权限。就像之前使用 read 时一样，使用.await 等待 write 函数完成写入操作。一旦获得访问权，就可以在底层 hash map 插入一个新的问题，参见代码清单 4.31。

代码清单 4.31 为存储问题添加一个路由函数

```
…

async fn add_question(
    store: Store,
    question: Question
) -> Result<impl warp::Reply, warp::Rejection> {
   store.questions.write().await.insert(question.id.clone(), question);

   Ok(warp::reply::with_status(
      "Question added",
      StatusCode::OK,
   ))
}

…
```

insert 方法接收两个参数：hash map 的索引和要存的值。这里也体现了 Rust 的所有权原则：在第一个参数中访问问题的 ID，因此将问题的所有权传递给 hash map 的 insert 方法。如果我们不在其他地方使用该问题，这是可以的。但第二个参数接收问题并将其存储在 hash map 中。

因此在第一个参数中克隆 question_id 来创建一个副本，并将初始问题的所有权从函数参数传递给 insert 方法，参见代码清单 4.32。

代码清单 4.32　添加/questions 的 POST 路由

```
...

#[tokio::main]
async fn main() {
    ...

    let get_questions = warp::get()
        .and(warp::path("questions"))
        .and(warp::path::end())
        .and(warp::query())
        .and(store_filter.clone())
        .and_then(get_questions);

    let add_question = warp::post()
        .and(warp::path("questions"))
        .and(warp::path::end())
        .and(store_filter.clone())
        .and(warp::body::json())
        .and_then(add_question);

    let routes = get_questions
        .or(add_question)
        .with(cors)
        .recover(return_error);

    warp::serve(routes)
        .run(([127, 0, 0, 1], 3030))
        .await;
}
```

创建一个新变量并使用 warp::post 来过滤 HTTP POST 请求

监听同一根路径/questions

结束路径定义

将存储添加到这个路由，以便之后将其传递给路由函数

提取 JSON 正文，并将其添加到参数中

以存储和 JSON 正文作为参数调用 add_question

在路由变量中添加两个新的路由。注意，我们在 get_questions 过滤器结束后删除了单独的 recover，并将其添加到路由的末尾，因为现在要在恢复 Not Found 路径之前尝试不同的路由。你可以使用以下 curl 命令来检查 add_question 路由函数是否在正常工作。

```
$ curl --location --request POST 'localhost:3030/questions' \
    --header 'Content-Type: application/json' \
    --data-raw '{
    "title": "New question",
    "content": "How does this work again?"
  }'
Request body deserialize error: missing field `id` at line 4 column 1?
```

4.2.3 更新问题

与4.2.2节一样，在本小节中，我们期望利用HTTP请求发送JSON，然而使用的是PUT，而不是POST方法。另一个区别是，打开的路由也期望收到问题的ID，这是REST风格的最佳实践：通过URL访问想要的确切资源，并将更新的数据传递到主体中。Web框架Warp必须能够解析URL参数，并将其传递给路由函数，以便稍后使用它作为hash map的索引并更新值。图4.5展示了现在的进程以及未来还有哪些任务。

```
API路由

GET    /questions (empty body; return JSON)
POST   /questions (JSON body; return HTTP status code)
PUT    /questions/:questionId (JSON body, return HTTP status code)
DELETE /questions/:questionId (empty body; return HTTP status code)
POST   /answers  (www-url-encoded body; return HTTP status code)
```

图4.5 PUT方法添加一个需要通过Warp解析的URL参数，并将其添加到路由函数

首先来看一下update_question的代码。除了将Store传递给函数，还需要添加question_id和一个question。这个看似简单的添加操作引入了一个新的错误情况：如果没有用户请求的问题，应该怎么办？必须处理hash map不能找到问题的情况。代码清单4.33展示了路由函数update_question以及添加到Error枚举中的新错误，该错误也被添加到对Display trait的实现中。

代码清单4.33 更新问题，如果没找到，则返回404

```
...

#[derive(Debug)]
enum Error {
    ParseError(std::num::ParseIntError),
    MissingParameters,
    QuestionNotFound,
}

impl std::fmt::Display for Error {
    fn fmt(&self, f: &mut std::fmt::Formatter) -> std::fmt::Result {
        match *self {
            Error::ParseError(ref err) => {
                write!(f, "Cannot parse parameter: {}", err)
            },
            Error::MissingParameters => write!(f, "Missing parameter"),
            Error::QuestionNotFound => write!(f, "Question not found"),
        }
    }
}
async fn update_question(
    id: String,
    store: Store,
    question: Question
) -> Result<impl warp::Reply, warp::Rejection> {
```

```
    match store.questions.write().await.get_mut(&QuestionId(id)) {
        Some(q) => *q = question,
        None => return Err(warp::reject::custom(Error::QuestionNotFound)),
    }

    Ok(warp::reply::with_status(
        "Question updated",
        StatusCode::OK,
    ))
}

...
```

与 add_question 路由函数不同的是，此处并非仅需要将数据写入 HashMap 对象中，而是请求对尝试访问的问题的可变引用，以便修改其中的内容。使用 match 块来检查 HashMap 对象是否有与传递的 ID 对应的问题。

match 分支允许解包可能的问题，并通过*q=question 进行覆盖。如果这里没有问题，会提前终止并返回自定义的错误 QuestionNotFound。你可以修改 return_error 函数，这个函数可以捕获路径上所有的错误，但目前仍然使用默认的 404 情况。可通过下面这个练习来了解如何处理这种情况。

代码清单 4.34 展示如何将此路由函数添加到服务器里面。这看起来和之前的 add_question 很相似，但有一个小区别：使用 Warp 框架的新参数过滤器来指定 PUT 路径。

代码清单 4.34　为/questions/:questionId 添加 PUT 路由

```
...

#[tokio::main]
async fn main() {
    ...

    let get_questions = warp::get()
        .and(warp::path("questions"))
        .and(warp::path::end())
        .and(store_filter.clone())
        .and_then(get_questions);

    let add_question = warp::post()
        .and(warp::path("questions"))
        .and(warp::path::end())
        .and(store_filter.clone())
        .and(warp::body::json())
        .and_then(add_question);

    let update_question = warp::put()
        .and(warp::path("questions"))
        .and(warp::path::param::<String>())
        .and(warp::path::end())
        .and(store_filter.clone())
```

创建一个新变量，并使用 warp::put 来过滤 HTTP PUT 请求

仍然监听根路径/questions

添加一个字符串参数，由此过滤器将会被/questions/1234 这样的路径触发

结束路径定义

将存储添加到这个路径，以便稍后将其传递给路由函数

```
        .and(warp::body::json())
        .and_then(update_question);

    let routes = get_questions
        .or(add_question)
        .or(update_question)
        .with(cors)
        .recover(return_error);
    warp::serve(routes)
        .run(([127, 0, 0, 1], 3030))
        .await;
}
```

提取 JSON 正文，该正文稍后会被添加到参数中

以存储和 JSON 正文作为参数调用 update_question

Warp 框架提供了额外的过滤器。在使用 warp::path::end 结束路径构建之前，添加一个新的过滤器：warp::path::param::<String>。这使得我们可以监听 app.ourdomain.io/questions/42 这样的路径请求。如果我们在该路径执行 PUT 请求的时候忘了传递 ID，服务器就会返回 404，因为没有 Warp 路径监听该 HTTP 请求和这个路径：

```
$ curl --location --request PUT 'localhost:3030/questions' \
--header 'Content-Type: application/json' \
--data-raw '{
    "id": 1,
    "title": "NEW TITLE",
    "content": "OLD CONTENT"
}'
Route not found?
```

但如果向 POST 或 PUT 路由函数发送的问题缺少某些字段，或该问题看起来不像问题，会发生什么？

4.2.4 处理错误的请求

当从 HTTP POST 或 PUT 请求体解析 JSON 时，可以看到强类型编程语言的优势。这些都是自动的，只需要在 return_error 方法中检查 BodyDeserializeError，然后返回适当的错误给客户端，参见代码清单 4.35。

代码清单 4.35 当 PUT 请求体中的问题无法读取时，添加一个错误

```
use warp::{
    filters::{body::BodyDeserializeError, cors::CorsForbidden},
    http::Method,
    http::StatusCode,
    reject::Reject,
    Filter, Rejection, Reply,
};…

async fn return_error(r: Rejection) -> Result<impl Reply, Rejection> {
    if let Some(error) = r.find::<Error>() {
        Ok(warp::reply::with_status(
            error.to_string(),
```

```
            StatusCode::RANGE_NOT_SATISFIABLE,
        ))
    } else if let Some(error) = r.find::<CorsForbidden>() {
        Ok(warp::reply::with_status(
            error.to_string(),
            StatusCode::FORBIDDEN,
        ))
    } else if let Some(error) = r.find::<BodyDeserializeError>() {
        Ok(warp::reply::with_status(
            error.to_string(),
            StatusCode::UNPROCESSABLE_ENTITY,
        ))
    } else {
        Ok(warp::reply::with_status(
            "Route not found".to_string(),
            StatusCode::NOT_FOUND,
        ))
    }
}
…
```

从 Warp 中导入 BodyDeserializeError，并在 return_error 函数中检查 Rejection 是否在这个错误类型中。如果是，就将错误消息作为字符串对象返回，并添加一个 StatusCode 到响应里。

例如，如果添加的问题缺少内容字段，应用将会抛出一个错误：

```
$ curl --location --request POST 'localhost:3030/questions' \
    --header 'Content-Type: application/json' \
    --data-raw '{
    "id": "5",
    "title": "NEW TITLE"
  }'
Request body deserialize error: missing field `content` at line 4 column 1?
```

这是一个很不错的实践，值得进一步探索。可以尝试捕获错误并返回一个更容易阅读和理解的消息。这取决于你的探索和实践。

4.2.5　从存储中删除问题

对于 CRUD 应用，删除操作是我们尚未讨论的最后一部分，至少在问题资源方面是这样。作为开始，不妨想象一个路由函数应该是什么样的，以及需要哪些信息才能从存储中删除一个问题。然后，转到 Warp，看看需要哪些过滤器来提取请求中的信息。如图 4.6 所示，DELETE 是/questions 路由的最后一个端点。

API路由

```
GET    /questions (empty body; return JSON)
POST   /questions (JSON body; return HTTP status code)
PUT    /questions/:questionId (JSON body, return HTTP status code)
DELETE /questions/:questionId (empty body; return HTTP status code)
POST   /answers  (www-url-encoded body; return HTTP status code)
```

图 4.6　完全实现问题资源的最后一个方法是 HTTP DELETE

这次不需要传递任何问题给函数。只需要一个ID，通过它，可以尝试从状态中删除该问题。代码清单4.36展示了实现。将ID作为字符串和存储对象一起传递给函数，并根据是否删除成功返回200或者404。

代码清单4.36 添加路由函数来删除问题

```
…
async fn delete_question(
    id: String,
    store: Store,
) -> Result<impl warp::Reply, warp::Rejection> {
    match store.questions.write().await.remove(&QuestionId(id)) {
       Some(_) => {
          return Ok(
              warp::reply::with_status(
                 "Question deleted",
                 StatusCode::OK
              )
          )
       },
       None => return Err(warp::reject::custom(Error::QuestionNotFound)),
    }
}

…
```

与update_question函数的情况类似，这里需要通过索引匹配来访问HashMap，因此可能无法找到问题。可以使用.remove方法传递问题ID，如果找到问题，则只需要返回正确的状态码和消息，并通过下画线(_)表示不需要来自匹配块的返回值。

为了完成这个实现，在服务器上添加新的路由，如代码清单4.37所示，这个路由看起来和update_question很相似，只是这次不解析请求体。

代码清单4.37 为删除问题添加路径

```
…
#[tokio::main]
async fn main() {
    let store = Store::new();
    let store_filter = warp::any().map(move || store.clone());

    …
    let update_question = warp::put()
        .and(warp::path("questions"))
        .and(warp::path::param::<String>())
        .and(warp::path::end())
        .and(store_filter.clone())
        .and(warp::body::json())
        .and_then(update_question);

    let delete_question = warp::delete()
        .and(warp::path("questions"))
```

```
        .and(warp::path::param::<String>())
        .and(warp::path::end())
        .and(store_filter.clone())
        .and_then(delete_question);

    let routes = get_questions
        .or(update_question)
        .or(add_question)
        .or(add_answer)
        .or(delete_question)
        .with(cors)
        .recover(return_error);
    …
}
…
```

这样就完成了问题资源的创建。现在我们可以对问题进行增、删、改、查等操作，以及请求应用中所有的可用问题；还可以进一步探索：比如，通过 ID 请求单个问题。我们还讨论了如何传递一个 URL 参数并解析它(在更新问题的例子中)，但不是在 hash map 中更新问题，而是返回它。

但是，本章任务还没完全完成。到目前为止，我们仅仅处理了 HTTP 请求中的 JSON 数据，但是实际的网络是更加复杂的，我们需要知道通过 HTTP 传递信息的另一种常见格式。

4.3　通过 url 表单创建问题

前面已经讨论了如何处理 URL 参数(在/questions/:question_id 路由中传递问题 ID)和 JSON 数据中的样式，以及如何使用 Warp 进行解析。一个典型的 Web 应用程序还需要处理另一种常见的交互格式：application/x-www-form-urlencoded。如图 4.7 所示，这是我们要实现的最后一个端点。

API路由

```
GET    /questions (empty body; return JSON)
POST   /questions (JSON body; return HTTP status code)
PUT    /questions/:questionId (JSON body, return HTTP status code)
DELETE /questions/:questionId (empty body; return HTTP status code)
POST   /answers  (www-url-encoded body; return HTTP status code)
```

图 4.7　要实现的最后一个路由：通过 POST 和一个 www-url-encoded 正文来添加问题

这个例子中使用了新的资源：答案。我们已经知道如何创建新的类型以及如何实现路由函数，因此，这次可以专注于如何通过 Warp 来解析这种新的格式。

4.3.1 url 表单和 JSON 的区别

url 表单和 JSON 都有各自的优点和缺点。选择哪种格式取决于你工作的环境是否已经使用其中之一，以及你是否需要创建与已有系统兼容的应用或者服务。

POST 请求示例如下所示：

```
POST /test HTTP/1.1
Host: foo.example
Content-Type: application/x-www-form-urlencoded
Content-Length: 27

field1=value1&field2=value2
```

传递的键值对的组合通过&隔开。

一个 application/x-www-form-urlencoded 请求的 POST curl 例子如下所示：

```
$ curl --location --request POST 'localhost:3030/questions' \
--header 'Content-Type: application/x-www-form-urlencoded' \
--data-urlencode 'id=1' \
--data-urlencode 'title=First question' \
--data-urlencode 'content=This is the question I had.'
```

一个带有 JSON 正文的 POST 请求如下所示(粗体为差异部分)：

```
$ curl --location --request POST 'localhost:3030/questions' \
--header 'Content-Type: application/json' \
--data-raw '{
    "id": "1",
    "title": "New question",
    "content": "How and why?"
}'
```

选择哪个取决于你的个人偏好，一个经验法则是，数据越复杂，JSON 就越有优势。

现在，服务器应用需要知道哪个端点上有它期望的这些参数，以便相应地查找它们。它们必须和 URI 参数分开解析，之前的问题 ID 示例展示过，这些参数和 4.1.4 节中传递的查询参数不同。幸运的是，Web 框架 Warp 可以直接支持这点。

4.3.2 通过 url 表单添加答案

首先，需要添加一个新的名为 Answer 的结构体，指定系统中的答案应该具备的要求。然后，应在 Store 中添加一个新的 answers 结构，它与问题属性有相同的签名：一个用于存储答案的 HashMap，封装在读写锁中以保证数据的完整性，而且此结构体封装在 Arc 中，使其能在线程中进行传递。

4.3.1 节中讲到 HTTP 请求体中传递的是键值对，而在 Rust 中，这是一个以字符串作为键值类型的 HashMap。下面的示例(见代码清单 4.38)展示了 Answer 结构体的创建。将其添加到存储中，并实现 add_answer 路由函数。

代码清单 4.38　将答案添加到项目中

```
…

#[derive(Deserialize, Serialize, Debug, Clone, PartialEq, Eq, Hash)]
struct AnswerId(String);

#[derive(Serialize, Deserialize, Debug, Clone)]
struct Answer {
    id: AnswerId,
    content: String,
    question_id: QuestionId,
}

…

#[derive(Clone)]
struct Store {
    questions: Arc<RwLock<HashMap<QuestionId, Question>>>,
    answers: Arc<RwLock<HashMap<AnswerId, Answer>>>,
}
impl Store {
  fn new() -> Self {
     Store {
         questions: Arc::new(RwLock::new(Self::init())),
         answers: Arc::new(RwLock::new(HashMap::new())),
     }
  }

  fn init() -> HashMap<String, Question> {
      let file = include_str!("../questions.json");
      serde_json::from_str(file).expect("can't read questions.json")
  }
}

…

async fn add_answer(
    store: Store,
    params: HashMap<String, String>,
) -> Result<impl warp::Reply, warp::Rejection> {
   let answer = Answer {
      id: AnswerId("1".to_string()),
      content: params.get("content").unwrap().to_string(),
      question_id: QuestionId(
         params.get("questionId").unwrap().to_string()
      ),
  };

  store.answers.write().await.insert(answer.id.clone(), answer);

  Ok(warp::reply::with_status("Answer added", StatusCode::OK))
}
…
```

因为这个函数是手动实现ID的，所以扩展性不佳。我们将在本书后续部分改进这点，但现在可以尝试找到一个在创建新答案时自动生成唯一ID的方法，这对你来说是一个很好的练习。

重要的是从hash map中读取参数。这里使用了unwrap，但这不是用于生产环境的代码。如果找不到参数，这个Rust应用就会出现故障并且无法运行。考虑在这使用match，分别返回每个缺失参数的错误情况。为了完成这一步，在主函数中创建一个新的路由路径并将其附加到一个路由函数上，参见代码清单4.39。

代码清单4.39 添加一个路由函数来通过url表单添加答案

```
#[tokio::main]
async fn main() {
    let store = Store::new();
    let store_filter = warp::any().map(move || store.clone());

    …

    let add_answer = warp::post()
        .and(warp::path("answers"))
        .and(warp::path::end())
        .and(store_filter.clone())
        .and(warp::body::form())
        .and_then(add_answer);

    let routes = get_questions
        .or(update_question)
        .or(add_question)
        .or(add_answer)
        .or(delete_question)
        .with(cors)
        .recover(return_error);

    warp::serve(routes)
        .run(([127, 0, 0, 1], 3030))
        .await;
}
```

使用的唯一过滤器是warp::body::form。它的工作方式类似于add_question方法中的warp::body::json。它在幕后做了很多繁重的工作，并将HashMap<String, String>添加到add_answer函数的参数中。

本章的篇幅较长。本章并未覆盖所有边缘情况，并且某些决策都有不同的选择，因此，你可以提高自身技能并尝试完成以下练习：

- 创建一个随机、唯一的ID而不是手动指定。
- 如果需要的字段不存在，则添加错误处理。
- 检查要回答的问题是否存在。
- 更改答案的路由，并使用/questions/:questionId/answers。

4.4 本章小结

- 先将本地的 HashMap 对象用作内存存储，这样，你在添加真实数据库之前可以更快地迭代设计概念。
- 可以使用 Serde JSON 库解析外部 JSON 文件并将其映射到自定义的数据类型上。
- 作为内存存储方案，hash map 表现出色，但请记住你使用的键必须实现三个 trait(PartialEq、Eq 和 Hash)，以便进行比较。
- 为了能够传递状态，需要创建一个过滤器。它可以返回要传递给多个路由函数的对象的副本。
- 你通过 HTTP 接收到的每个类型的数据都可通过 Warp 的过滤器进行解析，并且你可以使用框架里面的 json、query、param 或 form 来解析。
- 当添加过滤器来提取路径上的数据时，Warp 会自动在调用函数的末尾添加参数。
- 对于从 HTTP 正文或者路径参数接收和解析的每种类型的数据，自定义数据结构始终有帮助。
- 必须在自定义错误上实现 trait，才能通过 Warp 返回。
- Warp 包括 HTTP 状态码，可以用来返回适当的响应。

第 5 章 清理代码库

本章内容

- 将函数拆分到模块中
- 将模块拆分为多个文件
- 在 Rust 项目中创建实用的文件夹结构
- 在注释中添加示例代码并进行测试
- 使用 Clippy 对代码进行检查
- 使用 Cargo 格式化和编译代码库

Rust 提供了许多工具，使代码的组织、结构化、测试和注释变得很容易。Rust 生态系统非常重视良好的文档风格，这也是 Rust 有一个内置的注释系统的原因。该系统可以即时生成代码文档，甚至可以测试你注释的代码，以确保你的文档始终是最新状态。

Clippy 是一个被广泛支持的代码检测工具，已经成了 Rust 世界的事实标准。它有许多预设的规则，有助于指出最佳实践或缺失的实现。此外，Rust 的包管理工具 Cargo 可以帮助你根据预设的规则自动对代码进行格式化。

在第 4 章，我们为问答程序构建了 API 路由，从 URL 参数中提取信息，添加了自定义的结构以及错误实现和处理，并将这些都添加到 main.rs 文件中。随着每个路由程序的添加，该文件变得越来越大。

显然，这个文件做了太多的事。即使在一个大型的应用中，main.rs 也应该只负责连接各部分并启动服务器，而不应包含任何实现逻辑。此外，我们还添加了很多自定义代码，可以对其进行一些解释。可以用 Rust 内置功能来进行代码的拆分和对其文档化。

本章将介绍模块系统，讨论如何拆分代码并使其公开或私有。随后，我们将添加注释，在文档注释中编写代码示例，并对代码进行检查和格式化。

5.1 将代码模块化

到目前为止，将每一行代码都放在项目的 main.rs 中。对于希望在服务架构中运行和维护的小型模拟服务器，这种方式的效果可能很好，因为这更容易维护，并且在初始化后不会有太多的变动。

然而，对于一个更加庞大、更积极维护的项目，最好将逻辑分组并将它们移到各自的文件夹和文件中。这样可以更容易地同时处理应用的多个部分，也可将注意力集中在经常更改的代码部分。

Rust 区分应用和库。如果你通过 cargo new APP_NAME 创建一个新的应用，它会为你创建一个 main.rs 文件。通过--lib 参数创建一个新的库，它将创建一个 lib.rs 而不是 main.rs。

主要区别在于，库 crate 不会创建可执行文件(二进制文件)。它的目的是提供底层功能的公有接口。另一方面，一个二进制 crate 的 main.rs 文件包含启动应用的代码，它将创建一个可执行文件，你可以使用该文件来执行和启动应用。在下面的例子中，这是 Web 服务器的启动。其他的一切，如路由函数、错误和解析参数，都可以移到它们自己的逻辑单元和文件中。

5.1.1 使用 Rust 的内置模块系统

Rust 使用模块来将代码组合起来。关键字 mod 表示这是一个新的模块，它必须有一个名称。下面看看如何将错误和错误处理组合起来，参见代码清单 5.1。

代码清单 5.1 引入一个错误模块，在 main.rs 内分组处理错误

```
…

mod error {
    #[derive(Debug)]
    enum Error {
        ParseError(std::num::ParseIntError),
        MissingParameters,
        QuestionNotFound,
    }

    impl std::fmt::Display for Error {
      fn fmt(&self, f: &mut std::fmt::Formatter) -> std::fmt::Result {
          match *self {
              Error::ParseError(ref err) => {
                  write!(f, "Cannot parse parameter: {}", err)
              },
              Error::MissingParameters => write!(f, "Missing parameter"),
              Error::QuestionNotFound => write!(f, "Question not found"),
          }
      }
    }

    impl Reject for Error {}
}
…
```

Rust 的命名惯例要求命名模块时使用蛇形命名法：使用小写字母并以下画线分开单词。因此模块名称为 error 而不是 Error。

这似乎很简单，而且确实如此。然而代码无法进行编译，而且会得到一些错误(重要的部分用粗体标识出，被省略的重复部分用...表示)：

```
$ cargo build
  Compiling ch_04 v0.1.0
     (/Users/gruberbastian/CodingIsFun/RWD/code/ch_04/final)
error[E0433]: failed to resolve:
    use of undeclared type `Error`
    --> src/main.rs:110:26
    |
110 |                    .map_err(Error::ParseError)?,
    |                            ^^^^^ use of undeclared type `Error`

error[E0433]: failed to resolve: use of undeclared type `Error`
   --> src/main.rs:115:26
    |
…

error[E0405]: cannot find trait `Reject` in this scope
   --> src/main.rs:76:10
    |
76  |     impl Reject for Error {}
    |          ^^^^^^ not found in this scope
    |
help: consider importing one of these items
    |
60  |     use crate::Reject;
    |
60  |     use warp::reject::Reject;
    |

…

error[E0412]: cannot find type `Error` in this scope
   --> src/main.rs:80:35
    |
80  |     if let Some(error) = r.find::<Error>() {
    |                                   ^^^^^ not found in this scope
    |
help: consider importing one of these items
    |
1   | use core::fmt::Error;
    |
1   | use serde::__private::doc::Error;
    |
1   | use serde::__private::fmt::Error;
    |
1   | use serde::de::Error;
    |
```

```
    and 9 other candidates

...
```

一些错误有着详细的解释：E0405、E0412、E0433。

如欲了解关于一个错误(比如 E0405)的更多信息，可以尝试使用 rustc --explain E0405。

警告：`ch_04`(bin "ch_04")生成了一个警告。

错误：由于前面有 8 个错误，因此不能编译`ch_04`，生成了一个警告。

两个编译错误展示了 Rust 中模块系统的一些重要信息：

- 在 error 模块内部，无法访问来自 Warp 的 Reject trait，尽管我们在同一个文件中导入了它(第 76 行的错误)。
- 应用的其余部分再也无法找到 Error 枚举类型，因为它现在被移到了自己的模块中(第 110 行和 80 行的错误)。

第一个错误(Reject: not found in this scope)表明这些模块在一个新的、独立的作用域中运行。在模块内部使用的所有内容都必须导入，参见代码清单 5.2。

代码清单 5.2 将 main.rs 中的 Warp Reject trait 导入错误模块

```
...

use warp::{
    filters::{body::BodyDeserializeError, cors::CorsForbidden},
    http::Method,
    http::StatusCode,
    reject::Reject,
    Filter, Rejection, Reply,
};

...

mod error {
    use warp::reject::Reject;

    #[derive(Debug)]
    enum Error {
        ParseError(std::num::ParseIntError),
        MissingParameters,
        QuestionNotFound,
    }

    ...
}

...
```

从 main.rs 文件的开头删除了导入 Reject 的代码，并将其移到错误模块中。因为我们没有在其他地方使用 Reject，所以编译错误消失了，但出现了一堆具有相同源的错误。

Error 枚举被移到一个模块的后面以后，其他的代码就无法再找到它了。需要确保在代码的其他部分更新枚举的路径。extract_pagination 函数是一个完美的例子，可通过更新代码到新模块来说明这个过程。先将错误的返回值 Error 更改为 error::Error。这就是访问模块后面的实体的方式：写下模块的名称，并使用双冒号(::)来访问后面的枚举(见代码清单 5.3)。

代码清单 5.3　为了从新的错误模块导入 Error 枚举，需要添加命名空间

```
fn extract_pagination(
    params: HashMap<String, String>
) -> Result<Pagination, error::Error> {
    …

    Err(Error::MissingParameters)
}
```

然而，这导致了一个新的错误：

```
enum `Error` is private
private enumrustcE0603

// https://doc.rust-lang.org/error-index.html#E0603
```

它表明 Error 枚举是私有的。Rust 中所有的类型和函数都默认为私有的。如果想让其转变为公有的，必须使用 pub 关键字，如代码清单 5.4 所示。

代码清单 5.4　将关键字 pub 添加到 Error 枚举值，这样其他模块就能访问它

```
…

mod error {
    use warp::reject::Reject;

    #[derive(Debug)]
    pub enum Error {
        ParseError(std::num::ParseIntError),
        MissingParameters,
        QuestionNotFound,
    }

    …
}

…
```

有一个逻辑部分仍然在错误模块之外：return_error 函数。该函数也应该包含在这个模块中，参见代码清单 5.5。

代码清单 5.5　将 return_error 移到 error 模块中，并导入所有需要的内容

```
…

mod error {
```

```
    use warp::{
        filters::{
            body::BodyDeserializeError,
            cors::CorsForbidden,
        },
        reject::Reject,
        Rejection,
        Reply,
        http::StatusCode,
    };

    …

    async fn return_error(r: Rejection) -> Result<impl Reply, Rejection> {
        if let Some(error) = r.find::<Error>() {
           Ok(warp::reply::with_status(
              error.to_string(),
              StatusCode::RANGE_NOT_SATISFIABLE,
           ))
        } else if let Some(error) = r.find::<CorsForbidden>() {
           Ok(warp::reply::with_status(
              error.to_string(),
              StatusCode::FORBIDDEN,
           ))
        } else if let Some(error) = r.find::<BodyDeserializeError>() {
           Ok(warp::reply::with_status(
              error.to_string(),
              StatusCode::UNPROCESSABLE_ENTITY,
           ))
        } else {
           Ok(warp::reply::with_status(
              "Route not found".to_string(),
              StatusCode::NOT_FOUND,
           ))
        }
    }
}

…
```

就这样，编译器的错误消失了，我们可以继续进行下一步的操作。只需要在代码中的每个 Error 枚举之前加上 error::，就可以解决剩下的编译错误了。

将 StatusCode、Reply、Rejection 和只在这个函数中使用的两个 Warp 过滤器也移到模块内部，并将它们从 main.rs 文件的开头移除(除了 StatusCode，在路由函数中还需要使用它)。

做完这些后，需要修复两个错误：

- 将函数 return_error 公有化。
- 在构建路由时调用 error::return_error，而不是 return_error。

代码清单 5.6 展示了如何将 return_error 函数公有化。

代码清单 5.6　将 return_error 函数公有化，以便其他模块使用它

```
…

mod error {
  …

  pub async fn return_error(r: Rejection)
      -> Result<impl Reply, Rejection> {
      println!("{:?}", r);
      if let Some(error) = r.find::<Error>() {
          Ok(warp::reply::with_status(
              error.to_string(),
              StatusCode::UNPROCESSABLE_ENTITY
          ))

      …

      }
  }

}

…

#[tokio::main]
async fn main() {
  let store = Store::new();
  let store_filter = warp::any().map(move || store.clone());

  …

  let routes = get_questions
      .or(update_question)
      .or(add_question)
      .or(add_answer)
      .or(delete_question)
      .with(cors)
      .recover(error::return_error);

  warp::serve(routes)
      .run(([127, 0, 0, 1], 3030))
      .await;
}
```

简化和分组代码的第一步已经完成。从现在开始，与错误相关的一切都会放在错误模块中。这样做的一个好处是，可以看到需要从哪些库或者应用中导入哪些类型。看起来错误模块和应用无关，这意味着这段代码可以成为一个库，由另一个团队维护，或者可以在多个微服务中被使用。

5.1.2 针对不同用例的文件夹结构

下一步是将代码从 main.rs 文件中移到它自己的文件夹或者单个文件中。移动的方式取决于你想要分组的代码的复杂性。你可以创建一个名为 error 的文件夹，其中包含每种错误类型和功能的文件；也可以创建一个名为 error.rs 的文件，其中包含刚刚组成一个模块的代码。先采用后一种方式，即创建一个名为 error.rs 的文件，该文件和 main.rs 在同一目录中，参见代码清单 5.7。

代码清单 5.7　将错误模块从 main.rs 移到新创建的 error.rs 文件中

```
mod error {
  use warp::{
      filters::{
          body::BodyDeserializeError,
          cors::CorsForbidden,
      },
      reject::Reject,
      Rejection,
      Reply,
      http::StatusCode,
  };

  #[derive(Debug)]
  pub enum Error {
      ParseError(std::num::ParseIntError),
      MissingParameters,
      QuestionNotFound,
  }

  …
}
```

注意，代码清单 5.7 显示的是 error.rs 文件的内容。但是该文件中并没有什么新的内容。然而，一旦将这个模块从 main.rs 文件中移除，就会遇到一堆编译错误，这是合理的。编译器无法找到 error 的实现。为了引用一个文件中的代码，必须使用 mod 关键字，参见代码清单 5.8。

代码清单 5.8　通过将错误模块添加到 main.rs 来将其添加到依赖树中

```
…
use std::sync::Arc;
use tokio::sync::RwLock;

mod error;

…
```

由于代码在另一个文件中，而在 Rust 中一切都是默认私有的，因此需要在模块定义前面添加 pub 关键字，如代码清单 5.9 所示。

代码清单 5.9　通过 pub 关键字使其他模块能访问错误模块

```
pub mod error {

…

}
```

在更新代码时，可以很快看到这种选择的弊端。要从函数中返回一个错误枚举，首先需要两个不同的错误引用，参见代码清单 5.10。

代码清单 5.10　当前的结构需要两个同名的模块

```
…

fn extract_pagination(
    params: HashMap<String, String>
) -> Result<Pagination, error::error::Error> {
    …
}

…
```

使用 mod{}创建一个独立的作用域，即便它是文件中的唯一模块。这个作用域使 extra error::变得很有必要。因此，可以在 error.rs 中移除模块的声明，参见代码清单 5.11。

代码清单 5.11　移除 error.rs 中多余的 mod 关键字

```
use warp::{
    filters::{
        body::BodyDeserializeError,
        cors::CorsForbidden,
    },
    reject::Reject,
    Rejection,
    Reply,
    http::StatusCode,
};

…

pub async fn return_error(r: Rejection) -> Result<impl Reply, Rejection> {
  println!("{:?}", r);
  if let Some(error) = r.find::<Error>() {
     Ok(warp::reply::with_status(
         error.to_string(),
         StatusCode::UNPROCESSABLE_ENTITY
     ))
  } else if let Some(error) = r.find::<CorsForbidden>() {
     Ok(warp::reply::with_status(
         error.to_string(),
         StatusCode::FORBIDDEN
     ))
```

```
    } else if let Some(error) = r.find::<BodyDeserializeError>() {
        Ok(warp::reply::with_status(
            error.to_string(),
            StatusCode::UNPROCESSABLE_ENTITY
        ))
    } else {
        Ok(warp::reply::with_status(
            "Route not found".to_string(),
            StatusCode::NOT_FOUND,
        ))
    }
}
```

即使不改变 main.rs 文件中的任何内容，代码也可以正常运行。那么为什么在处理自己的文件时，要使用 mod 而不是 use 呢？mod 关键字告诉编译器这是一个模块的路径，并将其保存起来供将来使用。而 use 关键字使用模块，并告诉编译器模块是可用的，同时提供路径，以便在文件中使用它。

当我们继续把代码从 main.rs 文件中移到新的文件夹和文件时，代码会变得更加清晰。请浏览本书的 GitHub 仓库(https://github.com/Rust-Web-Development/code)来查看完整的代码，因为这将占用太长的篇幅，所以此处不予展示。不过，我们将展示 mod 系统如何在不同的文件和文件夹中工作。

将存储逻辑移到它所属的文件中，就像我们对错误所做的一样，在 main.rs 文件中通过 mod store 来声明它。可以选择将每个模型或者类型移到它自己的文件中，并将其放在 type 文件夹里。继续将路由函数移到一个名为 routes 的文件夹中，并分别为答案和问题程序创建一个文件，该结构如下所示：

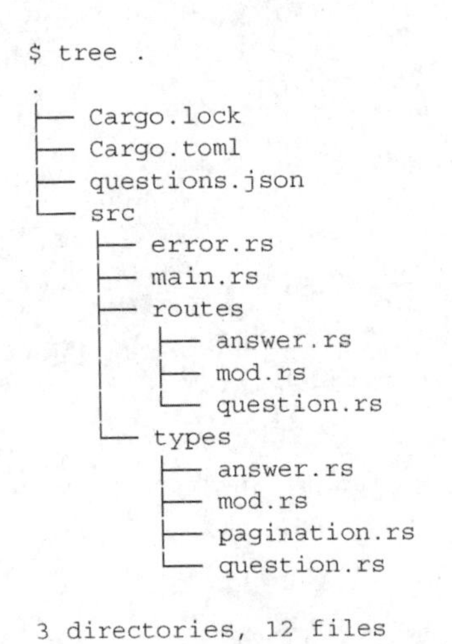

```
$ tree .
.
├── Cargo.lock
├── Cargo.toml
├── questions.json
└── src
    ├── error.rs
    ├── main.rs
    ├── routes
    │   ├── answer.rs
    │   ├── mod.rs
    │   └── question.rs
    └── types
        ├── answer.rs
        ├── mod.rs
        ├── pagination.rs
        └── question.rs

3 directories, 12 files
```

这个例子可以解释 Rust 是如何通信和暴露各个文件中的逻辑的。使用 mod 关键字来囊括 main.rs 中的模块，参见代码清单 5.12。

代码清单 5.12　添加模块到 main.rs 文件来将其添加到依赖树中

```
use warp::{
  Filter,
  http::Method,
};

mod error;
mod store;
mod types;
mod routes;

#[tokio::main]
async fn main() {
    let store = store::Store::new();
    let store_filter = warp::any().map(move || store.clone());

    …
}
```

根据存储逻辑所在文件的名称将 error 和 store 包含进来，并且它们与 main.rs 文件处于同一等级。因此，不需要在 error.rs 或 store.rs 中使用特殊的 pub mod{}。图 5.1 展示了如何通过 mod.rs 文件和 mod 导入让不同文件产生关联。

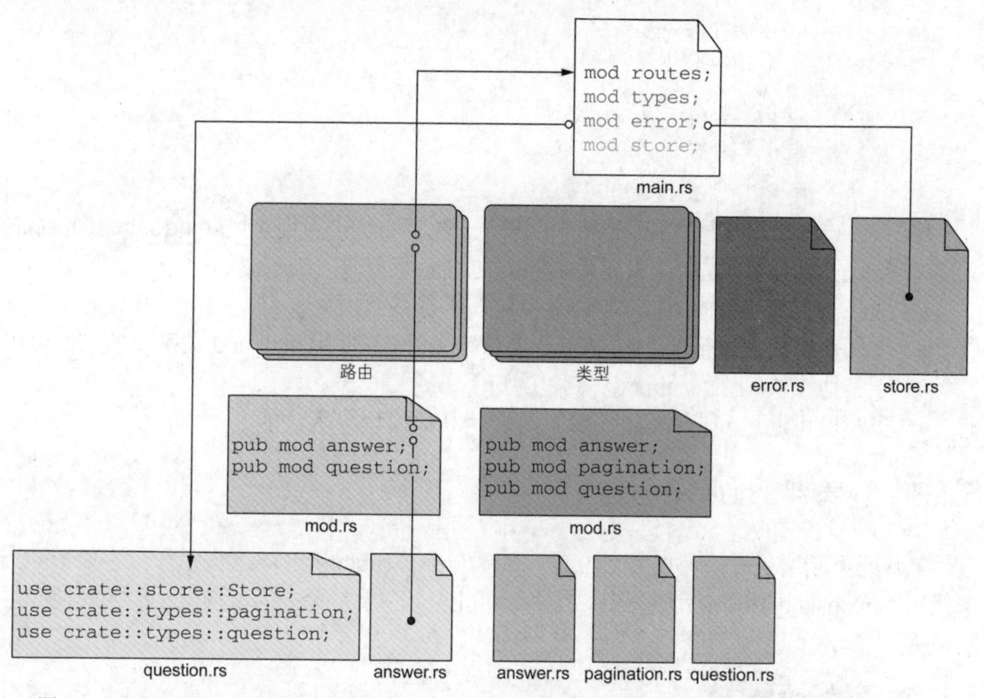

图 5.1　通过 main.rs 文件连接所有的子模块(文件)，并通过 mod.rs 文件公开文件夹内的模块(文件)，mod.rs 中的 pub mod FILENAME 使其在整个应用中可用

然而，类型和路由是不同的。我们创建了包含许多文件的文件夹。在这个文件夹中创建了一个 mod.rs 文件，并通过 pub mod 关键字使其成为公开的模块(文件)，参见代码清单 5.13。

代码清单 5.13 src/routes/mod.rs

```
pub mod question;
pub mod answer;
```

对类型采取相同的做法，如代码清单 5.14 所示。

代码清单 5.14 src/types/mod.rs

```
pub mod question;
pub mod answer;
pub mod pagination;
```

通过 use 关键字访问模块，并使用项目层级(文件夹结构)来访问它们。请查看 answer.rs 文件以及如何导入 Store，如代码清单 5.15 所示。

代码清单 5.15 src/routes/answer.rs

```
use std::collections::HashMap;
use warp::http::StatusCode;

use crate::store::Store;

…
```

使用 use crate::...的组合访问 crate 中的模块。这是可行的，因为通过 mod store 在 main.rs 文件中导入了所有的子模块，并以此类推。总结一下：

- main.rs 文件必须使用 mod 关键字导入所有其他模块。
- 文件夹中的文件需要通过 mod.rs 文件来公开，并使用 pub mod 关键字使它们可用于其他模块(包括 main.rs)。
- 子模块可通过 use::crate::关键字组合从其他模块导入功能。

5.1.3 创建库和 sub-crate

当代码不断增长时，不妨将独立的功能拆分到库(library)中，这些库与应用处于同一个代码库(repository)中。之前看到，错误实现和某个应用是无关的，将来也能为其他应用所使用。

代码应该放在哪里

你可以选择将所有代码放在一个文件中，或将代码分为多个文件，并为这些文件创建文件夹，或在代码库中为子功能创建新的 crate。每个选择都有其优劣之处。使用 sub-crate 的话，工作流程会比较复杂。

一个经验是根据你的团队规模来选择。有多少人需要某个功能？这个功能变更是否频繁？此外，你是否需要将这段从较大文件中拆分出来的代码块用于多个项目？

如果需要在多个项目中使用这段代码，最好使用 sub-crate，并接受它的劣势，将其放在不同的 Git 仓库中，而且，你必须使其始终保持同步，并通过单独的 Git 流程进行更新。如果不需要在其他项目中使用这段代码，则最好在开始的时候将代码放到单独的文件或者文件夹中。

请记住，本书用于教学目的，此处展示的选择在实际情况中可能不是最佳选择。由于不可能在一两章中开发出足够大型和复杂的程序，不建议将代码移到 sub-crate 中，这样做意义不大，除非是为了向你展示你不得不这样做的情况。

我们正在开发一个 Rust 的二进制应用(在本书起始部分通过 cargo new 创建)。但是 Cargo 还提供了创建库的方式。这将创建一个 lib.rs 文件，而不是 main.rs 文件。5.2 节将展示库和二进制 crate 之间的更多不同之处。图 5.2 展示了如何将新的库添加到代码库的其余部分。

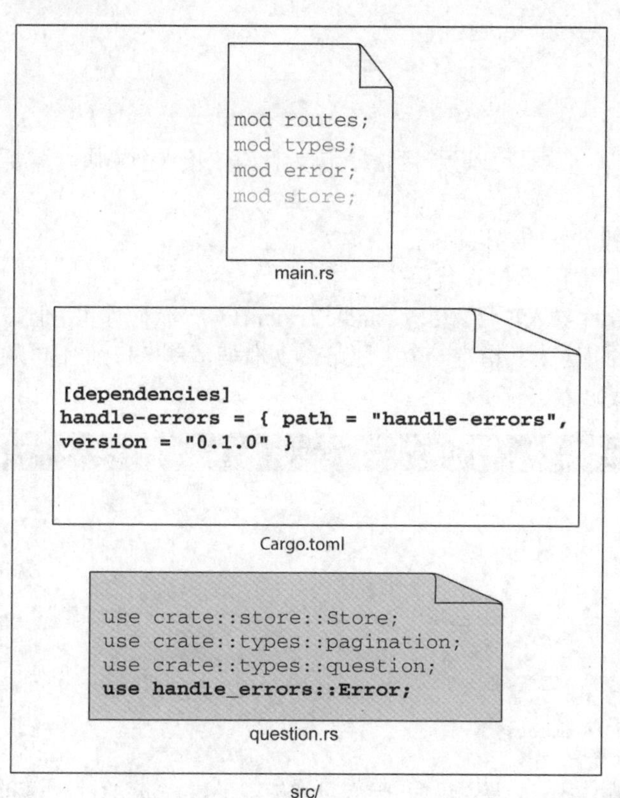

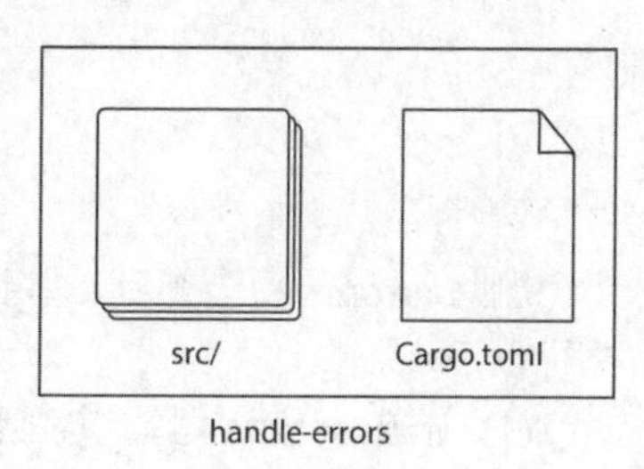

图 5.2　在应用文件夹中创建一个新的库后，可将其添加到 Cargo 依赖中，并指明路径；之后，可以在文件中将其作为外部库使用

下面转到项目的根目录，并创建一个新的库：

```
$ cargo new handle-errors --lib
```

然后将 error.rs 中所有的代码移到 PROJECT_NAME/handle-errors/src/lib.rs，参见代码清单 5.16。

代码清单 5.16 handle-errors/src/lib.rs

```
use warp::{
    filters::{body::BodyDeserializeError, cors::CorsForbidden},
    http::StatusCode,
    reject::Reject,
    Rejection, Reply,
};

#[derive(Debug)]
pub enum Error {
    ParseError(std::num::ParseIntError),
    MissingParameters,
    QuestionNotFound,
}

…
```

删除 error.rs 后会得到一些错误。这是可以预料到的，因为代码依赖这个模块。需要执行以下步骤：

(1) 让 Rust 编译器知道在哪找到新的错误代码。

(2) 从新的位置(而不是旧的位置)导入错误代码。

使用 Cargo.toml 文件来将外部库导入项目。尽管 handle-errors 在同一代码库里，但它仍然是一个需要被明确包含的外部库。为其指定一个本地路径(见代码清单 5.17)而不再从某个 Git 仓库或者 crates.io 获取代码。

代码清单 5.17 项目的./Cargo.toml

```
…

[dependencies]
warp = "0.3"
serde = { version = "1.0", features = ["derive"] }
serde_json = "1.0"
tokio = { version = "1.1.1", features = ["full"] }
# 对于从本地导入的，可以省略版本号
handle-errors = { path = "handle-errors" }
```

handle-errors crate 也需要使用 Warp 作为依赖项，因为我们使用了该 crate 的过滤器和 StatusCode 等功能，参见代码清单 5.18。

代码清单 5.18 handle-errors 的 Cargo.toml 使用 Warp 作为依赖项

```
[package]
```

```
name = "handle-errors"
version = "0.1.0"
edition = "2021"

[dependencies]
warp = "0.3"
```

这能在 main.rs 文件中删除 mod errors，并在每个需要的文件中直接导入该功能，参见代码清单 5.19。

代码清单 5.19　在新创建的 handle-errors crate 中导入 return_error

```
use warp::{http::Method, Filter};
use handle_errors::return_error;

mod routes;
mod store;
mod types;

#[tokio::main]
async fn main() {
  …

  let routes = get_questions
       .or(update_question)
       .or(add_question)
       .or(add_answer)
       .or(delete_question)
       .with(cors)
       .recover(return_error);

  warp::serve(routes).run(([127, 0, 0, 1], 3030)).await;
}
```

对于其他文件，也是这样。遍历代码库，移除旧的 error 使用方法。导入需要的内容，如代码清单 5.20 中的 pagination.rs。

代码清单 5.20　更新 src/types/pagination.rs 来使用 handle-errors crate

```
use std::collections::HashMap;
use handle_errors::Error;

…

pub fn extract_pagination(params: HashMap<String, String>)
   -> Result<Pagination, Error> {
       if params.contains_key("start") && params.contains_key("end") {
           return Ok(Pagination {
             start: params
                 .get("start")
                 .unwrap()
                 .parse::<usize>()
                 .map_err(Error::ParseError)?,
```

```
            end: params
                  .get("end")
                  .unwrap()
                  .parse::<usize>()
                  .map_err(Error::ParseError)?,
            });
        }

        Err(Error::MissingParameters)
    }
```

在一个应用中创建一个较小的库，可进一步帮助代码库达到模块化。然后你可以将这个库从代码中完全去掉，并将其作为一个独立的库提供给你的公司或者外界使用。移除这样的代码，可以使你避免在一个较大的代码库中一直增大版本号，但这些代码要么永久不改变，要么长时间都不会改变。

5.2 为代码创建文件

文档是 Rust 的一等公民。这意味着 Rust 有内置的系统，用来发布和提供文档。它还会区分公有注释和私有注释，前者会被保留在文档中，而后者只是在代码库中。

由于文档已经内置到语言和工具中，Rust 生态中的每个 crate 都有质量很高的文档。即使你没有在代码库中添加任何注释，Cargo 也可生成基本文档，列出你的代码中包含的所有 trait、函数和第三方库。

在创建库的时候以及编写实际应用的文档时，不妨多添加一些帮助，这将使你获益良多。即使是简单的函数，在几个月或者几年后也可能变得很陌生，注释可以帮助你更好地理解代码。

一个好的文档的例子是标准库(http://mng.bz/xMaB)中的 std::env::args。Rust 文档注释还与 Markdown 格式兼容，因此你可以使用链接、代码高亮和插入标题等功能。

5.2.1 使用文档注释和私有注释

Rust 对文档注释和私有注释有如下区分：

- ///——单行文档注释。
- /** ... */——区块文档注释。
- //!和/*! ... */——将文档注释应用于上一个区块，而不是下一个区块。
- //——单行注释(不公开)。
- /* ... */——区块注释(不公开)。

知道这些后，可以在代码中使用这些规则。下面从 Pagination 类型开始，参见代码清单 5.21。

代码清单 5.21　文档 src/types/pagination.rs

```
…

/// Pagination struct that is getting extracted
/// from query params
#[derive(Debug)]
pub struct Pagination {
    /// The index of the first item that has to be returned
    pub start: usize,
    /// The index of the last item that has to be returned
    pub end: usize,
}

/// Extract query parameters from the `/questions` route
/// # Example query
/// GET requests to this route can have a pagination attached so we just
/// return the questions we need
/// `/questions?start=1&end=10`
pub fn extract_pagination(params: HashMap<String, String>)
    -> Result<Pagination, Error> {
        // Could be improved in the future
        if params.contains_key("start") && params.contains_key("end") {
            return Ok(Pagination {
                // Takes the "start" parameter in the query
                // and tries to convert it to a number
                start: params
                    .get("start")
                    .unwrap()
                    .parse::<usize>()
                    .map_err(Error::ParseError)?,
                // Takes the "end" parameter in the query
                // and tries to convert it to a number
                end: params
                    .get("end")
                    .unwrap()
                    .parse::<usize>()
                    .map_err(Error::ParseError)?,
            });
        }

        Err(Error::MissingParameters)
}
```

一种很好的做法是从高级业务的角度来介绍代码中的每个函数、方法或其他功能。然后，你可以使用示例部分来展示如何使用这段代码，并对其进行详细的描述。如果有一个结构体，可以在其上方记录文档注释。即使你已经很清楚该结构体是如何使用的，添加的注释也会让以下行为变得更加简单：

- 在项目后期查看代码。
- 阅读生成的文档。

Rust 会自动执行一些操作。一个名为 doc 的 Cargo 命令为你的代码创建文档。这个命令将会在项目中创建一个新的文件夹结构(/target/doc/project_name)。如果将 Rust 项目发布在 https://crates.io，文档将会从源代码中自动生成并发布到 https://docs.rs 网站上。

使用$cargo doc--open，可在浏览器中打开生成的文档，以便在本地浏览项目文档。图 5.3 显示了打开的文档在浏览器中的样子。

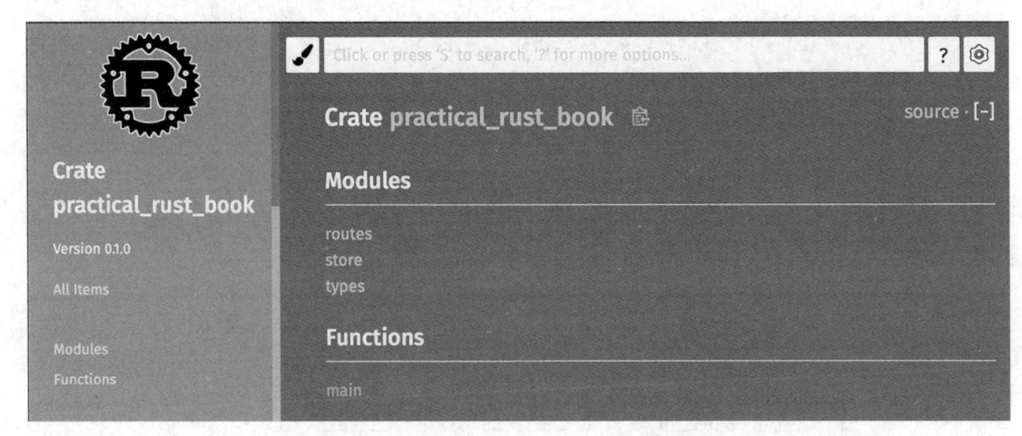

图 5.3 Cargo 命令 cargo doc 为项目生成文档

转到 Types，然后跳转到 Pagination。将在 pagination.rs 文件看到两个代码逻辑：一个名为 Pagination 的结构体和一个名为 extract_pagination 的函数。图 5.4 显示了为函数添加注释后的样子。

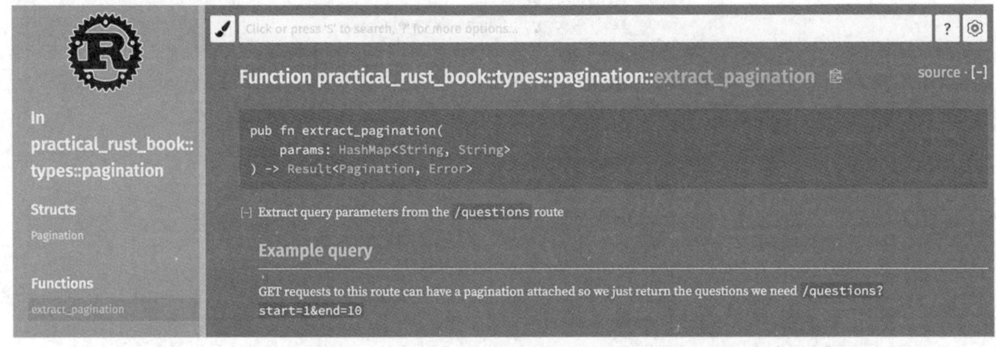

图 5.4 每个函数和结构体都在文档中被列出，并受益于程序员添加的文档注释

5.2.2 在注释中添加代码

当向更广泛的受众介绍你的应用程序或者完成团队的代码拉取请求时，应当解释新添加的功能及其用法，这是很有帮助的。许多人为此使用 README 或在文件的注释部分添加示例代码。

Rust 非常鼓励在注释中添加示例代码。它将通过 Markdown 将你发布的文档进行高亮显示，其中一个很厉害的功能是，注释中的代码也会在测试中运行。这样，Rust 确保示例代码会保持更新。如果修改了一个函数签名或者内容，你需要更新注释里的示例代码。你可以使用 3 个反引号```来将代码包裹起来。

不过，需要注意的是，目前，只有当你创建一个库而不是应用程序(二进制)的时候才会运行文档注释中的代码。如果通过标准的 cargo new 命令来创建应用，将生成 cargo new --bin。当想要创建一个库(并创建一个 lib.rs 文件而不是 main.rs 文件)时，必须使用 cargo new --lib。最初的想法是，库对外公开，并且有一个范围限定和定义明确的 API。这个问题目前正在解决中，这样，在创建 Rust 二进制文件的时候，文档注释中的代码也将会被运行。

尽管如此，还是应该在代码中添加示例，这是很有帮助的。可以在 extract_pagination 的文档注释中添加如下示例，参见代码清单 5.22。

代码清单 5.22　添加 extract_pagination 的使用示例

````
/// Extract query parameters from the `/questions` route
/// # Example query
/// GET requests to this route can have a pagination attached so we just
/// return the questions we need
/// `/questions?start=1&end=10`
/// # Example usage
/// ```rust
/// let mut query = HashMap::new();
/// query.insert("start".to_string(), "1".to_string());
/// query.insert("end".to_string(), "10".to_string());
/// let p = types::pagination::extract_pagination(query).unwrap();
/// assert_eq!(p.start, 1);
/// assert_eq!(p.end, 10);
/// ```
pub fn extract_pagination(params: HashMap<String, String>)
    -> Result<Pagination, Error> {
        // Could be improved in the future
        if params.contains_key("start") && params.contains_key("end") {
          return Ok(Pagination {
              // Takes the "start" parameter in the query
              // and tries to convert it to a number
              start: params
                  .get("start")
                  .unwrap()
                  .parse::<usize>()
                  .map_err(Error::ParseError)?,
              // Takes the "end" parameter in the query
              // and tries to convert it to a number
              end: params
                  .get("end")
                  .unwrap()
                  .parse::<usize>()
                  .map_err(Error::ParseError)?,
          });
    }
````

```
        Err(Error::MissingParameters)
    }
```

当再次运行 cargo doc --open 命令时，会看到一个添加了高亮代码示例的区域(见图 5.5)。

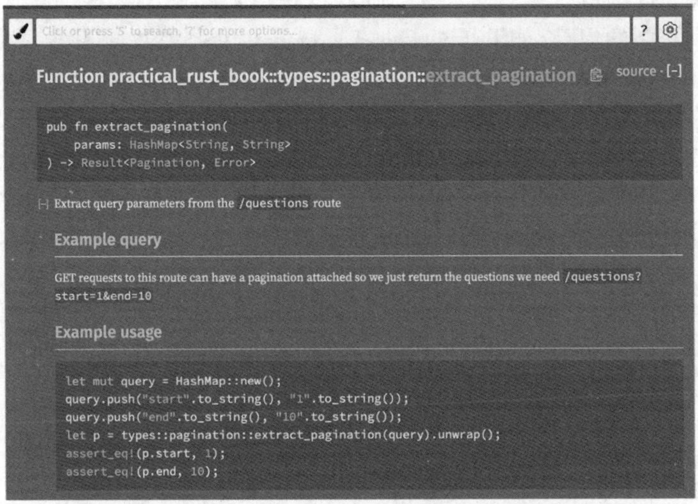

Click or press 'S' to search, '?' for more options...

Function practical_rust_book::types::pagination::extract_pagination

source · [−]

```
pub fn extract_pagination(
    params: HashMap<String, String>
) -> Result<Pagination, Error>
```

[−] Extract query parameters from the /questions route

Example query

GET requests to this route can have a pagination attached so we just return the questions we need /questions?start=1&end=10

Example usage

```
let mut query = HashMap::new();
query.push("start".to_string(), "1".to_string());
query.push("end".to_string(), "10".to_string());
let p = types::pagination::extract_pagination(query).unwrap();
assert_eq!(p.start, 1);
assert_eq!(p.end, 10);
```

图 5.5　使用 Markdown 为示例代码添加头信息和高亮语法

自动生成项目文档的功能极大地保障了代码库未来的适用性。你不必担心过时的工具，即使每个项目文档的格式不同，也不用手动编译和发布文档。

下一步是创建一个稳定的代码库，这会确保你在命名、项目架构以及格式化代码时使用最佳实践。下面看看如何实现。

5.3 检测和格式化代码库

Rust 的代码检测工具也很出色。如果之前使用的语言没有一个标准的工具或者规则，那么，要么强制在现有或者新项目中使用你的规则，要么在整个团队或者公司中使用同一工具，这会让你难以决策。但好处在于，Rust 提供了两个标准工具来解决这个问题。

第一个工具是 Clippy，第二个是 Rustfmt。这两个工具都由 Rust 官方进行管理，因此整个社区都在支持它们。下面介绍这两个工具是如何提供令人愉快的开发环境的。

5.3.1 安装和使用 Clippy

Clippy 是由 Rust 核心团队维护的，并且在 Rust 的 GitHub 仓库下。你必须使用 rustup 来安装它：

```
$ rustup component add clippy
```

这个工具以后也能作为一个独立的步骤添加到持续集成(CI)管道中。现在，把重点放到本地检测和格式化代码库上。在安装好 Clippy 后，可以通过下面的命令运行它：

```
$ cargo clippy
```

在使用检测规则时，你有两种选择：

- 在你的项目文件夹(与 Cargo.toml 在同一层级)创建一个 clippy.toml 或者.clippy.toml 文件。
- 在 main.rs 或者 lib.rs 文件的顶部添加规则。

下面走一下流程。使用在 main.rs 文件顶部添加规则的方法，如代码清单 5.23 所示。

代码清单 5.23　将 Clippy 规则添加到 main.rs 文件

```
#![warn(
   clippy::all,
)]

use warp::{
     Filter,
     http::Method,
};

mod error;
mod store;
mod types;
mod routes;
#[tokio::main]
async fn main() {
     let store = store::Store::new();
     let store_filter = warp::any().map(move || store.clone());

     …
}
```

现在可以运行 Clippy 并查看代码是否有改进的余地。这个工具有时会有个问题，需要你在运行 cargo clippy 之前运行 cargo clean。为了测试一个示例，切换到 src/routes/question.rs 文件来检查参数，示例代码如下(加粗显示)：

```
…

pub async fn get_questions(
     params: HashMap<String, String>,
     store: Store,
) -> Result<impl warp::Reply, warp::Rejection> {
     if params.len() > 0 {
          let pagination = extract_pagination(params)?;
          let res: Vec<Question> =
     store.questions.read().values().cloned().collect();
          let res = &res[pagination.start..pagination.end];
          Ok(warp::reply::json(&res))
     } else {
          let res: Vec<Question> =
```

```
    store.questions.read().values().cloned().collect();
        Ok(warp::reply::json(&res))
    }
}

…
```

现在，当运行 cargo clippy 时，得到了一个警告：

```
$ cargo clean
$ cargo clippy

…

warning: length comparison to zero
   --> src/routes/question.rs:13:8
   |
13 |        if params.len() > 0 {
   |           ^^^^^^^^^^^^^^^^ help: using `!is_empty`
                                  is clearer and
                                  more explicit: `!params.is_empty()`
note: the lint level is defined here
   --> src/main.rs:2:5
   |
2  |     clippy::all,
   |     ^^^^^^^^^^^
   = note: `#[warn(clippy::len_zero)]` implied by `#[warn(clippy::all)]`
   = help: for further information visit
   https://rust-lang.github.io/rust-clippy/master/index.html#len_zero

warning: 1 warning emitted

   Finished dev [unoptimized + debuginfo] target(s) in 36.06s
```

它告诉我们，应该使用 is_empty 而不应检查.len()>0。它甚至能告诉我们触发了哪条检测规则，以及在何处可以找到更多的信息。打开提供的网站(http://mng.bz/AVBW)，可以得到以下信息：

```
What it does
Checks for getting the length of something via .len()
just to compare to zero, and suggests using .is_empty() where applicable.

Why is this bad
Some structures can answer .is_empty() much faster than
calculating their length. So it is good to get into the habit of
using .is_empty(), and having it is cheap.
Besides, it makes the intent clearer than a
manual comparison in some contexts.
```

修改代码中的这部分代码(加粗显示的部分)，然后再次运行 cargo clippy：

```
…

pub async fn get_questions(
    params: HashMap<String, String>,
    store: Store
) -> Result<impl warp::Reply, warp::Rejection> {
   if !params.is_empty() {

   …

}

…
```

现在代码库满足了 Clippy 的要求，不再返回任何警告：

```
$ cargo clippy
  Finished dev [unoptimized + debuginfo] target(s) in 0.18s
```

如果不想浏览所有可能的检测规则(http://mng.bz/Zp0Z)，可以添加一组检测规则：

- clippy::all——默认开启所有的检测(正确性、可疑性、代码风格、复杂性、性能)。
- clippy::correctness——完全错误或无用的代码。
- clippy::suspicious——可能错误或者无用的代码。
- clippy::style——应以惯用风格编写的代码。
- clippy::complexity——本该很简单却写得很复杂的代码。
- clippy::perf——可以重写来提高性能的代码。
- clippy::pedantic——相当严格或者偶尔出现误报的检测规则。
- clippy::nursery——正在开发中的新检测规则。
- clippy::cargo——适用于 Cargo 配置文件的检测规则。

尝试使用严格的检测规则，将有助于你更好地学习这门语言。Rust 是一门复杂的语言，要真正精通，需要时间。有了 Clippy 的指导，你在编写符合 Rust 风格的代码时，将会信心倍增。

5.3.2　使用 Rustfmt 格式化代码

另一个稍有不同的工具是 Rustfmt，它可通过 rustup 来安装(就像 Clippy)：

```
$ rustup component add rustfmt
```

Rustfmt 专注于格式化代码。例如，你可以指定在项目之间强制使用多少空格以及注释的宽度。所有这些都可通过项目文件夹中的 rustfmt.toml 文件来调整(该文件必须与 Cargo.toml 在同一层级)。所有的选项列表都可以在一个可过滤搜索的网站

https://rust-lang.github.io/rustfmt 上找到。

可以在终端转到项目文件夹，然后执行以下命令来基于标准格式自动格式化代码：

```
$ cargo fmt
```

5.4 本章小结

- 可通过模块和 mod 关键字将代码分成更小的块。
- 将这些模块移到文件中，有助于分离代码库。
- Rust 会自动将文件名作为模块名，这意味着你不必在每个新文件中添加 mod MODULENAME{}，而可以默认使用文件名。
- 文件夹中的 mod.rs 可以将子模块暴露给 main.rs 文件。
- 所有模块必须导入 main.rs 文件，才能通过 use 关键字在其他文件中导入和使用。
- Rust 有私有注释(//)和文档注释(///)，并通过 cargo doc 自动发布项目文档。
- Rust 提供官方支持的检测工具 Clippy。
- 可以为 Clippy 导入规则的集合或单个的规则。
- Rustfmt 工具可将代码库格式转为特定风格，并可通过 toml 文件来调整。

第6章

记录、追踪和调试

本章内容

- 在 Web 服务中使用记录、追踪和调试
- 理解 Rust 的日志选项
- 使用外部 crate 改进日志记录体验
- 在 Web 服务中使用追踪 crate
- 为 Rust Web 服务设置调试环境
- 调试通过 Rust 编写的 Web 服务

本书的前五章介绍了如何在 Rust 中实现 Web 服务，为什么和如何实现异步概念，以及如何将 Rust 代码拆分为模块和库。这有助于你阅读和理解代码，并使未来的修改能快速实现。你也将学习如何利用编译器的严格性来发现错误，改进你的代码。

本章涵盖 Web 服务的工具。这意味着追踪信息和诊断错误。即使在开发过程中，你也可能开始将信息记录到终端来审查 HTTP 调用或函数内部的错误。然而，这种行为可进一步扩展和优化。这部分内容涉及记录和追踪应用。

在应用被编译之前，Rust 编译器就已经能发现绝大部分错误，但它无法考虑到所有错误。在某些情况下，你的 Rust 代码看起来很正常，但却不能如期运行。此外，编译器不知道 Web 服务的业务情况。当运行一个 Web 服务时，你想知道 HTTP 请求什么时候到来，请求内容是什么，以及该如何响应。为了更深入地探索，你可能想记录每次登录或者注册的动作、错误情况(比如当你不能从数据库中读取数据时)，以及你需要的其他信息来更好地了解你正在运行的应用。从 HTTP 请求到响应的整个工作流程如图 6.1 所示。

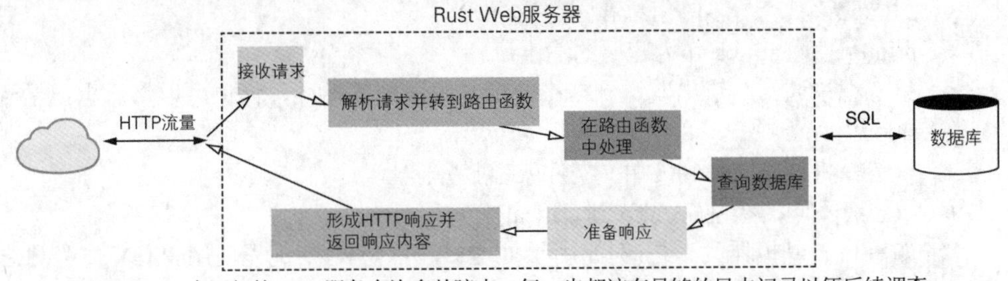

图 6.1　一个运行的 Web 服务有许多故障点。每一步都该有足够的日志记录以便后续调查

本章首先介绍在 Rust 中如何向终端或文件中记录日志，然后讨论追踪——它的含义，以及如何使用它来检测正在运行的应用并在异步代码中发现错误。本章的最后部分涵盖了调试。在开发过程中，你有时会想知道为什么有些变量被设置或者未被设置，或为什么循环不会生成你想要的结果，等等。调试你的 Rust 应用，可以帮助你准确理解一些代码何时和如何运行，以及使用了哪些值。

6.1 在 Rust 应用中记录日志

一个运行中的 Web 服务会接收请求，发送信息，从数据库获取信息并做一些计算工作。Web 服务的所有内部工作都需要进行记录并存储在某个地方。不同情况需要不同的日志级别。

假设你的应用有大量的新用户注册，你想要检查这些请求的合法性。是不是机器人正在使用你的服务？另一个例子是，用户们发来数以百计的工单，抱怨无法再登录你的应用，你该做些什么来找出系统中的问题呢？

第一步是查看日志。现在，问题变为，你是否在用户使用你的服务时正确地进行了日志记录？你是否将日志文件保存在容易检索的位置？

stdout 与 stderr

应用启动时会连接不同的输入和输出流，这些都是应用和其他环境的通信渠道。

在早些时候，这些都是实际的物理设施，但 UNIX 将这些抽象化了，并能默认连接到启动应用的终端。这意味着可通过终端使用 stdin(标准输入)向应用输入命令，应用可通过标准输出(stdout)和标准错误(stderr)发送诊断信息。

在 Rust 中通过使用 println!将内容打印到终端，这与 stdout 相关联，而日志库将会把信息发送到 stderr。默认情况下，这两种都会在终端上显示，但你可以修改 stderr 的位置，例如，将其定向到一个文件或者原创服务器。Rust 中也有一个 eprintln! 宏(https://doc.rust-lang.org/std/macro.eprintln.html)，可将内容写入 stderr，仅用于错误和进度消息。

选择哪个通道取决于你自己，但最佳实践是将 stderr 用于诊断，而将 stdout 用于常规输出。

日志记录和在终端上简单输出文本是不同的：

- 日志应该具有更多的信息和固定的格式。
- println!使用 stdout 作为应用的输出流。
- 日志记录通常将输出发送到 stderr(标准库采用的标准，你也可以将日志记录到 stdout)。
- 可选择将日志记录到终端、文件或者服务器上。
- 日志有不同的级别(从 info 到 critical)。
- 如果日志以机器为目标(例如用于处理日志信息)，则优先使用 JSON 作为日志格式。

- 如果日志主要供人阅读，那么使用逗号或空格进行分隔的标准文本是最好的选择。

在 Rust 中，日志记录是以外观模式处理的。这种模式涵盖了软件架构中的设计模式，参见 *Design Patterns*: *Elements of Reusable Object-Oriented Software*(Erich Gamma 等著，Addison-Wesley Professional，1994 年)。引用书中的话：

它屏蔽了客户端与子系统组件的直接交互，从而减少客户端处理的对象数量，使子系统更易于使用。

实际上，这意味着你将调用外观模式的 crate 对象所公开的函数，其内部将调用另一个 crate 中的实际逻辑。这样做的好处是，如果想改变日志逻辑，你可以直接更换日志记录的 crate，从而使实际代码不受影响。

当在 Rust 中使用日志记录时，你通常会使用名为 log 的外观模式 crate。因此，在你的 Rust 代码中，你总会导入两个库——外观模式(log)和实际日志记录的实现(另一个符合你需求的 crate)。在图 6.2 中，env-logger 使用 log crate 作为外观模式。

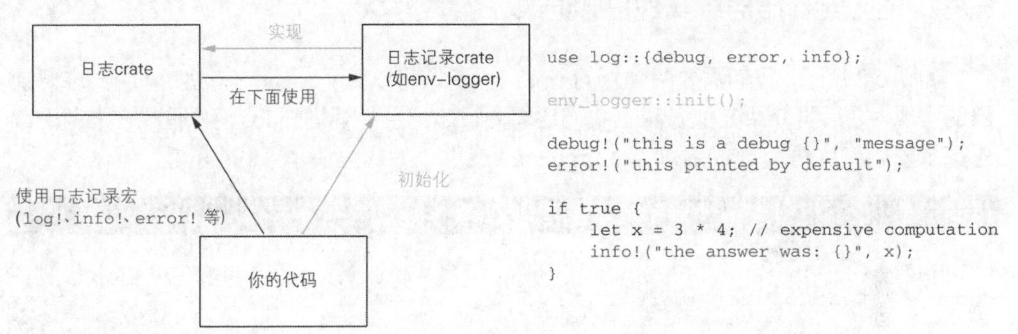

图 6.2　当将 crate 用于日志记录时，你很可能会使用一个名为 log 的 crate 中的日志记录宏

在 Rust 中，日志有不同的级别。并非所有的库都支持所有的级别。下面是日志级别的示例列表(也可通过 log crate 在 https://docs.rs/log/0.4.16/log/#macros 上找到)：

- debug——用于开发中的调试。
- info——仅用于信息展示。
- warning——指示非关键问题。
- error——典型的错误，例如数据库连接关闭。
- trace——用于一次性的调试或者构建，显示详细的日志记录。
- critical——表明代码中应该立即解决的关键错误。

在代码中，它们的用法如代码清单 6.1 所示。

代码清单 6.1　日志等级

```
use log::{info, warn, error, debug}

info!("User {} logged in", user.id);
warn!("User {} logged in {} times", user.id, login_count);
err!("Failed to load User {} from DB", user.id);
```

```
debug!(
        "User {} access controls: {}, {}",
        user.id, user.admin, user.supervisor
);
```

在日志中使用不同的等级有助于揭示有用的信息。在某些时候，你会收集日志并想知道是否有错误存在。启动Web服务的时候，你可能希望只显示错误，而不管调试或者信息日志，因此这些日志在运行时不会被执行。为此，你通常只需要设置环境变量，并告诉日志记录crate以及编译器只记录特定等级的日志(如warn、info或error)。这将让你的日志保持简洁，这样，你在将项目部署到生产环境时，就不需要手动删除多行日志代码了。

除了将简单的文本放到stderr流中，你还可以使用JSON格式来记录信息，以便更容易从其他服务器进行解析。本章的课程将介绍库如何帮助我们在日志中创建更多的结构。有了这些知识，下面将开始实现第一个日志记录机制，并对其进行迭代和改进。

6.1.1 在Web服务中实现日志记录

如图6.2所示，我们需要两个新的crate。一开始将以env_logger作为实际的日志记录器的实现，之后再介绍其他crate。我们还需要日志记录外观模式log，并通过它来调用日志记录宏。将这两个crate添加到Cargo.toml文件，如代码清单6.2所示。

代码清单6.2 将日志记录器依赖项添加到Cargo.toml

```
[package]
name = "practical-rust-book"
version = "0.1.0"
edition = "2021"

[dependencies]
warp = "0.3"
serde = { version = "1.0", features = ["derive"] }
serde_json = "1.0"
tokio = { version = "1.1.1", features = ["full"] }
# We can omit the version number for local imports
handle-errors = { path = "handle-errors" }
log = "0.4"
env_logger = "0.9"
```

下面将在main.rs中的主函数中添加一些日志记录宏，并查看终端上的输出内容，以此来体验日志记录。代码清单6.3展示了main.rs文件和我们需要做的准备工作。

代码清单6.3 在main.rs中添加应用的第一个日志记录

```
#![warn(clippy::all)]

use warp::{http::Method, Filter};
use handle_errors::return_error;
mod routes;
```

```
mod store;
mod types;

#[tokio::main]
async fn main() {
    env_logger::init();

    log::error!("This is an error!");
    log::info!("This is info!");
    log::warn!("This is a warning!");

    let store = store::Store::new();
    let store_filter = warp::any().map(move || store.clone());

    let cors = warp::cors()
        .allow_any_origin()
        .allow_header("content-type")
        .allow_methods(&[Method::PUT, Method::DELETE, Method::GET,
    Method::POST]);

    …

}
```

图 6.2 显示，需要初始化实际的日志记录实现，然后才能使用外观模式 crate log 来记录日志。当应用通过 cargo run 运行时，你会在终端看到如下内容，参见代码清单 6.4。

代码清单 6.4　终端输出的第一个日志

```
    Finished dev [unoptimized + debuginfo] target(s) in 10.31s
     Running `target/debug/practical-rust-book`
[2021-06-26T11:01:49Z ERROR practical_rust_book] This is an error!
```

这很奇怪，终端显示的是 log:error!输出，而 log::info!和 log::warn!的输出内容似乎被隐藏了或没被触发。当不能理解某些事情时，最好通过研究来找出问题所在，进行解释和推理，并尝试在文档中寻找答案。与其直接阅读答案，不如尝试寻找问题的解决方案，即使这些方案被证明是错误的，你也能更快地学到知识。

下面看看以下步骤：

(1) 信息和警告宏被打印在错误之下，所以编译器应该已通过它们，并在终端打印了一些内容。那么，可能在默认情况下，当 Rust 应用运行时，env-logger 没有将每个级别的日志都打印到终端。

(2) 可能在生产环境中，如果打印所有级别的日志，内容会很乱，env-logger 为避免打印太多内容而默认只打印 error 级别及以上的日志。

(3) 查阅该 crate 的 Rust 文档(http://mng.bz/RvaP)，并阅读相关内容，可以发现如下信息：

> 日志级别是基于每个模块进行控制的，默认情况下只打印 error 级别及以上的内容。通过 RUST_LOG 环境变量来控制日志记录。

这很有道理！现在，我们知道了需要传递 RUST_LOG 环境变量给 cargo run 命令。下面再次进行尝试，可以在代码清单 6.5 中看到结果。

代码清单 6.5 使用 RUST_LOG 环境变量来运行程序

```
> RUST_LOG=info cargo run
   Finished dev [unoptimized + debuginfo] target(s) in 0.09s
     Running `target/debug/practical-rust-book`
[2021-06-26T11:10:45Z ERROR practical_rust_book] This is an error!
[2021-06-26T11:10:45Z INFO practical_rust_book] This is info!
[2021-06-26T11:10:45Z WARN practical_rust_book] This is a warning!
[2021-06-26T11:10:45Z INFO warp::server] Server::run; addr=127.0.0.1:3030
[2021-06-26T11:10:45Z INFO warp::server] listening on http:/ /127.0.0.1:3030
```

这看起来好多了。通过将 RUST_LOG=info 传递给 cargo run 命令，告诉应用你想打印的日志等级。env-logger crate 打印出信息、警告和错误的记录。

但是等一下，最后两行是什么？获取的另外两条信息日志看起来像是来自 Warp crate。深入研究 Warp 的源文件(http://mng.bz/2rGX)，可以发现这个 Web 框架使用了一个名为 Tracing 的库来将信息日志打印到终端。代码清单 6.6 展示了这部分代码。

代码清单 6.6 Warp 源代码通过 tracing::info 进行日志记录

```
…
{
    /// Run this `Server` forever on the current thread.
    pub async fn run(self, addr: impl Into<SocketAddr>) {
        let (addr, fut) = self.bind_ephemeral(addr);
        let span = tracing::info_span!("Server::run", ?addr);
        tracing::info!(parent: &span, "listening on http:/ /{}", addr);

        fut.instrument(span).await;
    }
…
```

通过将 RUST_LOG 环境变量传递给 cargo run 命令，我们还激活了 Warp 内部的日志记录机制。在 6.2 节，你将查看 Tracing 库，并理解为什么需要继续使用它。不过，现在，让我们对日志记录有个更深的理解。

不妨使用另一个技巧：在启动服务器时，将 debug 级别设置为日志记录等级。然后发送一些 HTTP 请求，看看会发生什么：

```
$ RUST_LOG=debug cargo run
```

根据你的设置，你可以使用 Postman 这样的应用发送 HTTP 请求，或者使用命令行工具 curl：

```
curl --location --request GET 'localhost:3030/questions'
```

在以调试模式启动 Web 服务器并发送第一个 HTTP GET 请求后，可以在终端看到代码清单 6.7 所示的输出。

代码清单 6.7　接收 HTTP 请求后，Web 服务器的调试输出

```
$ RUST_LOG=debug cargo run
   Finished dev [unoptimized + debuginfo] target(s) in 0.09s
    Running `target/debug/practical-rust-book`
[2021-06-26T11:18:34Z ERROR practical_rust_book] This is an error!
[2021-06-26T11:18:34Z INFO practical_rust_book] This is info!
[2021-06-26T11:18:34Z WARN practical_rust_book] This is a warning!
[2021-06-26T11:18:34Z INFO warp::server] Server::run; addr=127.0.0.1:3030
[2021-06-26T11:18:34Z INFO warp::server] listening on http:/ /127.0.0.1:3030
[2021-06-26T11:18:52Z DEBUG hyper::proto::h1::io] parsed 6 headers
[2021-06-26T11:18:52Z DEBUG hyper::proto::h1::conn] incoming body is empty
[2021-06-26T11:18:52Z DEBUG warp::filters::query] route was called
   without a query string, defaulting to empty
[2021-06-26T11:18:52Z DEBUG hyper::proto::h1::io] flushed 213 bytes
```

我使用粗体标记出了新增的日志信息(代码清单6.7中最后四行是debug级别的信息)。从前面的章节可以知道，Rust 并没有实现 HTTP 功能，因此 Warp 使用了其他的抽象层。在底层，它将一个名为 Hyper 的 crate 用作 HTTP 服务器，这样 Warp 就可以专注于 Web 框架的工具。

通过启用调试，我们还触发了底层 Hyper crate 的日志记录，而 Warp 对传入查询还有附加调试日志。如果你在编写 Web 服务器时遇到问题或在处理传入的 HTTP 请求时期望不同的路由或结果，不妨启动调试日志，以便更好地理解传入和传出的内容。

下面再尝试另一种技巧。在本章的开头，你了解到日志记录 crate 默认将日志记录到 stderr，也就是程序启动的终端。可以尝试用常见的 UNIX 知识将输出重定向到文件。如前所述，每个程序打开 3 个流(stdin、stdout、stderr)，因此这些流也有对应的编号：0、1、2。因此，可以尝试将 2 号流定向到一个文件：

```
$ RUST_LOG=info cargo run 2>logs.txt
```

这种启动服务器的方式似乎会导致一些问题，或者说，它将不再打印任何内容。下面检查一下是否存在一个名为 logs.txt 的新文件。事实上存在该文件，如代码清单 6.8 所示。

代码清单 6.8　重定向 stderr 到一个日志文件

```
$ cat logs.txt
   Finished dev [unoptimized + debuginfo] target(s) in 0.10s
    Running `target/debug/practical-rust-book`
[2021-06-26T11:34:20Z ERROR practical_rust_book] This is an error!
[2021-06-26T11:34:20Z INFO practical_rust_book] This is info!
[2021-06-26T11:34:20Z WARN practical_rust_book] This is a warning!
[2021-06-26T11:34:20Z INFO warp::server] Server::run; addr=127.0.0.1:3030
[2021-06-26T11:34:20Z INFO warp::server] listening on http:/ /127.0.0.1:3030
```

日志文件中还包含 Cargo 的输出。这并不理想，但这是一个开始。我们看到，对于 env-logger，我们所能做的已经达到极限了。它并没有内置的方法来将日志记录到文件或其他输出流。相比于将日志记录到文件，我们更愿意通过一个配置文件(或代码)来更加容易地进行设置和调试，而不是每次都使用环境变量来运行二进制文件。

当尝试切换到一个不同的日志记录库时，会看到外观模式正在发挥作用。接下来可以尝试使用 log4rs crate，它可以让我们选择将日志记录到文件，并通过配置文件配置日志级别。因此，请按照代码清单 6.9 将这个库添加到你的 Cargo.toml 文件中。我们还删除了 env-logger crate，但你可以选择保留它，以便将来进行对比。

代码清单 6.9 添加 log4rs 到 Cargo.toml

```
[package]
name = "practical-rust-book"
version = "0.1.0"
edition = "2021"

[dependencies]
warp = "0.3"
serde = { version = "1.0", features = ["derive"] }
serde_json = "1.0"
tokio = { version = "1.1.1", features = ["full"] }
# We can omit the version number for local imports
handle-errors = { path = "handle-errors" }
log = "0.4"
log4rs = "1.0"
```

该库需要一个配置文件，并在启动日志记录器时将位置传递给 init 函数。示例如代码清单 6.10 所示。

代码清单 6.10 根目录下的 log4rs.yaml 配置示例

```
refresh_rate: 30 seconds
appenders:
   stdout:
     kind: console
   file:
     kind: file
     path: "stderr.log"
     encoder:
        pattern: "{d} - {m}{n}"
root:
   level: info
   appenders:
      - stdout
      - file
```

这个 crate 提供了滚动日志文件的选项，这意味着新的日志将被追加到日志文件，但如果这个文件变得太大了，将会生成新的日志文件。在配置文件中，主要有以下 3

个选项：

- refresh_rate——在生产环境中不必重启服务器就可以更改配置。
- appenders——你可以通过这个选项来设置输出；将信息记录到 stdout 和一个文件。
- root——使用日志级别和你想要记录的 appenders 的组合来设置日志记录器。

在代码中，需要初始化 log4rs，此外不需要做任何更改，参见代码清单 6.11。这就是外观模式的优势：不必更改实际代码，而只需要在后台把所用的日志库换成另一个。

代码清单 6.11　在 main.rs 中初始化 log4rs

```
…

#[tokio::main]
async fn main() {
    log4rs::init_file("log4rs.yaml", Default::default()).unwrap();

    log::error!("This is an error!");
    log::info!("This is info!");
    log::warn!("This is a warning!");

    …
}
```

可以通过 log4rs::init_file("log4rs.yaml"...)设置新的日志记录器并指明想使用的配置文件的路径。通过 cargo run 启动服务器(不必使用 RUST_LOG 环境变量)，看看会发生什么情况，参见代码清单 6.12。

代码清单 6.12　切换日志记录器后的终端输出

```
$ cargo run
   Finished dev [unoptimized + debuginfo] target(s) in 0.11s
    Running `target/debug/practical-rust-book`
2021-06-27T06:50:17.034119+02:00 ERROR practical_rust_book -
   This is an error!
2021-06-27T06:50:17.034166+02:00 INFO practical_rust_book - This is info!
2021-06-27T06:50:17.034209+02:00 WARN practical_rust_book -
   This is a warning!
2021-06-27T06:50:17.034650+02:00 INFO warp::server -
   Server::run; addr=127.0.0.1:3030
2021-06-27T06:50:17.034717+02:00 INFO warp::server -
   listening on http:/ /127.0.0.1:3030
```

日志看起来有所不同，但日志和日志级别与之前的一致。此外，你可以在项目的根目录中找到 stderr.log 文件，其中包含与终端显示的内容相同的日志内容。这是因为 log4rs 中使用了两个 appender(stdout 和文件)。

现在尝试在 log4rs.yaml 文件中将日志级别更改为 debug 级别，等待 30 秒，然后发送一个 HTTP 请求到你的服务器。你会发现，现在应用程序也显示了 debug 级别的日志，而不必重启服务器或进行其他操作。在 info 级别下，启动应用后，在运行期间将其日志级别更改为 debug 级别(通过配置文件)，然后等待 30 秒，再向/questions 接口发送 HTTP

GET 请求，代码清单 6.13 显示了日志级别改变后的日志。

代码清单 6.13 日志级别改变后的日志

```
2021-06-27T06:57:47.749489+02:00 - This is an error!
2021-06-27T06:57:47.749586+02:00 - This is info!
2021-06-27T06:57:47.749638+02:00 - This is a warning!
2021-06-27T06:57:47.750219+02:00 - Server::run; addr=127.0.0.1:3030
2021-06-27T06:57:47.750287+02:00 - listening on http:/ /127.0.0.1:3030
2021-06-27T06:58:27.326621+02:00 - parsed 6 headers
2021-06-27T06:58:27.326719+02:00 - incoming body is empty
2021-06-27T06:58:27.326905+02:00 - route was called without
   a query string, defaulting to empty
2021-06-27T06:58:27.327225+02:00 - flushed 213 bytes
```

这样的设置已经很方便了，但还没完成。现在我们知道日志记录是如何工作的，下面尝试研究得更深入一些并跟踪每个 HTTP 请求。在 log4rs.yaml 文件中将日志级别更改为 info 级别，然后继续阅读下一节。

6.1.2 记录 HTTP 请求日志

之前我们发现 Warp 已经在内部记录了一些日志。下面再看看它是否仅供内部代码使用。也许 Warp 会提供日志记录的 API。根据 GitHub 仓库中的 README.md 文件，Warp 应该是通过其过滤器机制来展示日志的。查看 docs.rs 中的文档，找到涉及过滤器的部分(http://mng.bz/19Yg)。在列表中，你可以发现 Logger 过滤器，它链接到“Module warp::filters::log”页面(http://mng.bz/PoyP)。它提供两个函数：log 和 custom。这个 custom 函数有如下示例，见代码清单 6.14。

代码清单 6.14 docs.rs 中 Warp 的 custom 日志示例

```
use warp::Filter;

let log = warp::log::custom(|info| {
    // Use a log macro, or slog, or println, or whatever!
    eprintln!(
        "{} {} {}",
        info.method(),
        info.path(),
        info.status(),
    );
});
let route = warp::any()
    .map(warp::reply)
    .with(log);
```

该示例看起来很棒。不必将日志记录函数添加到每个路由，而是将其添加到路由对象的末尾。可将这个代码示例整合到 main.rs 文件中，如代码清单 6.15 所示，然后看看会发生什么。

代码清单 6.15　添加 custom logs 到 main.rs 文件

```
…

#[tokio::main]
async fn main() {
    log4rs::init_file("log4rs.yaml", Default::default()).unwrap();

    log::error!("This is an error!");
    log::info!("This is info!");
    log::warn!("This is a warning!");

    let log = warp::log::custom(|info| {
        eprintln!(
            "{} {} {}",
            info.method(),
            info.path(),
            info.status(),
        );
    });

    …

    let routes = get_questions
        .or(update_question)
        .or(add_question)
        .or(add_answer)
        .or(delete_question)
        .with(cors)
        .with(log)
        .recover(return_error);

    warp::serve(routes).run(([127, 0, 0, 1], 3030)).await;
}
```

该日志记录函数使用的是 eprintln!而不是 println!。之前我们已介绍过 stdout 与 stderr。println!宏直接将输出发送到 stdout，而 eprintln!则将文本打印到 stderr。日志记录库和收集器用于从 stderr 流中收集日志。因此，本示例(以及将来)将使用 stderr 进行日志记录。

通过 with(log)添加 log 过滤器到路由对象并重启应用。然后可以向/questions 端点发送一个 HTTP GET 请求并监视日志，看看是否有任何变化。代码清单 6.16 展示了当启动服务器并发送一个 HTTP GET 请求时产生的新响应(粗体字)。

代码清单 6.16　将 custom log 过滤器添加到路由对象时生成的日志

```
$ cargo run
  Compiling practical-rust-book v0.1.0 (/Users/bgruber/CodingIsFun/Manning/
     practical-rust-book/ch_06)
   Finished dev [unoptimized + debuginfo] target(s) in 11.46s
     Running `target/debug/practical-rust-book`
```

```
2021-06-27T07:21:07.919400+02:00 ERROR practical_rust_book -
   This is an error!
2021-06-27T07:21:07.919968+02:00 INFO practical_rust_book -
   This is info!
2021-06-27T07:21:07.920012+02:00 WARN practical_rust_book -
   This is a warning!
2021-06-27T07:21:07.920465+02:00 INFO warp::server -
   Server::run; addr=127.0.0.1:3030
2021-06-27T07:21:07.920530+02:00 INFO warp::server -
   listening on http:/ /127.0.0.1:3030
GET /questions 200 OK
```

我们得到了预期的结构，记录了方法、路径以及响应的状态。可通过 Warp 中实现的 info 结构体访问这些信息。不妨查看文档(http://mng.bz/JVov)来看看通过该对象还能访问哪些内容。

你可能想知道请求经历的时间、发送到服务器的请求头，以及请求的来源(远程地址)。下面把这些内容添加到代码中，如代码清单 6.17 所示。

代码清单 6.17　添加更多的信息到 log 过滤器

```
…

#[tokio::main]
async fn main() {
    log4rs::init_file("log4rs.yaml", Default::default()).unwrap();

    log::error!("This is an error!");
    log::info!("This is info!");
    log::warn!("This is a warning!");

    let log = warp::log::custom(|info| {
        eprintln!(
            "{} {} {} {:?} from {} with {:?}",
            info.method(),
            info.path(),
            info.status(),
            info.elapsed(),
            info.remote_addr().unwrap(),
            info.request_headers()
        );
    });

    …
}
```

通过 elapsed 方法获取从请求到响应的整个过程所需的时间，通过 remote_addr 获取请求来源，并通过 request_headers 获取请求头。可通过 Debug({:?})而不是 Display({})来 eprintln!这些值，因为这些值包含向量(除了 remote_addr，它实现了 Display trait)，而类型在默认情况下不实现 Display trait。在一个更复杂的方法中，你可以构建一个独立的函数来解析请求中的信息和访问特定信息(如请求的主机)并为其实现 Display trait。

然而，我们将使用一个不同的最终解决方案，而且让你自己实现，这是一个很好的练习。结果如下：

```
$ cargo run
   Compiling practical-rust-book v0.1.0

   …

GET /questions 200 OK 207.958µs from 127.0.0.1:61729 with
  {"host": "localhost:3030", "user-agent": "curl/7.64.1", "accept": "*/*"}
```

这让我们离最终实现又近了一步，最终实现将在 6.2 节介绍。现在你已经知道我们可以在 Rust 中记录日志，可通过运行中应用的开放流(stdout 和 stderr)记录日志，可以使用默认的 stderr(打印到终端)或者重定向流到一个文件，或者以上两者同时进行。

我们还尝试记录每个传入的 HTTP 请求，并获取其完成所需的时间以及它的来源。所有这些构建模块都对最终实现大有裨益。

6.1.3　创建结构化的日志

到目前为止，我们一直在关注“如何”和“在哪”记录日志，但没有关注“记录什么”。为了生成有用的日志，必须提前考虑并想象在什么情况下，需要这些信息来解决问题或收集足够的证据来支持对系统行为的假设。

假设一个用户尝试查询前 50 个问题，但响应内容为 0；没有问题被返回。该用户提交了一个 bug 工单，并通过邮件发送给我们。然后我们需要弄清楚发生了什么，以及为什么会产生这个问题，该用户可能会在工单中提供如下信息：

- 用户 ID。
- 使用网站进行查询的时间。
- 收到的响应(例如，响应结果为 200，但数据为空)。

该如何调查这个问题？在一个大的生产系统里，你通常是一个复杂架构的一部分，其中每个运行的服务都直接发送日志到一个集中的日志记录实例，或者该实例从各个服务收集日志(并读取 stderr 输出或者生成的日志文件)。

日志必须包含适量的信息并可能需要被另一个服务解析。因此我们需要更仔细地考虑日志的结构和格式。

如果你正在设置基础架构，这些要求可能来源于你自己，或者你在现有的生态系统中实现一个新服务时，必须遵循这些要求。

第一步是将输出到终端和文件的文本转为 JSON 格式，以便日志收集器解析信息。使用 log4rs logger，可轻松完成配置。更新后的文件如代码清单 6.18 所示。

代码清单 6.18　更新 log4rs 配置以便使用 JSON 格式存储日志

```
refresh_rate: 30 seconds
appenders:
  stdout:
```

```
      kind: console
      encoder:
        kind: json
    file:
      kind: file
      path: "stderr.log"
      encoder:
        kind: json

root:
  level: info
appenders:
  - stdout
  - file
```

我们在 stdout appender 中添加了一个类型为 JSON 的新编码器。对于文件 appender，移除 pattern 编码器，并使用之前的 JSON 编码器。通过 cargo run 重启应用，发现日志记录现在以 JSON 格式打印在终端。(代码清单 6.19 中的内容已格式化，以提高可读性；在你的机器上，输出内容被打印成长长的一行。)

代码清单 6.19 日志以 JSON 格式被打印和存储

```
$ cargo run
   Finished dev [unoptimized + debuginfo] target(s) in 0.32s
    Running `target/debug/practical-rust-book`
{"time":"2021-06-27T20:38:08.689498+02:00",
  "message":"This is an error!",
  "module_path":"practical_rust_book",
  "file":"src/main.rs",
  "line":15,
  "level":"ERROR",
  "target":"practical_rust_book",
  "thread":"main",
  "thread_id":4571676160,"mdc":{}
}
{"time":"2021-06-27T20:38:08.690124+02:00",
  "message":"This is info!",
  "module_path":"practical_rust_book",
  "file":"src/main.rs",
  "line":16,
  "level":"INFO",
  "target":"practical_rust_book",
  "thread":"main",
  "thread_id":4571676160,"mdc":{}
}
{"time":"2021-06-27T20:38:08.690203+02:00",
  "message":"This is a warning!",
  "module_path":"practical_rust_book",
  "file":"src/main.rs",
  "line":17,
  "level":"WARN",
  "target":"practical_rust_book",
  "thread":"main",
```

```
  "thread_id":4571676160,"mdc":{}
}
{"time":"2021-06-27T20:38:08.690749+02:00",
  "message":"Server::run; addr=127.0.0.1:3030",
  "module_path":"warp::server",
  "file":"/Users/bgruber/.cargo/registry/src/
    github.com-1ecc6299db9ec823/warp-0.3.1/src/server.rs",
  "line":133,
  "level":"INFO",
  "target":"warp::server",
  "thread":"main",
  "thread_id":4571676160,"mdc":{}
}
{"time":"2021-06-27T20:38:08.690866+02:00",
  "message":"listening on http:/ /127.0.0.1:3030 ",
  "module_path":"warp::server",
  "file":"/Users/bgruber/.cargo/registry/src/
    github.com-1ecc6299db9ec823/warp-0.3.1/src/server.rs",
  "line":134,
  "level":"INFO",
  "target":"warp::server",
  "thread":"main",
  "thread_id":4571676160,"mdc":{}
}
```

相同的信息也存储在应用根目录下的日志文件中。这是一个好的开始。但是，若向服务器发送 HTTP GET 请求，会发生什么？代码清单 6.20 显示了结果(这里的格式是为了打印目的，但在你的机器上显示的是长长的一行)。

代码清单 6.20　HTTP GET 日志未被格式化为 JSON 格式

```
$ cargo run
   Finished dev [unoptimized + debuginfo] target(s) in 0.58s
     Running `target/debug/practical-rust-book`
…

{"time":"2021-06-28T08:42:30.059163+02:00",
  "message":"listening on http:/ /127.0.0.1:3030 ",
  "module_path":"warp::server",
  "file":"/Users/bgruber/.cargo/registry/src/
    github.com-1ecc6299db9ec823/warp-0.3.1/src/server.rs",
  "line":134,
  "level":"INFO",
  "target":"warp::server",
  "thread":"main",
  "thread_id":4477177344,"mdc":{}
}
GET /questions 200 OK 254.528µs from 127.0.0.1:51439
  with {"host": "localhost:3030",
    "user-agent": "curl/7.64.1", "accept": "*/*"
  }
```

输出的似乎是旧格式，而不是 JSON 格式，并且我们在日志文件中也无法找到 HTTP GET 日志的内容。这是因为我们使用 Warp 的 eprintln!直接记录日志，而不是通过 log crate 的 info!宏。因此与其这样做：

```
let log = warp::log::custom(|info| {
    eprintln!(
        "{} {} {} {:?} from {} with {:?}",
        info.method(),
        info.path(),
        info.status(),
        info.elapsed(),
        info.remote_addr().unwrap(),
        info.request_headers()
    );
});
```

不如尝试使用 log::info!宏：

```
let log = warp::log::custom(|info| {
    log::info!(
        "{} {} {} {:?} from {} with {:?}",
        info.method(),
        info.path(),
        info.status(),
        info.elapsed(),
        info.remote_addr().unwrap(),
        info.request_headers()
    );
});
```

代码被更改后，传入的 HTTP 请求的日志也以 JSON 格式输出(为了打印的需要，此处已经格式化，但在你的机器上显示的是长长的一行)：

```
{"time":"2021-06-28T08:44:38.495573+02:00",
  "message":"GET /questions 200 OK 300.494µs
    from 127.0.0.1:51531 with
      {\"host\": \"localhost:3030\",
       \"user-agent\": \"curl/7.64.1\",
       \"accept\": \"*/*\"}",
"module_path":"practical_rust_book",
"file":"src/main.rs",
"line":20,
"level":"INFO",
"target":"practical_rust_book",
"thread":"tokio-runtime-worker","thread_id":123145515622400,"mdc":{}
}
```

可以看到，传递给 log::info!的自定义结构被放到 log4rs 输出的消息结构中。接下来，我们想要跟踪请求的整个生命周期，以便在以后跟进问题或检测任何恶意活动。

需要通过每个路由函数或者其他函数在适当时候调用和添加日志。稍后，你将看到如何让此过程更加自动化而不会让代码变得紊乱。

开始查询 GET /questions 路由；让我们继续探索并在 routes/questions.rs 中添加日志，如代码清单 6.21 所示。

代码清单 6.21　将日志添加到 get_questions 路由处理函数

```
…

pub async fn get_questions(
    params: HashMap<String, String>,
    store: Store,
) -> Result<impl warp::Reply, warp::Rejection> {
    log::info!("Start querying questions");
    if !params.is_empty() {
        let pagination = extract_pagination(params)?;
        log::info!("Pagination set {:?}", &pagination);
        let res: Vec<Question> =
    store.questions.read().await.values().cloned().collect();
        let res = &res[pagination.start..pagination.end];
        Ok(warp::reply::json(&res))
    } else {
        log::info!("No pagination used");
        let res: Vec<Question> =
    store.questions.read().await.values().cloned().collect();
        Ok(warp::reply::json(&res))
    }
}

…
```

现在我们每次请求/questions 路由时，都会得到 3 个日志记录(为提高可读性，此处进行了简化)：

```
{"time":"2021-09-07T12:45:51.100961113+02:00","message":"…}
{"time":"2021-09-07T12:45:51.101065002+02:00","message":"No pagination…}
{"time":"2021-09-07T12:45:51.101155267+02:00","message":"GET /questions …}
```

然而，这只是一个请求。假设一个 Web 服务器每分钟都会收到上百个请求，这些日志将会变得十分杂乱，你甚至很难弄清楚哪条日志记录属于哪个请求。添加另一个名为 request ID 的参数，这样之后就能通过这个 ID 进行过滤。

uuid crate 用于生成各种唯一的 ID。因为只需要生成简单的 ID，所以，如代码清单 6.22 所示，首先将带有 v4 特征的 crate 添加到 Cargo.toml 文件。

代码清单 6.22　更新后的 Cargo.toml 包含了 uuid 包

```
…

[dependencies]
warp = "0.3"
serde = { version = "1.0", features = ["derive"] }
serde_json = "1.0"
tokio = { version = "1.1.1", features = ["full"] }
```

```
# We can omit the version number for local imports
handle-errors = { path = "handle-errors" }
log = "0.4"
env_logger = "0.8"
log4rs = "1.0"
uuid = { version = "0.8", features = ["v4"] }
```

有了这个，你就可以创建一个新的 Warp 过滤器(记住，每当想传递信息到下一个路由时，都需要创建过滤器)并创建一个唯一的 ID。代码清单 6.23 显示了 main.rs 文件中新增的代码。

代码清单 6.23 在 main.rs 文件中为/questions 路由添加唯一的 ID

```
...

#[tokio::main]
async fn main() {
    log4rs::init_file("log4rs.yaml", Default::default()).unwrap();

    let log = warp::log::custom(|info| {
        log::info!(
            "{} {} {} {:?} from {} with {:?}",
            info.method(),
            info.path(),
            info.status(),
            info.elapsed(),
            info.remote_addr().unwrap(),
            info.request_headers()
        );
    });

    let store = store::Store::new();
    let store_filter = warp::any().map(move || store.clone());

    let id_filter = warp::any().map(|| uuid::Uuid::new_v4().to_string());

    let cors = warp::cors()
        .allow_any_origin()
        .allow_header("content-type")
        .allow_methods(&[
            Method::PUT,
            Method::DELETE,
            Method::GET,
            Method::POST
    ]);

    let get_questions = warp::get()
        .and(warp::path("questions"))
        .and(warp::path::end())
        .and(warp::query())
        .and(store_filter.clone())
        .and(id_filter)
        .and_then(routes::question::get_questions);
```

```
…
```

代码清单 6.24 显示如何在 get_questions 路由函数里添加参数，以打印每个传入的/questions 请求的 request_id。

代码清单 6.24　在 questions.rs 中传递和打印唯一的请求 ID

```
…

pub async fn get_questions(
    params: HashMap<String, String>,
    store: Store,
    id: String,
) -> Result<impl warp::Reply, warp::Rejection> {
    log::info!("{} Start querying questions", id);
    if !params.is_empty() {
        let pagination = extract_pagination(params)?;
        log::info!("{} Pagination set {:?}", id, &pagination);
        let res: Vec<Question> =
    store.questions.read().await.values().cloned().collect();
        let res = &res[pagination.start..pagination.end];

        Ok(warp::reply::json(&res))
      } else {
        log::info!("{} No pagination used", id);
        let res: Vec<Question> =
    store.questions.read().await.values().cloned().collect();

        Ok(warp::reply::json(&res))
    }
  }

  …
```

重启(并重新编译)服务器，可以看到每个对 localhost:3030/questions 路由的请求 ID(为提高可读性，此处已进行简化)：

```
…
{"time":"2021-09-07T13:26:01.279131716+02:00",
   "message":"5da2bc97-e960-4984-be8a-d75be4728119…}
{"time":"2021-09-07T13:26:01.279234525+02:00",
   "message":"5da2bc97-e960-4984-be8a-d75be4728119 No pagination used…}
{"time":"2021-09-07T13:26:01.279325632+02:00",
   "message":"Request Id: 5da2bc97-e960-4984-be8a-d75be4728119 GET…}
```

我们甚至可以整理代码，创建一个全局的 Context 结构体，并在其中添加存储和 unique_id。然而，这并不是正确的。

对较小的应用来说，这种做法可能不错，但是存在一个显而易见的问题：当使用纯粹的日志记录库时，很难记录异步应用和在整个堆栈中追踪请求，其过程会有些烦琐。每当你为了完成某个任务而不得不做更多的事时，不妨先退一步，看看有没有其他的方法。

追踪与日志记录

追踪的概念并没有真正的标准，但在本书上下文中，追踪提供了一个从始至终跟踪请求的方式，我们可以在请求上添加一个 ID 并在每个阶段都跟踪它。这让我们能够看到错误的更多细节。

例如，假设一个用户尝试登录应用，但是收到了来自系统的错误消息。该用户肯定使用了正确的密码，因为密码在几个月内都没发生改变，而现在你收到了一个包含该问题的邮件。

第一步应该是获取该用户的邮件和尝试登录的日期。有了这些信息，你就可通过查看日志来追踪这个问题是在栈的哪个位置产生的。通过这个流程，你可以将日志(或者事件)放到代码库中，以便提醒自己在适当的时间记录日志。

这种情况下，不妨使用 Tracing crate。它旨在为应用提供工具并在栈中跟踪调用。它对 futures 和异步应用提供一流的支持，并提供了各种自定义功能，这些功能在检测 Web 应用时十分便利。

这并不意味着我们之前做的一切都是徒劳的。我们基本理解了日志记录、它可以解决的问题，以及如何在 Rust 应用中处理日志记录。也许你现在的应用还不够大，或许你也可以使用 log4rs 之类的库来结构化日志记录并满足你的需求。

6.2 异步应用中的追踪

如前所述，为了创建可以追踪特定请求的日志，我们不得不经历许多步骤。Tracing crate 希望通过提供一种不同于之前使用的简单日志记录流程来解决这个问题。

6.1 节中的知识有助于你理解追踪提供的功能，以及当你替换应用中的日志记录时需要哪些功能。之前以 log4rs 作为 logger 的实现，并以 log crate 作为抽象层。有了 Tracing，我们可以将这两个 crate 移除，而仅依赖 Tracing 来实现一切。我们只需要从之前的解决方案移除 logging crate 并将 Tracing 和 tracing-subscriber 添加到 Cargo.toml 文件，如代码清单 6.25 所示。

代码清单 6.25　添加 Tracing crate 到 Cargo.toml

```
[package]
name = "practical-rust-book"
version = "0.1.0"
edition = "2021"

[dependencies]
warp = "0.3"
serde = { version = "1.0", features = ["derive"] }
serde_json = "1.0"
tokio = { version = "1.1.1", features = ["full"] }
```

```
# We can omit the version number for local imports
handle-errors = { path = "handle-errors" }
log = "0.4"
env_logger = "0.8"
log4rs = "1.0"
uuid = { version = "0.8", features = ["v4"] }
tracing = { version = "0.1", features = ["log"] }
tracing-subscriber = { version = "0.3", features = ["env-filter"] }
```

添加的 tracing-subscriber 目前看起来很陌生。为什么需要两个不同的 crate？下面解密 Tracing 库，看看它如何解决异步应用中的日志记录问题。

6.2.1 引入 Tracing crate

Tracing crate 引入以下 3 个主要概念来解决大型异步应用面临的问题：

- span
- event
- subscriber

span 是一个有始有终的时间段。大多数情况下，一个 span 始于请求，终于 HTTP 响应的发送。你可以手动创建 span，也可以使用 Warp 中默认的内置行为来创建它；还可以使用嵌套的 span，例如，当你从数据库获取数据时你可以打开一个 span，而这个 span 被嵌在一个更大的 span 中，该 span 可以是 HTTP 请求周期本身。这可以帮助你区分后续的日志并使你更容易找到想找的日志。

由于主要处理异步函数，Tracing 提供了一个名为 instrument 的宏(见图 6.3)，该宏用于打开和关闭 span。我们使用该宏对异步函数进行注释，而其余的一切都是在后台完成的。在异步函数中应该避免使用手动创建的 span，因为它们上面的.await 可能产生尚未就绪的状态，而 span 将会退出，进而生成错误的日志。

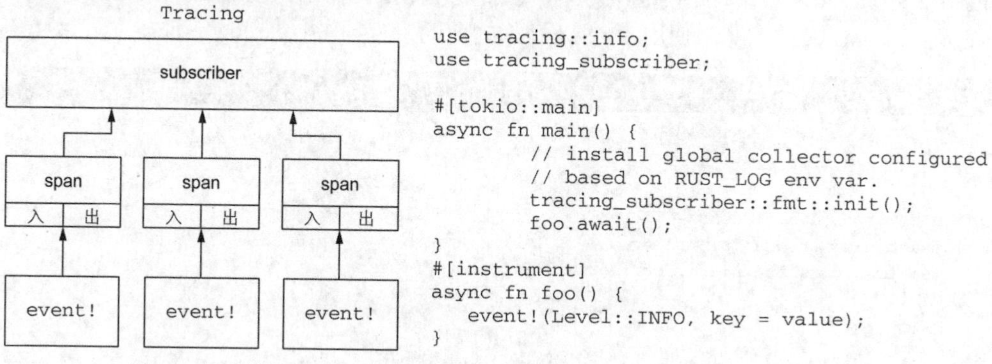

图 6.3　基本的 Tracing 工作流程由三个元素组成：event，用于写入日志；span，定义一个有始有终的时间段；subscriber，收集所有日志

接下来是 event。event 是发生在 span 内部的日志。一个 event 可以是你想要的任何内容：查询数据库的返回结果，解译密码的开始与结束，以及解译密码的成功或失败，等

等。因此，可以用 event!宏来替代之前的 info!宏。

最后是 subscriber。从之前的 logging crate 可知，必须在主函数中初始化默认的 logger。Tracing 也是如此。每个应用需要一个全局的 subscriber 来收集代码库中的 event 并决定如何处理它们。

默认情况下，这个 tracing-subscriber 附带 fmt subscriber，用于对 event 进行格式化并将其记录到终端。如果想使用其他的 subscriber(例如，用于记录日志到一个文件)，你需要不同类型的 subscriber，而这样的 subscriber 有很多。

6.2.2 集成 Tracing 到应用

在移除之前的 logging crate 并添加两个 Tracing crate(如代码清单 6.25 所示)之后，可以到 main.rs 文件来设置 subscriber 并激活 Warp 的 Tracing 过滤器。如果代码库比较大，而你在开发后期才决定用 Tracing 来替代之前的 logging crate，别担心，这一点都不晚。

Tracing 提供了与日志宏相同的宏，因此，在用 Tracing 替换 logging crate 时，你不必立即修改整个代码。你可以使用之前用过的宏，并逐步用我们建议的 Tracing 宏进行替换。

简而言之，除了收集应用中所有日志的全局 subscriber 外，Tracing 还有 span 和 event 的概念。一个 span 表示一个时间段，在这个 span 上，event 可以发生。每个 event 由一个 subscriber 收集和存储，并根据设置按你指定的格式(比如 JSON)将它们发送到一个文件或 stdout。

Web 框架 Warp 为 Tracing 库提供了相当好的支持，并帮助我们创建 span，在这些 span 中，我们可以创建 event。如果代码库较大，而你想从简单的日志记录切换到追踪，只需要将你的日志实现(比如 env_logger)切换为 Tracing。

info!、error!和其他的宏可以直接使用。第一步是设置一个 subscriber，并在 init 函数中调用它。这将通过你的配置设置一个全局的日志收集器。由于我们仍然处于 Warp 框架的上下文中，必须遵循既定的思维方式，也就是使用过滤器来创建 span。代码清单 6.26 显示了 main.rs 文件，其中使用 Tracing 替换之前的日志记录 crate(log4rs)。

代码清单 6.26 在 main.rs 文件中使用 Tracing 而不是 log4rs，并移除 id_filter

```
#![warn(clippy::all)]

use warp::{http::Method, Filter};
use handle_errors::return_error;
use tracing_subscriber::fmt::format::FmtSpan;

mod routes;
mod store;
mod types;

#[tokio::main]
async fn main() {
    let log_filter = std::env::var("RUST_LOG")
            .unwrap_or_else(|_|
                "practical_rust_book=info,warp=error".to_owned()
```

第一步：添加日志级别

```
    );

    let store = store::Store::new();
    let store_filter = warp::any().map(move || store.clone());

    let id_filter = warp::any().map(|| uuid::Uuid::new_v4().to_string());

    tracing_subscriber::fmt()
        // 使用上面构建的过滤器来决定记录哪些追踪
        .with_env_filter(log_filter)
        // 在每个 span 关闭时记录 event
        // 这可以用来计算路由执行的时间
        .with_span_events(FmtSpan::CLOSE)
        .init();                                 ◄── 第二步：设置追踪 subscriber

    let cors = warp::cors()
        .allow_any_origin()
        .allow_header("content-type")
        .allow_methods(&[
        Method::PUT,
        Method::DELETE,
        Method::GET,
        Method::POST]
    );

    let get_questions = warp::get()
        .and(warp::path("questions"))
        .and(warp::path::end())
        .and(warp::query())
        .and(store_filter.clone())
        .and(id_filter)
        .and_then(routes::question::get_questions)
        .with(warp::trace(|info| {
           tracing::info_span!(
                "get_questions request",
                method = %info.method(),
                path = %info.path(),
               id = %uuid::Uuid::new_v4(),
        )})                                      ◄── 第三步：为自定义 event 设置日志记录
    );

…

let routes = get_questions
     .or(update_question)
     .or(add_question)
     .or(add_answer)
     .or(delete_question)
     .with(cors)
     .with(warp::trace::request())             ◄── 第四步：为收到的请求设置日志记录
     .recover(return_error);

    warp::serve(routes).run(([127, 0, 0, 1], 3030)).await;
}
```

首先(第一步)，需要移除旧的 log4rs 配置，因为我们要完全转向 Tracing。在主函数开始的几行，添加应用的日志级别。通过环境变量 RUST_LOG 传递这个日志级别，如果没有设置的话，就使用默认值。

传递的默认值有两部分：一部分用于服务器的实现，由应用名称表示(在 Cargo.toml 文件中)，另一部分用于 Web 框架 Warp。正如你所了解的，Warp 内部也在使用 Tracing，可以告诉 Warp 记录 error、debug 或者 info event(目前只记录 error)。

接下来(第二步)，设置追踪 subscriber。这个 subscriber 将会接收所有的内部日志和跟踪 event，并决定如何处理。在这里，设置 fmt subscriber，根据文档(http://mng.bz/wyMQ)，它的功能如下：

> Fmt Subscriber 将 Tracing event 格式化并将其记录为行日志。

还有其他种类的 subscriber，将会在后面介绍。下面将创建的过滤器传递给 subscriber，所以它将知道记录哪些 event(info、debug、error 等)。也可使用 with_span_events (FmtSpan::CLOSE)这个配置，它表明 subscriber 也将记录 span 的关闭。我们通过调用 init 函数，激活了 subscriber，从现在开始，可以在应用中记录 event。

对于路由本身(第三步)，可以使用两个重要的追踪日志。由于 Warp 的开发与 Tokio 十分紧密(Tracing 也是如此)，我们可以利用生态系统中的协同作用，使用 warp::trace 过滤器(http://mng.bz/qon2)来记录自定义 event 或者每个传入的请求。在服务器示例中，两者都被用到了。如果在自己的项目中使用另外一个 Web 框架，你可能想要检查对 Tracing 的支持和如何启用它(如果可以的话)。所有的主流 Web 框架都通过中间件使用 Tracing 或者支持它。

将 warp::trace 过滤器添加到 get_questions 路由上，在闭包内部使用 tracing::info_span!(这是调用日志级别为 INFO 的 tracing::span 方法的快捷方式)，并传递想要记录的自定义数据。为了使其工作，需要为想记录的变量添加&符号。

这表明我们想使用 Display trait 来打印数据(也可使用一个问号，它将触发 Debug 宏来打印数据到终端)。&符号和问号是 Tracing crate(http://mng.bz/7Zwy)特有的，与 Rust 宏无关。

最后一步(第四步)也很重要：添加 warp::trace::request 过滤器到路由中。这也将记录每个传入请求。为了实现这点，需要添加 Debug trait 到 Store，以便 Tracing 打印 store 参数。代码清单 6.27 显示了如何派生 Debug trait。

代码清单 6.27 在 src/store.rs 中为 Store 结构添加 Debug trait

```
...

#[derive(Debug, Clone)]
pub struct Store {
    pub questions: Arc<RwLock<HashMap<QuestionId, Question>>>,
    pub answers: Arc<RwLock<HashMap<AnswerId, Answer>>>,
}

...
```

有了这个设置，就可以在 get_questions 路由函数中替换之前的日志记录机制。代码清单 6.28 展示了更新后的代码。

代码清单 6.28　在 routes/question.rs 中用 tracing::event 替换 log::info

```
use std::collections::HashMap;

use warp::http::StatusCode;
use tracing::{instrument, info};

use handle_errors::Error;
use crate::store::Store;
use crate::types::pagination::extract_pagination;
use crate::types::question::{Question, QuestionId};

#[instrument]
pub async fn get_questions(
    params: HashMap<String, String>,
    store: Store,
) -> Result<impl warp::Reply, warp::Rejection> {
    info!("querying questions");
    if !params.is_empty() {
        let pagination = extract_pagination(params)?;
        info!(pagination = true);
        let res: Vec<Question> =
    store.questions.read().await.values().cloned().collect();
        let res = &res[pagination.start..pagination.end];
        Ok(warp::reply::json(&res))
    } else {
        Info!(pagination = false);
        let res: Vec<Question> =
    store.questions.read().await.values().cloned().collect();
        Ok(warp::reply::json(&res))
    }
}

…
```

首先导入 Tracing 库中的 instrument、event 和 level。然后，使用 instrument 宏(https://tracing.rs/tracing/attr.instrument.html)在函数被调用时自动打开和关闭 span。函数中所有的 Tracing event 将自动分配给这个 span。

在添加 Tracing crate 和宏后重新运行应用，并请求/questions 路由，将在终端看到如下日志(为提高可读性，此处已进行简化)：

```
Oct 13 14:00:06.384 INFO get_questions request{method=GET ….
Oct 13 14:00:06.386 INFO get_questions request{method=GET path=/…
Oct 13 14:00:06.386 INFO get_questions request{method=GET path=/questions…
Oct 13 14:00:06.387 INFO get_questions request{method=GET path=/questions…
```

如果移除 get_questions 函数顶部的 instrument 宏(#[instrument])，会看到如下日志(为提高可读性，此处已进行简化)：

```
Oct 13 14:03:04.774 INFO get_questions request{method=GET path…
Oct 13 14:03:04.775 INFO get_questions request{method=GET path…
Oct 13 14:03:04.775 INFO get_questions request{method=GET path…
```

我们得到三条日志记录，而不是四条。该宏在进入一个函数时打开一个 span 并在结束时关闭它。这个宏还记录了函数 span 的退出。此外，我们还没有详细讨论传递给该函数的参数以及该函数返回的参数。是否需要使用 instrument 取决于你想记录多少信息。请记住，当使用 instrument 宏时，你已经免费获取了相当多的信息。

6.3 调试 Rust 应用

在前两节中，你已经学会如何使用日志记录机制来深入理解 Rust 应用。这些日志可以揭示代码库中更深的逻辑问题，使你能够深入研究。Rust 应用的调试过程可以揭示难以记录或很难通过测试弄清楚的问题。

调试器(LLDB 和 GDB)

调试器是一个工具，用于在环境中运行一段代码，以便进行检测和交互。当使用调试器时，你可以在编写的代码中设置断点，然后启动应用。

一旦你的代码运行到一个指定的断点，应用就会暂停，而调试器能深入分析并显示应用在该断点上的状态。你可以看到诸如“变量 x 当前存储的内容”等信息。

有两个调试器供选择：低级别调试器(LLDB)和 GNU 调试器(GDB)。LLDB 是低级别虚拟机(LLVM)的一部分，它是一套编译工具，而 GDB 是 GNU 项目的一部分。你可以自由选择任何一个调试器。如果使用命令行，你可以使用 GDB；如果使用像 Visual Studio 这样的 IDE，不妨选择 LLDB。

从宏观上看，调试器的工作原理如下：

- 调试器本身就是一个程序，应用(Rust Web 应用)在其中运行。
- 通过断点，调试器可以逐行中断程序的运行。
- 一旦进程被中断(或停止)，调试器可以提供应用在当前时间点上的整体状态。
- 开发人员可以查看状态并弄清楚自己是否正确设置了变量或者调用函数是否返回预期数据。

图 6.4 显示了 Rust 二进制文件、调试器和你设置的断点(内核终端)之间的关系。

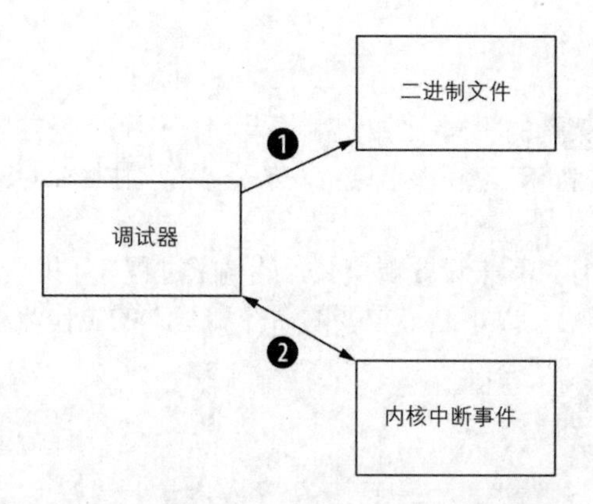
二进制文件
调试器
内核中断事件
调试器是一个应用，它将执行给定的二进制文件，
并将自己添加到进程中
调试器使用PTRACE内核事件来逐步执行运行中的二进制文件

图 6.4　从宏观上可以看到，调试器会将其本身添加到 Rust 应用中，并使用内核中断事件来介入、暂停进程并显示其状态

6.3.1　在命令行上使用 GDB

安装 Rust 时并不会一同安装调试器。调试器是单独的工具，而且有许多安装的方式，这取决于你的操作系统。Rust 自带一个名为 rust-gdb 的命令行工具，源代码(http://mng.bz/m282)中有如下描述：

```
# Run GDB with the additional arguments that load the pretty printers
# Set the environment variable `RUST_GDB` to overwrite the call to a
# different/specific command (defaults to `gdb`).
RUST_GDB="${RUST_GDB:-gdb}"
PYTHONPATH="$PYTHONPATH:$GDB_PYTHON_MODULE_DIRECTORY" exec ${RUST_GDB} \
     --directory="$GDB_PYTHON_MODULE_DIRECTORY" \
     -iex "add-auto-load-safe-path $GDB_PYTHON_MODULE_DIRECTORY" \
     "$@"
```

工具默认和 Rust 一同安装。如果系统上尚未安装 GDB，你将看到如下错误(或类似的错误)：

```
$ rust-gdb
/…/.rustup/toolchains/stable-x86_64-apple-darwin/bin/rust-gdb:
   line 21: exec: gdb: not found
```

在基于 Intel 的 macOS 上安装 GDB，你可以使用 brew：

```
brew install gdb
```

例如，在 Arch 上，你可以这样做：

```
pacman -S gdb
```

如果你使用的是ARM架构的机器(比如使用苹果M1芯片的苹果电脑)，那么很遗憾，在此书撰写之时，GDB尚未支持该机器，你需要使用macOS的默认调试器LLDB(https://lldb.llvm.org)。

之后，你可以使用命令行工具来设置断点并开始调试过程。如果要解释GDB是如何工作的话，会超出本书的篇幅。以下是最重要的命令和基本的工作流程：

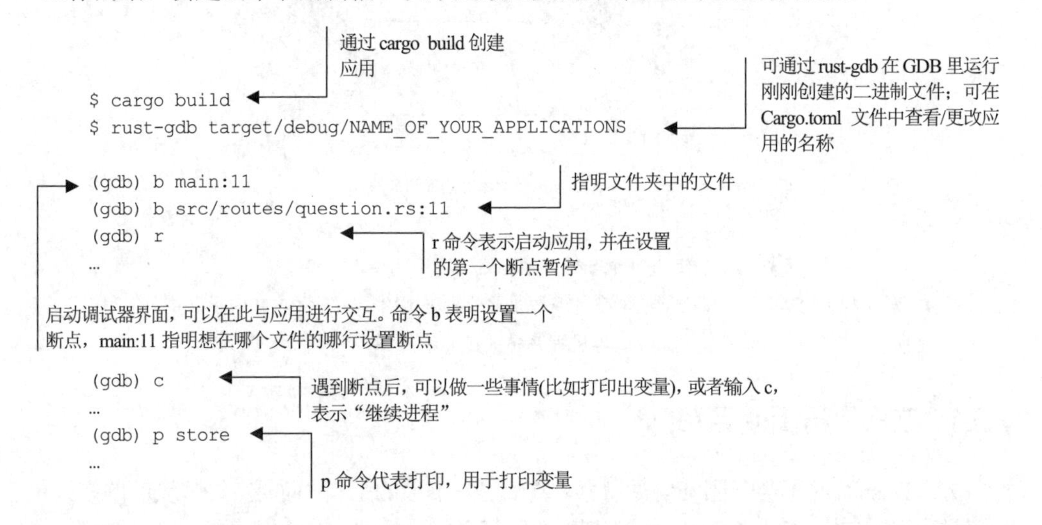

这个工作流程对大部分基本应用十分有效。如果想有更直观的体验，可以使用像Visual Studio这样的IDE，它内置了一个调试界面。

6.3.2 使用LLDB调试Web服务

下面通过一个调试会话的示例来看看println!和dgb!的区别。一开始，调试可能看起来令人生畏、不适。

然而，你很快就会发现，就像阅读源代码一样，你会逐渐适应，并开始在多种场景下使用这个工具。在第一个示例会话中，我们想查看一个POST请求是否发送正确的内容到Web服务。可以使用一些println!宏，以期在代码中捕获可以检测正确数据的地方；也可以启动LLDB调试器，并设置一些断点。代码清单6.29显示命令行的交互和输出，紧随其后的是对每一步的解释。注意，步骤(6)并不在代码清单6.29中。在步骤(6)中，我们打开另一个终端窗口并执行curl命令，这会在该代码清单后进行解释。

代码清单 6.29 通过 LLDB 和使用断点启动 Web 服务

```
$ cargo build          ← 步骤(1)
   Finished dev [unoptimized + debuginfo] target(s) in 0.04s

$ lldb target/debug/practical-rust-book          ← 步骤(2)
(lldb) target create "target/debug/practical-rust-book"
```

```
Current executable set to '/target/debug/practical-rust-book' (arm64).
(lldb) b add_question       ←—— 步骤(3)
Breakpoint 1: where = practical-rust-… + 48 at question.rs:58:48,
        address = 0x0000000100102f54
(lldb) breakpoint list       ←—— 步骤(4)
Current breakpoints:
1: name = 'add_question', locations = 1
   1.1: where = practical-rust-… 48 at question.rs:58:48,
       address = practical-rust-book[0x0000000100102f54],
       unresolved, hit count = 0

(lldb) r       ←—— 步骤(5)
Process 96335 launched: '…./target/debug/practical-rust-book' (arm64)
2022-05-02T17:37:44.327462Z INFO get_questions request
     {method=POST path=/questions id=8feb7e42-cc15-4bde-a34e-97878c2d3cc4}:
     practical_rust_book: close time.busy=61.0µs time.idle=89.6µs
Process 96335 stopped       ←—— 步骤(7)
* thread #11, name = 'tokio-runtime-worker', stop reason = breakpoint 1.1
   frame #0: 0x0000000100102f54 practical-rust-book`practical_rust_book
       ::routes::question::add_question::hd2aa84941d704842
       (store=Store @ 0x000000017125cee0,
           question=Question @ 0x000000017125cf28
      ) at question.rs:58:48
   55      pub async fn add_question(
   56          store: Store,
   57          question: Question,
-> 58      ) -> Result<impl warp::Reply, warp::Rejection> {
   59         store
   60            .questions
   61            .write()
Target 0: (practical-rust-book) stopped.       步骤(8)
(lldb) frame variable       ←——
(practical_rust_book::store::Store) store = {
…

   title = {
     vec = {
       buf = {
         ptr = (pointer = "question title",
         _marker = core::marker::PhantomData<unsigned char>
            @ 0x000000017125cf40)
           cap = 9
           alloc = {}
         }
         len = 9
       }
   }
   content = {
     vec = {
       buf = {
         ptr = (pointer = "question content", _
         marker = core::marker::PhantomData<unsigned char>
            @ 0x000000017125cf58)
         cap = 19
         alloc = {}
```

```
      }
      len = 19
    }
  }
  tags = {}
}
(lldb) process continue                  步骤(9)
```

该工作流如下：

(1) 通过 cargo build 创建一个二进制文件，该文件可以在 LLDB 中加载。

(2) 在命令行使用 LLDB 打开该二进制文件。

(3) 通过 b 命令与函数名(add_question)设置断点。

(4) 通过 breakpoint list 命令显示所有的断点。

(5) 通过 r 命令运行程序。

(6) 打开另一个终端并执行以下 curl 命令：

```
$ curl --location --request POST 'localhost:3030/questions' \
      --header 'Content-Type: application/json' \
      --data-raw '{
      "id": "10",
      "title": "question title",
      "content": "question content"
}'
```

(7) 在 LLDB 命令行工具中检查断点。

(8) 通过帧变量检查当前的变量栈。

(9) 使用 process continue 告诉 LLDB 继续执行二进制文件，直至到达下个断点。

目前 Rust 并不支持所有的 LLDB 功能。要知道 Rust 支持哪些功能，请查阅 *Rustc Dev Guide*(http://mng.bz/5md1)，了解有关 Rust 调试的最新内容。

比如，若要通过命令行工具来查看 store 变量和它内部的内容，其实并不容易。如果机器上有一个可视化代码编译器(比如 Visual Studio)，你也许能更方便地使用带有 LLDB 插件的编辑器进行调试。6.3.3 节将显示如何操作。

6.3.3 使用 Visual Studio 和 LLDB

为了能将 Visual Studio 用作 Rust 调试器，你需要安装一个名为 CodeLLDB 的插件。在本书撰写之时，该插件左侧有一个龙形图标。你可以利用搜索框搜寻该插件并安装。安装完成后，你可以在文件/代码的行号旁边标注一个红点。

这将在该行设置一个断点，稍后，当你通过用户界面(UI)启动调试器时，调试器将在该断点处暂停，你可以观察应用的变量和当前栈的相关信息。图 6.5 显示了 Visual Studio 中一个正在运行的调试会话。

通过这种 UI 使用调试器的好处是，你可以直观地在代码中看到当前位置，并在需要时在左边查看当前设置的变量和调用栈。

使用像 Visual Studio 这样的 IDE 的好处在于，你可以在遇到断点后单击 Step Over 按钮(见图 6.6)，从而跳到代码的下一步。

当你第一次在 Visual Studio 中通过调试器启动应用时，你需要创建一个 launch.json 文件(见代码清单 6.30)。Visual Studio 将为你创建一个这样的文件，但如果之后使用更加复杂的配置(例如传递环境变量到你的应用)，则需要找到该文件并进行调整。该文件会在你的应用根目录中的.vscode 目录中创建。

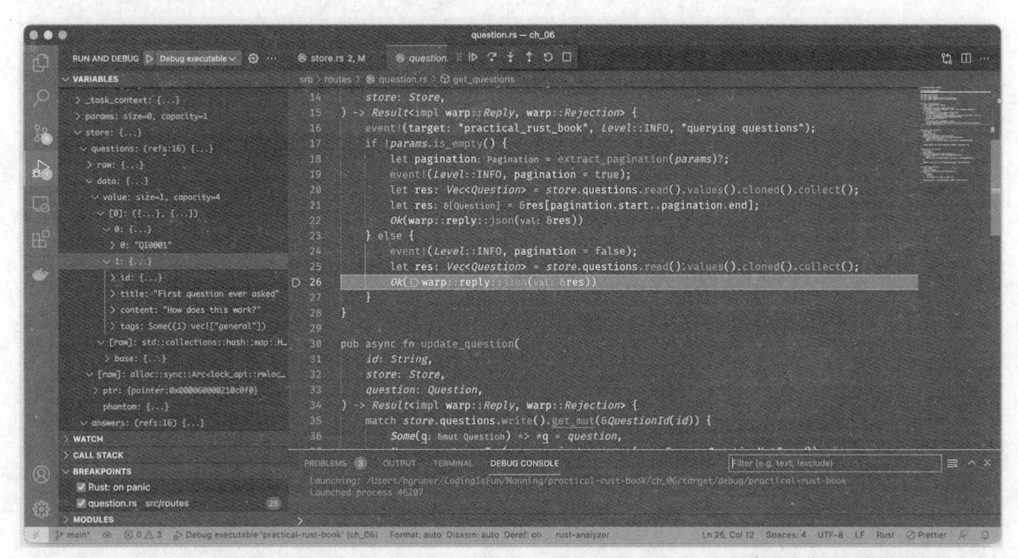

图 6.5　在 Visual Studio 中调试会话。在第 25 行设置一个断点并通过单击左上方的绿色箭头启动调试会话

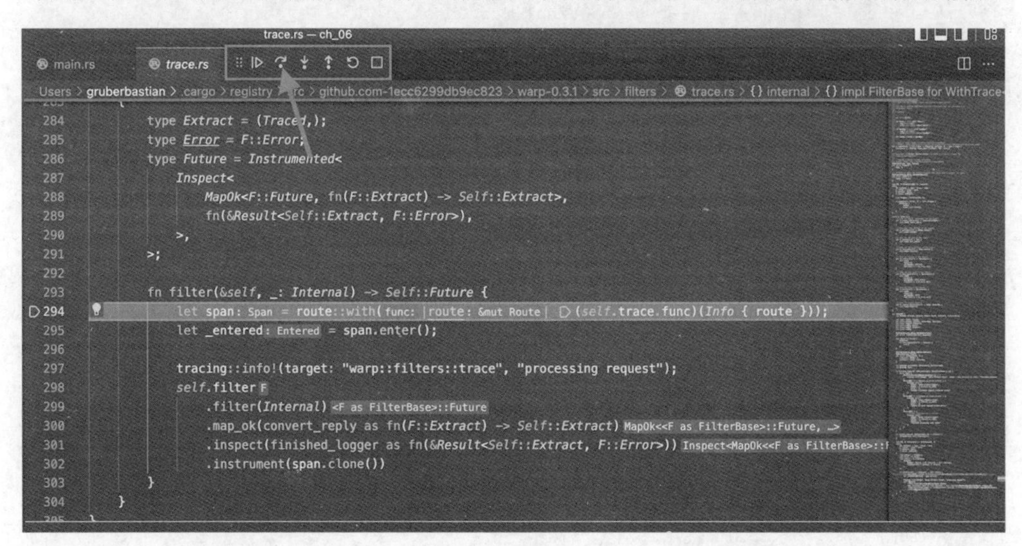

图 6.6　Step Over 按钮会突出显示代码中的每个后续步骤，如果下一个被调用的函数来自一个第三方库，它甚至可以显示内部的 crate。这样一来，你可以深入了解你想要追踪的每个请求

代码清单 6.30 launch.json 文件示例

```
{
    "configurations": [
        {
            "type": "lldb",
            "request": "launch",
            "name": "Debug executable 'practical-rust-book'",
            "cargo": {
                "args": [
                    "build",
                    "--bin=practical-rust-book",
                    "--package=practical-rust-book"
                ],
                "filter": {
                    "name": "practical-rust-book",
                    "kind": "bin"
                }
            },
            "args": [],
            "cwd": "${workspaceFolder}"
        },
        {
            "type": "lldb",
            "request": "launch",
            "name": "Debug unit tests in executable 'practical-rust-book'",
            "cargo": {
                "args": [
                    "test",
                    "--no-run",
                    "--bin=practical-rust-book",
                    "--package=practical-rust-book"
                ],
                "filter": {
                    "name": "practical-rust-book",
                    "kind": "bin"
                }
            },
            "args": [],
            "cwd": "${workspaceFolder}"
        }
    ]
}
```

通过这个 launch.json 文件，在 Visual Studio 中使用 LLDB，而不是像在 6.3.1 节那样通过命令行使用 GDB。Visual Studio 很好地支持 LLDB，这个 IDE 将它用作 Rust 应用的默认调试器。你可以在网上找到很多使用 Visual Studio 和 LLDB 进行调试的例子，你可以从中获得帮助和学习技巧。因此，建议你在熟悉调试器和工作流之前跟着本书中的示例进行练习。

6.4 本章小结

- 在生产环境中，记录日志是至关重要的，可以用来找到 bug 或发现恶意行为。
- log crate 使用外观模式，这意味着你将 log crate 用作 API，并将日志记录 crate 用作真正的功能实现。这给你带来的好处是，后期在更改日志记录 crate 时不用修改相同的日志记录函数。
- Rust 提供了多种日志记录的 crate，允许将日志输出到文件、终端和其他输出流。
- 一个名为 Tracing 的 crate 比日志记录更加适合异步应用。这为你提供了更好的抽象层和追踪函数调用的能力，即使在随机调用的情况下，也是如此。
- 调试是寻找 bug 或者深入分析问题的好方式。
- 你可以使用命令行或者 Visual Studio 这样的 IDE 来调试 Rust 代码。

第 7 章
为应用添加数据库

本章内容

- 设置本地数据库
- 选择合适的 SQL crate
- 将数据库连接添加到 Web 服务中
- 将结构体映射到数据库表
- 扩展代码以执行查询操作
- 执行数据迁移
- 切换到一个新的数据库管理系统

在上一章中，我们添加了记录应用指标的功能。相比于将代码提取到几个模块中，我们讨论过的日志记录方式已经让 Web 服务很稳定了。尝试按照编写新 Web 服务的步骤进行操作。

第 1 章到第 6 章提供了坚实的基础，剩余的章节将对其进行扩展。我们将越来越接近生产级应用，而几乎所有 Web 服务都必须与数据库进行交互。

数据库内部的细节处理并不是本书的重点，所以我们需要设置一个示例数据库，以便存储和获取数据。重要的是理解如何使用 Rust 连接数据库，在哪里抽象与数据库的交互，以及它如何影响代码。

使用数据库的步骤涉及你必须自己回答的主要问题：

- 你想使用对象关系映射(ORM)工具，还是想直接写结构化查询语言(SQL)命令？
- 该 crate 应该以同步还是异步的方式工作？
- 你是否需要迁移脚本？你选择的 crate 是否支持该操作？
- 你是否需要在查询时增加安全性(类型检查)？
- 你是否需要连接池、支持事务以及批量处理？

本章将会解答这些问题，并为你使用 Rust 操作数据库做好准备，但我们首先需要设置一个数据库。

7.1 设置示例数据库

本书中使用的数据库是 PostgreSQL(版本 14.4)。我们稍后选择的 crate 也适用于其他数据库，而且无论你使用哪个数据库，实际代码都是相同的，直到你编写 SQL 为止。基于你的数据库，你的 SQL 代码可能会有所不同。

你使用的操作系统可能也会产生很大的影响。对于 Linux 用户，你可以使用包管理器安装 PostgreSQL。对于 macOS 的开发人员，包管理器 Homebrew 可以轻松安装 PostgreSQL。请参考下载页来安装适用于操作系统的最新版本的数据库(www.postgresql.org/download/)。

在本地设置 PostgreSQL 时始终要做一些改动。本书无法全面涵盖诸多 Linux 发行版，也无法阐释 Windows 和 macOS 的变化。因此，建议你要么在 Docker 容器中使用 PostgreSQL，要么通过详细的 PostgreSQL 文档在本地进行设置：http://mng.bz/69BD。

通常，你需要满足以下条件：

- 已安装 PostgreSQL。
- PostgreSQL 服务器正在运行。
- 已安装 PSQL CLI 工具(这通常随 PostgreSQL 一起安装)。
- 已设置数据库的位置/文件。
- 已创建名为 PostgreSQL(postgres)的数据库。

之后，你可以创建自己的用户来创建新的数据库。这可通过命令行工具 PSQL 来完成，如代码清单 7.1 所示。

代码清单 7.1 通过 PSQL 来创建示例数据库

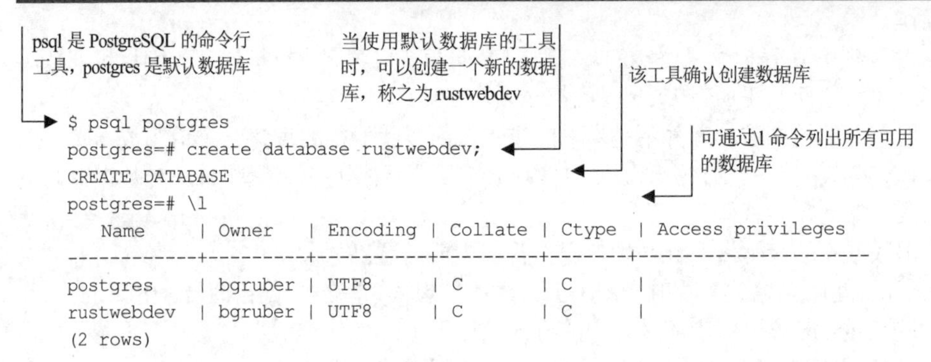


```
$ psql postgres
postgres=# create database rustwebdev;
CREATE DATABASE
postgres=# \l
   Name     | Owner   | Encoding | Collate | Ctype | Access privileges
------------+---------+----------+---------+-------+--------------------
postgres    | bgruber | UTF8     | C       | C     |
rustwebdev  | bgruber | UTF8     | C       | C     |
(2 rows)
```

这是手动创建数据库的方式。当我们在下一章部署应用时，需要确保创建的脚本或者 Docker 文件涵盖了数据库的创建。

7.2 创建第一个表

现在我们有一个正在运行的数据库服务器并创建了一个数据库，下一步应该为真实数据创建表。在后续的小节中，我们将使用迁移以更自动化的方式来创建表，但像其他所有事情一样，一开始应手动创建，这是更好的学习方式。一旦你手动完成了某件事，你就会看到通过自动化的方式完成这个任务的方案的优缺点。

在 PSQL 中，可以连接到新创建的数据库并创建可能需要的表。下面从一个问题表开始。注意，代码清单 7.2 展示了 Web 服务中 Question 的结构体。需要将 QuestionId 从 String 转换为 i32 类型，以使其适应代码清单 7.4 中的 PostgreSQL 结构。

代码清单 7.2　Question 的结构体

```
use serde::{Deserialize, Serialize};

#[derive(Deserialize, Serialize, Debug, Clone)]
pub struct Question {
    pub id: QuestionId,
    pub title: String,
    pub content: String,
    pub tags: Option<Vec<String>>,
}
#[derive(Deserialize, Serialize, Debug, Clone, PartialEq, Eq, Hash)]
pub struct QuestionId(pub i32);
```

这个变动也将对 main.rs 中的路由创建有一定影响，在那传递的是 i32 类型，而不是 String 类型，如代码清单 7.3 所示。

代码清单 7.3　以 i32 类型而不是 String 类型传递 ID 参数

```
…

let update_question = warp::put()
       .and(warp::path("questions"))
       .and(warp::path::param::<i32>())
       .and(warp::path::end())
       .and(store_filter.clone())
       .and(warp::body::json())
       .and_then(routes::question::update_question);

let delete_question = warp::delete()
       .and(warp::path("questions"))
       .and(warp::path::param::<i32>())
       .and(warp::path::end())
       .and(store_filter.clone())
       .and_then(routes::question::delete_question);

…
```

Question 结构体中有 String、i32 以及 vector(PostgreSQL 中的 array)类型。创建相应表的 SQL 如代码清单 7.4 所示。你可以在 PSQL 中复制、粘贴或输入 SQL，并按下回车键。

代码清单 7.4 创建问题表的 SQL

```
CREATE TABLE IF NOT EXISTS questions (
    id serial PRIMARY KEY,                          ◄── 让 PostgreSQL 创建 ID
    title VARCHAR (255) NOT NULL,
    content TEXT NOT NULL,
    tags TEXT [],
    created_on TIMESTAMP NOT NULL DEFAULT NOW()     ◄── 明智的做法是在记录上附加时间戳，让
);                                                      PostgreSQL 默认创建时间
```

代码清单 7.5 展示了 Answer 结构体。

代码清单 7.5 Answer 结构体

```
use serde::{Deserialize, Serialize};

use crate::types::question::QuestionId;

#[derive(Serialize, Deserialize, Debug, Clone)]
pub struct Answer {
    pub id: AnswerId,
    pub content: String,
    pub question_id: QuestionId,
}

#[derive(Deserialize, Serialize, Debug, Clone, PartialEq, Eq, Hash)]
pub struct AnswerId(pub i32);
```

创建相应表的 SQL 语句如代码清单 7.6 所示。

代码清单 7.6 创建答案表的 SQL 语句

```
CREATE TABLE IF NOT EXISTS answers (
    id serial PRIMARY KEY,
    content TEXT NOT NULL,
    created_on TIMESTAMP NOT NULL DEFAULT NOW(),
    corresponding_question integer REFERENCES questions
);
```

可通过\dt 命令来检查表是否创建成功：

```
rustwebdev=# \dt
            List of relations
Schema   | Name      | Type  | Owner
---------+-----------+-------+---------
public   | answers   | table | bgruber
public   | questions | table | bgruber
(2 rows)
```

既已测试了表的创建，下面看看是否能删除(drop)它。这可通过 DROP[TABLE_NAME]命令来完成：

```
rustwebdev=# \dt
          List of relations
```

```
Schema   | Name      | Type  | Owner
---------+-----------+-------+---------
public   | answers   | table | bgruber
public   | questions| table | bgruber
(2 rows)

rustwebdev=# drop table answers, questions;
DROP TABLE
rustwebdev=# \dt
Did not find any relations.
```

我们经历了手动创建表的过程，并熟悉了所选的数据库。现在是时候在代码中使用数据库了。首先选择一个 crate，然后决定是否需要在代码中使用 ORM crate，或者使用原生 SQL。

7.3 使用数据库 crate

在本书中，我们选择直接编写 SQL 语言，而不是使用 ORM crate。这只是一种偏好，你或你的团队或许有其他决定。选择使用 SQL 语言的目的是使你看到的代码更简洁。虽然 ORM crate 的代码可能会更冗长，但学习一门新语言时，应尽量确保所用的 crate 不会对你写的方案有过多干涉。

ORM 与原生 SQL

ORM 是将原生 SQL 查询转为平时使用的代码的一项技术。Diesel(https://diesel.rs/)是一个 Rust crate——一个将代码翻译为原生 SQL 查询的库。因此，例如，与其写：

```
SELECT * from questions
```

不如把代码写成这样：

```
questions_table.load_all();
```

从开发人员的角度来看，这样做可以使代码更易于阅读和理解，还可以节省大量模板代码，并使代码库中的查询语句比包含 SQL 语句的字符串更自然。

另一个领域是应用安全。相比于开发人员手写的 SQL，ORM 通常能更好地处理 SQL 注入等安全问题。在处理用户输入的过程中，ORM 通常有足够的工具，使开发人员不必考虑特殊字符，而且 ORM 本身会进行格式化，以确保数据库中的数据已得到了处理。

ORM 的缺点是数据库结构与 Rust 代码过于紧密，这意味着结构体可能会用 ORM 宏进行注释。这使得你更难在代码中将数据库逻辑与类型分离。

SQL 很容易理解，因为这门语言经过了长时间的验证，且互联网上存在大量的资源。如果出现问题，你通常知道应该去哪里查找原因。而如果使用 ORM，你必须相信底层代码已将你的查询转换为合理的 SQL 并执行了正确的操作。

在多次写一段代码后，或许你已意识到可将 SQL 代码抽象化，这样会使你的代码更容易阅读和维护，这时你就可以选择其他东西。

注意：

如果你决定使用 ORM，那么 Diesel 会是一个不错的选择，并且有很好的教程来教你使用。读完本章后，可通过它的 *Getting Started* 指南(https://diesel.rs/guides/getting-started)来尝试将选择的 SQLx 转换成使用 Diesel 作为 ORM 的方案。

根据你的专业水平，你对 crate 的选择有时可能取决于“大多数人在使用什么”，这不应该是你整个职业生涯的指导原则，但为了入门并获得帮助，可以先紧跟大众的步伐，然后在必要时独自思考。图 7.1 展示了一个使用 SQLx 的示例抽象，SQLx 是在代码库中用于 SQL 查询的 Rust crate。

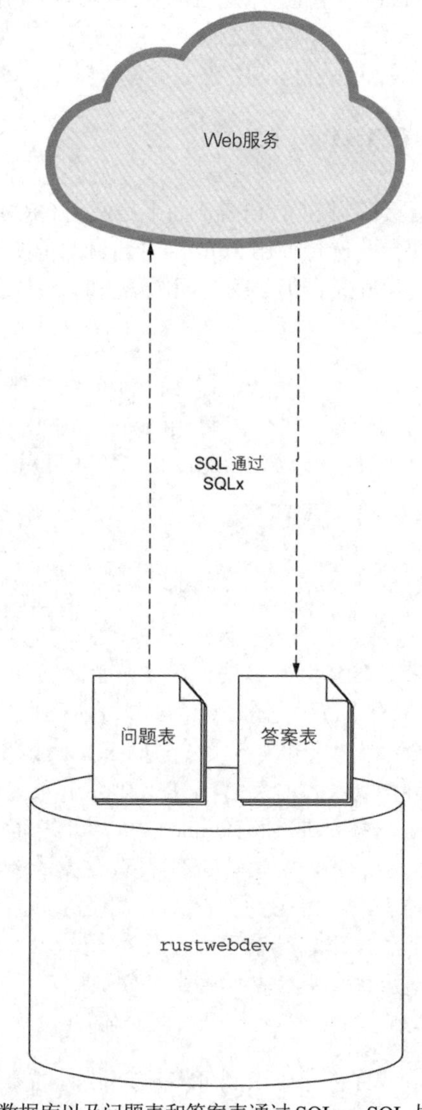

图 7.1　rustwebdev 数据库以及问题表和答案表通过 SQLx、SQL 与 Web 服务进行交互

在 Rust 生态系统中，一个很好的选择是从 SQLx 开始，原因如下：

- 它是异步的。
- PostgreSQL 驱动是用 Rust 编写的。
- 它支持多种数据库引擎(MySQL、PostgreSQL、SQLite)。
- 它可以与不同的运行时(Tokio、async-std、Actix Web)一起工作。
- 它在社区中被广泛使用。

它也有一个很大的缺点。由于 SQLx 没有提供自己的 SQL 抽象层，它不能轻松地校验正确的 SQL。它需要通过宏并连接到开发数据库来在编译时检查 SQL 查询。根据你的使用情况，你可能并不想每次编译代码时都连接到数据库。

7.3.1　将 SQLx 添加到项目中

浏览 SQLx 的 GitHub 页面(https://github.com/launchbadge/sqlx)，可以得知需要在 Cargo.toml 文件中添加以下依赖，见代码清单 7.7。

代码清单 7.7　将 SQLx 依赖添加到 Cargo.toml 中

```
[package]
name = "practical-rust-book"
version = "0.1.0"
edition = "2021"

[dependencies]
…
// Formatted for print purposes; this has to be on one line
// or it won't compile
sqlx = {
    version = "0.5",
    features = [ "runtime-tokio-rustls", "migrate", "postgres" ]
}
```

在 crate 中添加了 tokio、migrate 和 postgres 功能后，就可以在运行时上运行，并且之后可以在代码库中执行迁移

在开始编写代码前，要记得手动重新创建最初需要的表。在后续的小节中，我们将使用一个命令行工具来执行迁移操作，它将完成这些工作。注意，可通过命令行打开 PSQL 工具，并在那里创建表：

```
$ psql rustwebdev
psql (14.1)
Type "help" for help.

rustwebdev=# CREATE TABLE IF NOT EXISTS questions (
    id serial PRIMARY KEY,
    title VARCHAR (255) NOT NULL,
    content TEXT NOT NULL,
    tags TEXT [],
    created_on TIMESTAMP NOT NULL DEFAULT NOW()
);
CREATE TABLE
rustwebdev=# CREATE TABLE IF NOT EXISTS answers (
```

```
        id serial PRIMARY KEY,
        content TEXT NOT NULL,
        created_on TIMESTAMP NOT NULL DEFAULT NOW(),
        corresponding_question integer REFERENCES questions
);
CREATE TABLE
rustwebdev=# \dt

        List of relations
Schema | Name      | Type  | Owner
--------+-----------+-------+---------
public | answers   | table | bgruber
public | questions | table | bgruber
(2 rows)
```

现在我们可以考虑代码库中与数据库进行交互的位置，或者希望从数据库中更新或获取数据的位置。

7.3.2 将Store连接到数据库

对于如何与数据库交互以及在代码库中的哪个位置与数据库交互，存在着多种选择。可以直接在路由函数中进行操作，也可将其附加到Store对象(该对象保存了问题和答案，以及到目前为止读取的JSON示例文件)，或者创建自己的数据库对象来处理查询和变更操作。

连接池的创建也是如此。我们是否应该在main.rs中创建连接池，然后将其传递给对象或路由函数？或者在创建Store(或Database)对象时创建连接？哪个会是更好的选择？

如何在(大型)代码库中将数据库访问抽象化

在涉及数据库的时候，代码的复杂程度似乎会上升。然而，从架构的角度来看，数据库访问与添加到Rust应用中的其他模块别无二致。如果你有大型的应用，你可以将业务逻辑的每个领域划分到一个文件夹(比如用户、问题或答案)中，并在文件中单独将代码结构化，就像我们对本书中的这个小示例(路由、类型、存储)所做的一样。

该复杂程度源于连接数据库的位置、时间以及方式。在大型的应用中，一种解决方式是创建一个上下文对象。这个上下文对象会被(比如来自请求的用户ID和数据库URL)填充，然后传递给每个路由函数。路由函数可通过上下文中的URL连接到数据库；如果上下文中有一个已经打开的数据库连接，路由函数可以直接用它来执行SQL查询。

因此，即使在大型的应用中，添加数据库的方式也不会改变。更需要关注的问题是在哪绑定信息，以及如何传递它。我们将在第10章部署本书源文件，同时探讨如何将代码参数化并使用其中的一些概念。

在本例中，将直接把数据库连接放到Store对象中，并通过它执行查询操作。因此，调用路由函数时仍然会在内部调用Store，但不再从RAM的向量中读取和写入数据，而是与PostgreSQL实例进行通信。

我们还会在Store内部创建数据库的连接池。可以选择在main.rs中的更高层次上进行此操作，然后在创建新的 Store 对象时向下传递。这取决于你的思维方式和应用的规模。稍后会遇到一些问题。请考虑以下几点：

- 如果将答案、用户、评论和其他类型的数据添加到 Web 服务中，一个 Store 对象是否足以处理所有数据？
- 因此，是否应该将 SQL 查询移到路由函数中？
- 如果 SQL 查询变得非常复杂和庞大，是否可能在路由函数中产生太多的干扰？

一条经验法则是，当你想要更改系统的一部分时，你不希望意外地更改另一部分，也不想读取和使用你不感兴趣的另一部分。路由函数的更改不应该涉及 SQL。

因此，明智的做法是为每个数据类型(问题、答案、用户等)创建一个文件夹，该文件夹包含 mod.rs、methods.rs 和 store.rs 文件。这将按数据类型和关注点拆分文件。目前，我们对一个大的 store.rs 文件感到满意，并将在引入用户和认证后将其拆分。

随着 SQLx 被添加到依赖项中，我们现在可以在代码库中使用它。开始查看 store.rs：如何初始化与 PostgreSQL 数据库的连接，以及需要做出哪些更改才能从数据库(而不是 JSON 文件)中查询问题。代码清单 7.8 展示了 store.rs 的更新。

代码清单 7.8　通过更新 store.rs 将 JSON 文件替换为数据库连接

```
use tokio::sync::RwLock;              // 不再从本地 JSON 文件读取，因此不再
use std::collections::HashMap;        // 需要这 3 个导入
use std::sync::Arc;
use sqlx::postgres::{PgPoolOptions, PgPool, PgRow};
use sqlx::Row;

use crate::types::{
    answer::Answer,
    question::{Question, QuestionId},
};

#[derive(Debug, Clone)]
pub struct Store {
    pub connection: PgPool,           // 从 Store 字段中移除了问题和答案，现
}                                     // 在只需要简单设置连接池

impl Store {
    pub async fn new(db_url: &str) -> Self {
        let db_pool = match PgPoolOptions::new()
        .max_connections(5)
        .connect(db_url).await {
            Ok(pool) => pool,
            Err(e) => panic!("Couldn't establish DB connection: {}", e),   // 如果无法建立数据库连接，会让应用启动失败
        };
        Store {
            connection: db_pool,
        }
    }

    fn init() -> HashMap<QuestionId, Question> {
        let file = include_str!("../questions.json");
        serde_json::from_str(file).expect("can't read questions.json")
```

(注：代码中 `use tokio::sync::RwLock;`、`use std::collections::HashMap;`、`use std::sync::Arc;` 以及 `fn init()` 部分的三行在原文中以删除线标示。)

```
—}
...
```

代码清单 7.8 展示了许多变化。但不用担心，这都很简单。先将基于文件/本地存储的思维方式转换为数据库思维方式。然后，我们从 Store 结构中移除了 questions 和 answers 字段，并用一个 connection 字段来替代它们，该字段保存了 PostgreSQL 数据库的连接池。

连接池

连接池是一个数据库术语，基本上意味着你可以同时打开多个数据库连接。由于在异步环境中操作，我们可能希望同时执行多个数据库查询。与其只打开一个连接，并创建一个可能很长的请求队列，等待数据库变得可用，不如打开一定数量的连接，然后数据库 crate 将传入的请求分发给空闲的连接。

连接池的另一个优点是能够限制连接数量，以免过度占用数据库服务器。

从 SQLx 的 GitHub 仓库页面(https://github.com/launchbadge/sqlx)获取示例代码，然后创建一个新的连接池，并将其存储在 Store 对象的 connection 字段中。这使我们能够创建一个新的 store 并将其传递给路由函数，如果有需要的话，它们可以使用连接池中的连接并进行数据库查询。图 7.2 演示了这个概念。

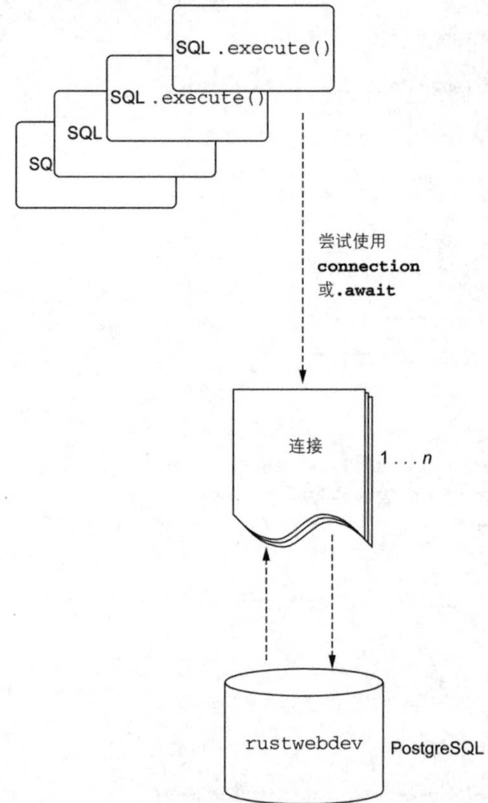

图 7.2 连接池能够保持多个数据库连接，这样我们就可以同时进行更多的数据库操作

我们还看到，现在在创建新的 Store 时，期望获得一个&str 类型的参数。先采用最简单的方案(在 main.rs 文件中传递数据库 URL)，在本书的后续章节中，你将看到如何使用配置文件以更好的方式进行此操作。代码清单 7.9 展示了 main.rs 文件中更新的行。

代码清单 7.9　在 main.rs 内传递数据库 URL

```
…

#[tokio::main]
async fn main() -> Result<(), sqlx::Error>{
    let log_filter = std::env::var("RUST_LOG").unwrap_or_else(|_| {
        "handle_errors=warn,practical_rust_book=warn,warp=warn".to_owned()
    });

    // if you need to add a username and password,
    // the connection would look like:
    // "postgres:/ /username:password@localhost:5432/rustwebdev"
    let store =
        store::Store::new("postgres:/ /localhost:5432/rustwebdev").await;
    let store_filter = warp::any().map(move || store.clone());

…
}
```

数据库运行在 localhost 上，PostgreSQL 服务器使用标准端口(5432)。我们之前创建了一个名为 rustwebdev 的数据库。必须在 new 函数后面放一个 await，因为我们尝试异步打开数据库连接，可能会失败。

7.4　重新实现路由函数

现在我们已经将 SQLx 集成到代码库中，且已调整 Store 来使用数据库连接并提供连接池，因此可以专注于路由函数了。不再直接在处理程序中添加数据库查询，而是扩展 Store 实现，并将每个数据库查询作为关联函数进行添加。

图 7.3 展示了抽象的重要性。用数据库替换本地数据结构，而应用的其余部分保持不变。

本书旨在教学，上述方式对于本书而言很有效。本例中只有两种类型(Question 和 Answer)，因此一个全局的 store 模块足以容纳要在应用中进行的每个 SQL 查询。但是对于更大规模的应用，你有多种选择：

- 你可以为应用的每个域创建不同的文件夹，并在每个文件夹中复制相同的结构(类型、路由、store.rs)，从而减少 store.rs 文件中的行数。
- 你可以创建一个 Context 类型，在整个应用和路由函数中保存每个数据库需要的信息(如 user_id 和 db_connection_pool)。你可以在 main.rs 文件中创建 Context，并将其传递给每个路由函数。这将使每个路由函数变得更加“笨拙”，因此更容易进行测试和更改。

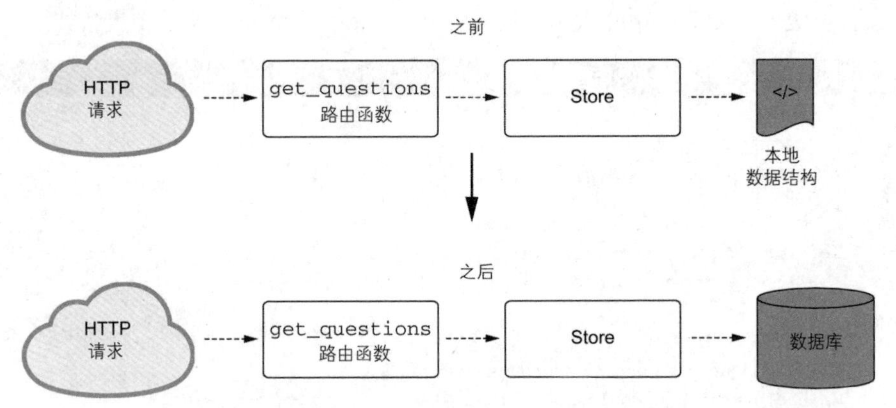

图 7.3　用 PostgreSQL 数据库替换本地的 Vec<Questions>和 Vec<Answers>存储对象

例如，传递一个包含连接的 Store 对象。这种方案使代码变得更加紧凑，更难以更改和测试。这样做的一个原因是，我们只想将一个信息(即数据库连接)传递给每个路由函数。这种方式的有趣之处在于，即使是一个看似微小的变化，也会对整个代码库产生深远的影响。

7.4.1　在 get_questions 中添加数据库

现在是时候仔细检查路由函数了，看看需要如何更新它们，从而使它们与数据库查询一起工作。先来看看 get_questions。代码清单 7.10 展示了 get_questions 路由函数目前的情况。

代码清单 7.10　/route/questions.rs 中的 get_questions 路由函数

```
...

pub async fn get_questions(
    params: HashMap<String, String>,
    store: Store,
) -> Result<impl warp::Reply, warp::Rejection> {
    if !params.is_empty() {
        let pagination = extract_pagination(params)?;
        let res: Vec<Question> =
    store.questions.read().await.values().cloned().collect();
        let res = &res[pagination.start..pagination.end];
        Ok(warp::reply::json(&res))
    } else {
        let res: Vec<Question> =
            store.questions.read().await.values().cloned().collect();
        Ok(warp::reply::json(&res))
    }
```

```
}

...
```

我们正从存储中读取问题，但假设它们被锁在一个本地数据结构中，即在一个 HashMap 内的 Arc 中。根据参数(在查询问题时是否使用分页)，返回不同的结果片段。我们将极大地改变这种行为。

但先在 Store 中创建一个 get_questions 方法(见代码清单 7.11)，以便将数据库逻辑与业务逻辑分离。在确信能够从数据库中查询问题之后，回到路由函数。

代码清单 7.11　在 store.rs 中创建新的 get_questions 方法

```
use sqlx::postgres::{PgPoolOptions, PgPool, PgRow};
use sqlx::Row;

use handle_errors::Error;

use crate::types::{
    question::{Question, QuestionId},
};

#[derive(Debug, Clone)]
pub struct Store {
   pub connection: PgPool,
}

impl Store {
   pub async fn new(db_url: &str) -> Self {
      let db_pool = match PgPoolOptions::new()
      .max_connections(5)
      .connect(db_url).await {
          Ok(pool) => pool,
          Err(_) => panic!("Couldn't establish DB connection!"),
      };

      Store {
          connection: db_pool,
          }
   }

    pub async fn get_questions(
        &self,
        limit: Option<u32>,
        offset: u32
     ) -> Result<Vec<Question>, sqlx::Error> {
        match sqlx::query("SELECT * from questions LIMIT $1 OFFSET $2")
            .bind(limit)
            .bind(offset)
            .map(|row: PgRow| Question {
                id: QuestionId(row.get("id")),
                title: row.get("title"),
                content: row.get("content"),
                tags: row.get("tags"),
                })
```

向函数传递 limit 和 offset 参数，这些参数表示客户端是否需要分页，并返回问题的向量和一个 sqlx 错误类型，以防止出错的情况

通过 query 函数编写原生 SQL 语言，并为传递给查询的变量添加美元符号($)和一个数字

bind 方法将 SQL 查询中的“$+数字”替换为此处指定的变量

第二个绑定的是 offset 变量

如果想要从查询中返回一个问题(或所有问题)，使用 map 遍历接收到的每一行 PostgreSQL 数据，并利用其创建一个 Question 对象

```
                .fetch_all(&self.connection)
                .await {
                    Ok(questions) => Ok(questions),
                    Err(e) => {
                        tracing::event!(tracing::Level::ERROR, "{:?}", e);
                        Err(Error::DatabaseQueryError)
                    }
            }
    }

    ...

}
```

fetch_all 方法执行 SQL 语句，并将添加的所有问题返回给我们

可以重新开始，并晚些处理此决策带来的所有后果。我们创建了一个名为 get_questions 的新方法，并从路由函数中得知该方法可以接收表示分页的参数。在 PostgreSQL 中，这是通过名为 offset 和 limit 的参数来完成的。

数据库中的分页

通常情况下，实现分页并不简单。它很大程度上取决于你的用例。例如，在处理较大的数据集时，最佳选择可能是游标。本书的例子将重点放在与数据库的交互上，而不关心性能。如果在自己的项目中实现此行为，不妨研究你使用的数据库和它所提供的相关选项的资料。

offset 表示从何处开始查询，而 limit 表示想要的结果数量。假设数据库中有 100 个问题，如果 offset 为 50，表示希望从第 50 个问题开始返回，而如果 limit 为 10，则表示将从该位置开始，返回 10 个问题。因此，limit 和 offset 参数都使用了 u32 类型。

该方法返回问题列表或 SQLx 错误。使用 sqlx 的 query 方法执行带有原生 SQL 的查询。唯一的例外是将值集成到 SQL 查询中。SQLx crate 将美元符号($)和数字(1)与.bind 方法结合起来使用，将变量分配给$符号标记的占位符：

```
sqlx::query("SELECT * from questions LIMIT $1 OFFSET $2")
    .bind(limit)
    .bind(offset)
```

PostgreSQL 可以为这两个参数使用默认值。如果你将 limit 参数设置为 None，那么 PostgreSQL 将忽略它；如果你将 offset 参数设置为 0，那么 PostgreSQL 也会忽略它。因此，不需要为同一个函数编写两个版本(一个期望获取这些参数，一个不期望)，我们将在后面使用 Rust 的 Default trait。这也解释了为什么 limit 参数是一个可以容纳数字或 None 的 Option 类型。如果你不传递数字，那么 limit 将为 None，PostgreSQL 将自动忽略它。

查询返回一个 Result。使用 match 对其进行处理，要么返回包含问题的 Vec，要么返回错误。但是，为了获取结果，得先做两件事：需要对结果行(类型为 PgRow)进行.map 操作，创建 Questions 对象，然后使用.fetch_all 方法，将数据库连接传递给它，以实际执行查询：

```
pub async fn get_questions(
    &self,
    limit: Option<i32>,
    offset: i32
) -> Result<Vec<Question>, sqlx::Error> {
        match sqlx::query("SELECT * from questions LIMIT $1 OFFSET $2")
            .bind(limit)
            .bind(offset)
            .map(|row: PgRow| Question {
                id: QuestionId(row.get("id")),
                title: row.get("title"),
                content: row.get("content"),
                tags: row.get("tags"),
                })
            .fetch_all(&self.connection)
            .await {
                Ok(questions) => Ok(questions),
                Err(e) => Err(e),
            }
}
```

这个简单的函数对代码库其余部分的影响有：

- 有一个新的错误类型(sqlx::Error)，不能在 Error crate 中处理。
- 期望 limit 和 offset 参数，到目前为止我们对这些参数的调用不同，如果客户端没有把它们的值传递给我们，则必须为其创建默认值。

需要将 SQLx 作为依赖添加到 handle-errors 的 Cargo.toml 文件中，如代码清单 7.12 所示。

代码清单 7.12　将 sqlx 添加到 handle-errors crate 中

```
[package]
name = "handle-errors"
version = "0.1.0"
edition = "2021"

[dependencies]
warp = "0.3"
sqlx = { version = "0.5" }
```

然后扩展 error crate，这样就可以在代码库中支持 sqlx::Error。下面将扩展 handle-errors/src/lib.rs 中的枚举，参见代码清单 7.13。

代码清单 7.13　为 sqlx::Error 类型扩展 Error 枚举和 Display 特质

```
use warp::{
    filters::{body::BodyDeserializeError, cors::CorsForbidden},
    http::StatusCode,
    reject::Reject,
    Rejection, Reply,
};
```

```
use sqlx::error::Error as SqlxError;      ← 引入 sqlx Error，并对其重命名，这样它
                                             就不会与我们自己的 Error 枚举混淆
#[derive(Debug)]
pub enum Error {
    ParseError(std::num::ParseIntError),
    MissingParameters,
    QuestionNotFound,
    DatabaseQueryError(SqlxError),        ← 添加一个新的错误类型到枚举中，
                                             它可以容纳实际的 sqlx 错误
}
impl std::fmt::Display for Error {
    fn fmt(&self, f: &mut std::fmt::Formatter) -> std::fmt::Result {
        match &*self {
            Error::ParseError(ref err) => {
                write!(f, "Cannot parse parameter: {}", err)
            },
            Error::MissingParameters => write!(f, "Missing parameter"),
            Error::QuestionNotFound => write!(f, "Question not found"),
            Error::DatabaseQueryError => {
                write!(f, "Query could not be executed", e)   ← 为了能够打印新的错误类型，
            },                                                   需要为它实现 Display trait
        }
    }
}

...
```

接下来是分页类型。许多内容都必须重写来适应 store.rs 的改变。代码清单 7.14 展示了更新的 pagination.rs 文件，并高亮显示了改变。

代码清单 7.14　用 Default trait 更新 pagination.rs 并重命名

```
use std::collections::HashMap;

use handle_errors::Error;

/// Pagination struct which is getting extract
/// from query params
#[derive(Default, Debug)]
pub struct Pagination {
    /// The index of the last item which has to be returned
    pub limit: Option<u32>,       ← 将第一个 Pagination 字段重命名为
                                     limit，它可以是 None 或一个数字。如
                                     果你传递 None，那么 PostgreSQL 将默
                                     认忽略它，从而省去一些 if 语句
    /// The index of the first item which has to be returned
    pub offset: u32,              ← 第二个参数是 offset，如果你传递 0，那么 PostgreSQL 将会忽略
}                                    它。与 limit 字段的情况一样，我们可以因此省去一些 if 语句
/// Extract query parameters from the `/questions` route
/// # Example query
/// GET requests to this route can have a pagination attached so we just
/// return the questions we need
/// `/questions?start=1&end=10`
/// # Example usage
```

```
/// ```rust
/// use std::collections::HashMap;
///
/// let mut query = HashMap::new();
/// query.insert("limit".to_string(), "1".to_string());
/// query.insert("offset".to_string(), "10".to_string());
/// let p = pagination::extract_pagination(query).unwrap();
/// assert_eq!(p.limit, Some(1));
/// assert_eq!(p.offset, 10);
/// ```
pub fn extract_pagination(
   params: HashMap<String, String>
) -> Result<Pagination, Error> {
   // Could be improved in the future
   if params.contains_key("limit") && params.contains_key("offset") {
      return Ok(Pagination {
          // Takes the "limit" parameter in the query
          // and tries to convert it to a number
          limit: Some(params
               .get("limit")
               .unwrap()
               .parse::<u32>()
               .map_err(Error::ParseError)?),
          // Takes the "offset" parameter in the query
          // and tries to convert it to a number
          offset: params
               .get("offset")
               .unwrap()
               .parse::<u32>()
               .map_err(Error::ParseError)?,
      });
   }

   Err(Error::MissingParameters)
}
```

parse将&str类型转换为u32类型

先分别将start和end重命名为limit和offset。这也是查询PostgreSQL时SQL语句期望的顺序。数据库还决定了这两个字段的类型。limit字段从usize更改为Option<u32>。Option允许我们设置默认值为None，这将被PostgreSQL忽略(http://mng.bz/o56r)。而offset的类型是u32，如果未指定，可以默认为0，这告诉PostgreSQL返回所有可用的记录。

Rust有一个方便的trait，名为Default，你可以调用它来创建具有默认值的特定类型。下面将使用这个trait，以免编写两个不同的函数(一个带有参数，一个没有)。相反，如果客户端没有传递limit和offset参数，我们将使用默认值创建Pagination对象，这将被数据库忽略。如果得到有效的参数，我们将使用这些参数创建Pagination对象。

extract_pagination函数也有一些变化。将limit封装在Some中，并将类型从usize更改为u32，因为SQL期望一个u32数字。有了所有这些改变，便可以重写get_questions的路由函数，以使用新逻辑。代码清单7.15展示了更新后的代码。

代码清单 7.15　在 routes/questions.rs 中更新 get_questions 路由函数

```
use types::pagination::Pagination;
use tracing::{event, instrument, Level};
use crate::types::pagination::Pagination;
…

#[instrument]
pub async fn get_questions(
    params: HashMap<String, String>,
    store: Store,
) -> Result<impl warp::Reply, warp::Rejection> {
    event!(target: "practical_rust_book", Level::INFO, "querying questions");
    let mut pagination = Pagination::default();

    if !params.is_empty() {
        event!(Level::INFO, pagination = true);
        pagination = extract_pagination(params)?;
        let res: Vec<Question> = store.questions.read().await.values()
            .cloned().collect();
        let res = &res[pagination.start..pagination.end];
        Ok(warp::reply::json(&res))
    } else {}

        info!(pagination = false);
        let res: Vec<Question> = match store
            .get_questions(pagination.limit, pagination.offset)
            .await {
                Ok(res) => res,
                Err(e) => {
                    return Err(warp::reject::custom(
                        Error::DatabaseQueryError(e)
                    ))
                },
        };

        Ok(warp::reply::json(&res))
}

…
```

使用默认参数为 Pagination 创建可变变量

如果分页对象不为空，则覆盖上面的可变变量，并用客户端给的 Pagination 进行替换

在出现错误的情况下，只需要将错误传递给 handle-errors crate 的错误函数

我们主要删除旧代码。首先，使用默认参数实例化 Pagination 对象，如果函数能从请求中获取有效的参数，我们将使用真实值更新该对象。然后，调用存储中的 get_questions 函数，该函数将查询数据库，并在成功时返回一个包含问题的 Vec 对象。如果出现错误，则使用更新后的错误处理并返回数据库错误。我们已从本地内存存储切换到 PostgreSQL 数据库，我们在此过程中做的所有重大更改都记录在图 7.4 中。

之前	之后
Store从JSON文件初始化问题Vec	Store创建PostgreSQL连接池
Store在互斥锁后面保存了问题和答案	Store使用连接池直接查询数据库表
get_questions路由函数请求读/写操作	get_questions调用一个Store函数来对数据库进行查询
分页结构体有start和end字段	分页结构体使用PostgreSQL的limit和offset

图 7.4　到目前为止代码库中的变化

所以，让我们实现 add_question 路由函数，以便把问题添加到数据库中。

7.4.2　重新实现 add_question 路由函数

与之前的路由函数一样，从 Store 的实现开始，然后实现 add_question 路由函数。你将看到，即使是这样一个小的改变，也会对代码库的其余部分产生影响。

以下代码片段提醒我们注意问题表的细节：

```
CREATE TABLE IF NOT EXISTS questions (
    id serial PRIMARY KEY,
    title VARCHAR (255) NOT NULL,
    content TEXT NOT NULL,
    tags TEXT [],
    created_on TIMESTAMP NOT NULL DEFAULT NOW()
);
```

不在代码库中创建和递增 id，而是让数据库来做。这也提示了 Question 结构体：

```
pub struct Question {
    pub id: QuestionId,
    pub title: String,
    pub content: String,
    pub tags: Option<Vec<String>>,
}
```

这影响了将 Question 对象传递给在数据库中创建问题的函数时的设计决策。Rust 编译器会检查对象是否包含所有必需的字段，如果不是，则会报错。这方面的一个常见模式是创建一个名为 NewQuestion 的新类型(如图 7.5 所示)，当有人创建了一个新对象，却没有所有所需的信息时使用该类型。因此，在 types 文件夹中扩展了 question.rs 文件，参见代码清单 7.16。

代码清单 7.16　将 NewQuestion 添加到/types/question.rs 中

```
…

#[derive(Deserialize, Serialize, Debug, Clone)]
pub struct NewQuestion {
```

```
    pub title: String,
    pub content: String,
    pub tags: Option<Vec<String>>,
}
```

将在 store.rs 中的 add_question 函数中将它用作参数。因此，无论是客户端还是我们自己，都不需要生成 id 并实现编译器的检查。

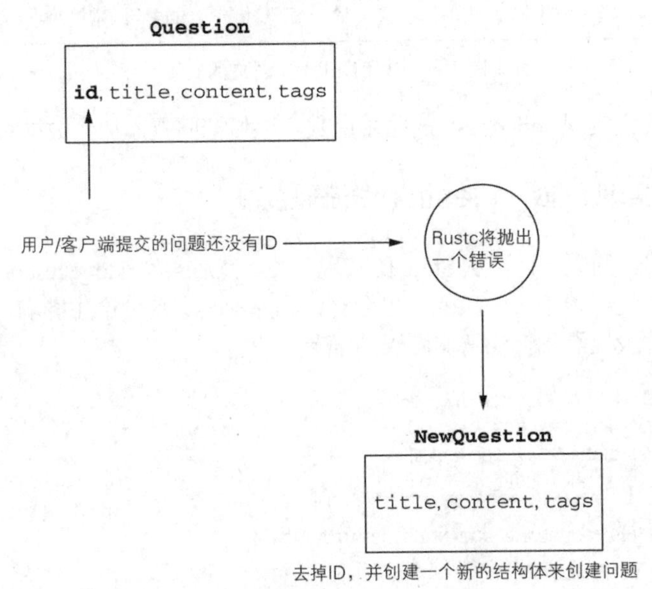

图 7.5　创建一个新的问题类型来创建没有 ID 的问题

一旦在应用中返回或使用了这些信息，我们就会回到完整的 Question 类型。代码清单 7.17 显示了 Store 中的相关函数。

代码清单 7.17　在 store.rs 中添加 add_question 函数

```
use crate::types::question::NewQuestion;
…

pub async fn add_question(
    &self,
    new_question: NewQuestion
) -> Result<Question, sqlx::Error> {
    match sqlx::query(
        "INSERT INTO questions (title, content, tags)
        VALUES ($1, $2, $3)
        RETURNING id, title, content, tags"
    )
    .bind(new_question.title)
    .bind(new_question.content)
    .bind(new_question.tags)
    .map(|row: PgRow| Question {
        id: QuestionId(row.get("id")),
        title: row.get("title"),
```

```
            content: row.get("content"),
            tags: row.get("tags"),
        })
        .fetch_one(&self.connection)
        .await
        {
            Ok(question) => Ok(question),
            Err(e) => Err(e),
        }
    }
...
```

将 NewQuestion 传递给函数。返回的签名与 get_questions 相同。此处还重复了在 sqlx::query 的 Result 上匹配的模式，该模式现在看起来有些不同。

我们特别插入了 title、content 和 tags(将 id 和 creation_date 留给数据库来填写)，添加了 3 个“$+数字”符号，在执行过程中这些符号将被绑定变量替代，我们还从 SQL 本身返回了一些内容。

请求的客户端可能对此处创建的 id 感兴趣。因此，从 SQL 查询中返回所需的所有字段，然后可将结果映射到 Question 类型，并从 add_question 函数中返回 ID(如果成功的话)。

现在可以重写 add_question 路由函数，如代码清单 7.18 所示。

代码清单 7.18　更新 routes/question.rs 中的 add_question 路由函数

```
use crate::types::question::NewQuestion;
...

pub async fn add_question(
    store: Store,
    new_question: NewQuestion,
) -> Result<impl warp::Reply, warp::Rejection> {
    if let Err(e) = store.add_question(new_question).await {
        return Err(warp::reject::custom(Error::DatabaseQueryError(e)));
    }

    Ok(warp::reply::with_status("Question added", StatusCode::OK))
}

...
```

将数据库函数直接封装在另一个函数中，并返回它，这种模式可以被称为反模式。然而，在这种情况下，有一个总体模式。为 Warp 添加路由函数，并且这些路由函数返回适当的 HTTP 状态码。

把对数据库的访问抽象在 Store 后面，因此更改路由函数时不会干扰(即使是意外)SQL 和其他逻辑。总结一下，下面展示了最后两个问题路由函数。

7.4.3　问题处理函数的更新和删除

问题 API 的最后两个路由用于更新和删除问题。现在我们已经准备好在 store.rs 中添加所需的函数并相应地调整路由函数。下面将重新使用之前路由和存储函数的模式，并且只需要调整SQL来适应需求。代码清单7.19展示了update_question存储函数，该函数用于更新数据库中的问题记录。

代码清单7.19 在store.rs中更新数据库中的一个问题

```
...

pub async fn update_question(
    &self,
    question: Question,
    question_id: i32
) -> Result<Question, sqlx::Error> {
    match sqlx::query(
        "UPDATE questions
        SET title = $1, content = $2, tags = $3
        WHERE id = $4
        RETURNING id, title, content, tags"
    )
    .bind(question.title)
    .bind(question.content)
    .bind(question.tags)
    .bind(question_id)
    .map(|row: PgRow| Question {
        id: QuestionId(row.get("id")),
        title: row.get("title"),
        content: row.get("content"),
        tags: row.get("tags"),
    })
    .fetch_one(&self.connection)
    .await {
        Ok(question) => Ok(question),
        Err(e) => Err(e),
    }
}
```

对于这个函数的参数，我们面临另一个设计决策。在API中，期望有一个id参数来指定要更新的问题，以及一个包含更新后的问题的JSON数据。可以直接将其传递给路由函数和存储函数。或者，可以选择省略ID，只传递已经包含了ID的问题。

我决定将id传递给最后一个函数，因为该id可能和问题中的id不匹配。在SQL中，返回问题的id、标题、内容和标签，因此可以将问题传回路由函数，它可以从那里将其返回给查询的客户端。

代码清单7.20展示了/questions/{id}的路由函数。

代码清单7.20 routes/question.rs中的update_question

```
...

pub async fn update_question(
    id: i32,          ◄── 将问题的ID从String类型转变为i32类型
    store: Store,
    question: Question,
```

```
) -> Result<impl warp::Reply, warp::Rejection> {
    let res = match store.update_question(question, id).await {
        Ok(res) => res,
        Err(e) => return
            Err(warp::reject::custom(Error::DatabaseQueryError(e))),
    };

    Ok(warp::reply::json(&res))
}
```

在 Store 中调用 update_question 函数，并返回错误或更新后的问题。若要删除一个问题，我们甚至可以节省更多的代码行，并考虑通过 SQLx 执行 SQL 的另一种方式。代码清单 7.21 展示了相应的 Store 函数。

代码清单 7.21　store.rs 中的 delete_question

```
…

pub async fn delete_question(
    &self,
    question_id: i32
) -> Result<bool, sqlx::Error> {
  match sqlx::query("DELETE FROM questions WHERE id = $1")
  .bind(question_id)
  .execute(&self.connection)
  .await {
      Ok(_) => Ok(true),
      Err(e) => Err(e),
  }
}
```

此处将 ID 传递给函数并将它用于 SQL 命令中的 WHERE 语句。此处没有使用 fetch_one，而是直接使用 SQLx 库中的 execute，因为我们不能返回刚刚删除的行。代码清单 7.22 展示了用于删除问题的路由函数。

代码清单 7.22　routes/question.rs 中的 delete_question 路由函数

```
…

pub async fn delete_question(
    id: i32,
    store: Store,
) -> Result<impl warp::Reply, warp::Rejection> {
    if let Err(e) = store.delete_question(id).await {
       return Err(warp::reject::custom(Error::DatabaseQueryError(e)));
    }

    Ok(warp::reply::with_status(
        format!("Question {} deleted", id),
        StatusCode::OK)
    )
}
```

另一个小的改变是，此处使用了 if-let 模式。由于 store 函数不返回任何有价值的信息，我们只想检查函数是否运行失败，如果没有失败，就返回 200 给客户端。

7.4.4 更新 add_answer 路由

最后但同样重要的是，必须对答案进行相同的更改。首先，使用与 NewQuestion(没有 id 的 Question)相同的模式，并将此 NewAnswer 用于 add_answer 路由函数，以解析传入 HTTP 请求的 form-body。代码清单 7.23 展示了添加了 NewAnswer 结构体的 src/types/answers.rs 文件。

代码清单 7.23 将 NewAnswer 类型添加到答案模块中

```
// ch_07/src/types/answers.rs

use serde::{Deserialize, Serialize};

use crate::types::question::QuestionId;

#[derive(Serialize, Deserialize, Debug, Clone)]
pub struct Answer {
    pub id: AnswerId,
    pub content: String,
    pub question_id: QuestionId,
}

#[derive(Deserialize, Serialize, Debug, Clone, PartialEq, Eq, Hash)]
pub struct AnswerId(pub i32);

#[derive(Deserialize, Serialize, Debug, Clone)]
pub struct NewAnswer {
    pub content: String,
    pub question_id: QuestionId,
}
```

代码清单 7.24 展示了更新的路由函数 add_answer，希望以 NewAnswer 作为参数，并将其传递给 store 函数。

代码清单 7.24 在 add_answer 路由函数中期待一个 NewAnswer 参数

```
// ch_07/src/routes/answer.rs

use warp::http::StatusCode;

use crate::store::Store;
use crate::types::answer::NewAnswer;

pub async fn add_answer(
    store: Store,
    new_answer: NewAnswer,
) -> Result<impl warp::Reply, warp::Rejection> {
    match store.add_answer(new_answer).await {
        Ok(_) => Ok(warp::reply::with_status(
```

```
                "Answer added",
                StatusCode::OK)
            ),
            Err(e) => Err(warp::reject::custom(e)),
    }
}
```

唯一缺少的部分是存储功能，如代码清单 7.25 所示。

代码清单 7.25　以 add_answer 函数扩展 store

```
// ch_07/src/store.rs

use crate::types::{
    answer::{Answer, NewAnswer, AnswerId},
    question::{Question, QuestionId, NewQuestion},
};
…

    pub async fn add_answer(
        &self,
        new_answer: NewAnswer
    ) -> Result<Answer, Error> {
        match sqlx::query(
            "INSERT INTO answers (content, question_id) VALUES ($1, $2)"
        )
        .bind(new_answer.content)
        .bind(new_answer.question_id.0)
        .map(|row: PgRow| Answer {
            id: AnswerId(row.get("id")),
            content: row.get("content"),
            question_id: QuestionId(row.get("question_id")),
        })
        .fetch_one(&self.connection)
        .await {
            Ok(answer) => Ok(answer),
            Err(e) => {
                tracing::event!(tracing::Level::ERROR, "{:?}", e);
                Err(Error::DatabaseQueryError(e))
            },
    }
}
```

可通过 cargo run 启动应用来测试功能的实现，并通过命令行执行 curl 命令：

```
curl localhost:3030/questions
```

如果一切正常，你会得到一个空的结果。因为你查询了数据库，但没有添加任何问题，所以无法接收到任何内容。然而，可以发现，此处省略了 limit 和 offset 参数，但代码仍然可以正常工作。

7.5 处理错误和追踪数据库交互

一个重要的点是，我们引入了一整套新的复杂性和故障点。现在 API 可能因为很多原因而失败：

- 数据库宕机。
- 由于 SQL 语句错误或过时而失败。
- 由于某种原因而返回了错误的数据。
- 尝试插入无效数据(错误的 ID、找不到的问题等)。

到目前为止，我们将数据库错误直接返回给用户，但这并不理想，我甚至可以认为这是一种反模式。然而，我们也不想丢失错误信息。最好的做法可能是将错误记录在某个地方，并在出现问题时向用户返回 4*xx* 或 5*xx* 的错误。图 7.6 演示了这个概念。

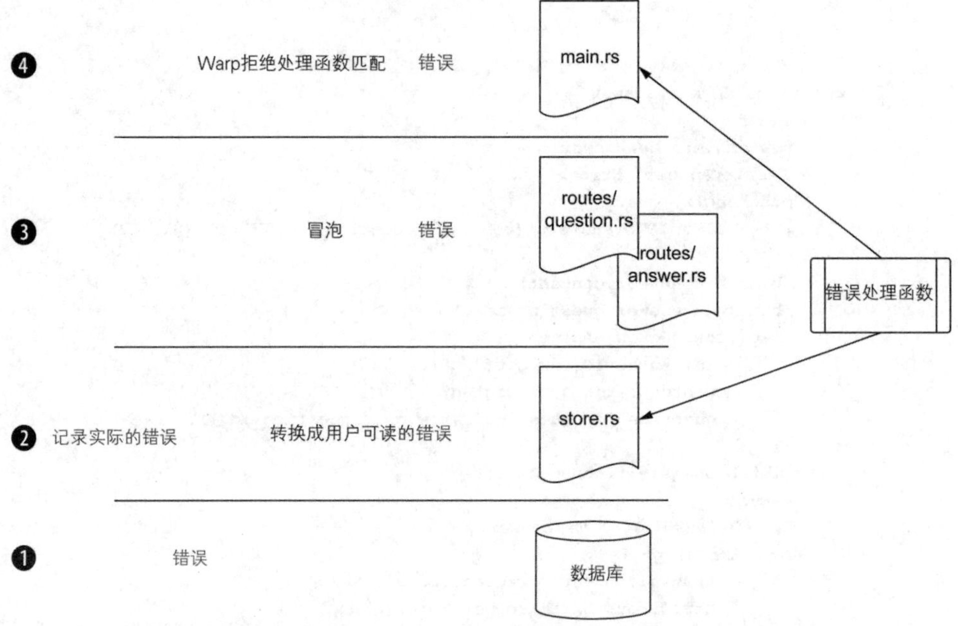

图 7.6 通过 Tracing 库记录实际的错误，并从存储返回用户可以理解的错误，这取决于在 handle-errors crate 中实现的 Warp 错误处理函数

要做的第一个更改是将 DatabaseQueryError 移到 Store 中，那里不会返回任何关于错误的具体信息。这些信息将保留在日志记录中；因此，在出现错误的情况下，还要添加一个跟踪事件。代码清单 7.26 展示了调整后的 store.rs 文件。

代码清单 7.26 在 store.rs 中返回 DatabaseQueryError

```
use sqlx::postgres::{PgPoolOptions, PgPool, PgRow};
use sqlx::Row;

use handle_errors::Error;
```

```
…

    pub async fn get_questions(
        self,
        limit: Option<i32>,
        offset: i32
    ) -> Result<Vec<Question>, Error> {
      …

            .await {
                Ok(questions) => Ok(questions),
                Err(e) => {
                    tracing::event!(tracing::Level::ERROR, "{:?}", e);
                    Err(Error::DatabaseQueryError)
                }
            }
    }

    pub async fn add_question(
        self,
        new_question: NewQuestion
    ) -> Result<Question, Error> {
                …
            .await {
                Ok(question) => Ok(question),
                Err(e) => {
                    tracing::event!(tracing::Level::ERROR, "{:?}", e);
                    Err(Error::DatabaseQueryError)
                },
            }
    }

    pub async fn update_question(
        self,
        question: Question,
    id: i32
    ) -> Result<Question, Error> {

            …
        .await {
            Ok(question) => Ok(question),
            Err(e) => {
                tracing::event!(tracing::Level::ERROR, "{:?}", e);
                Err(Error::DatabaseQueryError)
            },
        }
    }

    pub async fn delete_question(self, id: i32) -> Result<bool, Error> {
        …

        .await {
            Ok(_) => Ok(true),
            Err(e) => {
```

```
                tracing::event!(tracing::Level::ERROR, "{:?}", e);
                Err(Error::DatabaseQueryError)
            },
        }
    }

    pub async fn add_answer(
        self,
        new_answer: NewAnswer
    ) -> Result<Answer, Error> {
                ...

                Ok(answer) => Ok(answer),
                Err(error) => {
                    tracing::event!(tracing::Level::ERROR, "{:?}", e);
                    Err(Error::DatabaseQueryError)
            },
        }
    }
}
```

我们将再次从 handle-errors crate 中移除 SQLx。当然，也可以不这样做，可在 handle-errors crate 中处理 SQLx 错误，并在那里实现日志记录。这个选择取决于应用的大小和复杂性。代码清单 7.28 展示了 handle-errors 中更新后的 lib.rs 文件。但首先，将在 handle-errors crate 的依赖项中添加 Tracing 库(见代码清单 7.27)。

代码清单 7.27　在 handle-errors 的依赖项中添加 Tracing 库

```
[package]
name = "handle-errors"
version = "0.1.0"
edition = "2021"

[dependencies]
warp = "0.3"
tracing = { version = "0.1", features = ["log"] }
```

现在可以在 crate 中使用这个库。

代码清单 7.28　从 handle-errors 中删除 SQLx 依赖

```
use warp::{
    filters::{body::BodyDeserializeError, cors::CorsForbidden},
    http::StatusCode,
    reject::Reject,
    Rejection, Reply,
};
use sqlx::error::Error as SqlxError;
use tracing::{event, Level, instrument};

#[derive(Debug)]
pub enum Error {
    ParseError(std::num::ParseIntError),
```

```
    MissingParameters,
    QuestionNotFound,
    DatabaseQueryError(SqlxError),
    DatabaseQueryError,
}

impl std::fmt::Display for Error {
    fn fmt(&self, f: &mut std::fmt::Formatter) -> std::fmt::Result {
        match &*self {
            Error::ParseError(ref err) => {
                write!(f, "Cannot parse parameter: {}", err)
            },
            Error::MissingParameters => write!(f, "Missing parameter"),
            Error::QuestionNotFound => write!(f, "Question not found"),
            Error::DatabaseQueryError(_) => write!(f, "Cannot update, invalid data."),
            Error::DatabaseQueryError => {
                write!(f, "Cannot update, invalid data.")
            },
        }
    }
}

impl Reject for Error {}

#[instrument]
pub async fn return_error(r: Rejection) -> Result<impl Reply, Rejection> {
    if let Some(crate::Error::DatabaseQueryError) = r.find() {
        event!(
            Level::ERROR,
            code = error.as_database_error().
    unwrap().code().unwrap().parse::<i32>().unwrap(),
            db_message = error.as_database_error().unwrap().message(),
            constraint = error.as_database_error().unwrap().constraint().
    unwrap()
        );
        event!(Level::ERROR, "Database query error");
        Ok(warp::reply::with_status(
            crate::Error::DatabaseQueryError.to_string(),
            "Invalid entity".to_string(),
            StatusCode::UNPROCESSABLE_ENTITY,
        ))
    } else if let Some(error) = r.find::<CorsForbidden>() {
        event!(Level::ERROR, "CORS forbidden error: {}", error);
        Ok(warp::reply::with_status(
            error.to_string(),
            StatusCode::FORBIDDEN,
        ))
    } else if let Some(error) = r.find::<BodyDeserializeError>() {
        event!(Level::ERROR, "Cannot deserizalize request body: {}", error);
        Ok(warp::reply::with_status(
            error.to_string(),
            StatusCode::UNPROCESSABLE_ENTITY,
        ))
    } else if let Some(error) = r.find::<Error>() {
        event!(Level::ERROR, "{}", error);
```

```
        Ok(warp::reply::with_status(
            error.to_string(),
            StatusCode::UNPROCESSABLE_ENTITY,
        ))
    } else {
        event!(Level::WARN, "Requested route was not found");
        Ok(warp::reply::with_status(
            "Route not found".to_string(),
            StatusCode::NOT_FOUND,
        ))
    }
}
```

我们趁机清理了一些不再需要的旧代码(如 QuestionNotFoundError)。这个设计决策允许在路由函数中删除与底层错误相关的所有内容。它们只是简单地填充错误并将其传递给上层。代码清单 7.29 展示了如何从/routes/question.rs 移除 Error::DatabaseQueryError。

代码清单 7.29 从/routes/question.rs 移除 Error::DatabaseQueryError

```
use std::collections::HashMap;

use warp::http::StatusCode;
use tracing::{instrument, event, Level};

use handle_errors::Error;

use crate::store::Store;
use crate::types::pagination::{Pagination, extract_pagination};
use crate::types::question::{Question, NewQuestion};

#[instrument]
pub async fn get_questions(
    params: HashMap<String, String>,
    store: Store,
) -> Result<impl warp::Reply, warp::Rejection> {
    event!(target: "practical_rust_book", Level::INFO, "querying questions");
    let mut pagination = Pagination::default();

    if !params.is_empty() {
        event!(Level::INFO, pagination = true);
        pagination = extract_pagination(params)?;
    }

    match store.get_questions(pagination.limit, pagination.offset).await {
        Ok(res) => Ok(warp::reply::json(&res)),
        Err(e) => Err(warp::reject::custom(e)),
    }
}

pub async fn update_question(
    id: i32,
    store: Store,
    question: Question,
) -> Result<impl warp::Reply, warp::Rejection> {
```

```
    match store.update_question(question, id).await {
        Ok(res) => Ok(warp::reply::json(&res)),
        Err(e) => Err(warp::reject::custom(e)),
    }
}

pub async fn delete_question(
    id: i32,
    store: Store,
) -> Result<impl warp::Reply, warp::Rejection> {
    match store.delete_question(id).await {
        Ok(_) => Ok(warp::reply::with_status(
            format!("Question {} deleted", id),
            StatusCode::OK
        )),
        Err(e) => Err(warp::reject::custom(e)),
    }
}

pub async fn add_question(
    store: Store,
    new_question: NewQuestion,
) -> Result<impl warp::Reply, warp::Rejection> {
    match store.add_question(new_question).await {
        Ok(_) => Ok(warp::reply::with_status(
            "Question added",
            StatusCode::OK
        )),
        Err(e) => Err(warp::reject::custom(e)),
    }
}
```

answer 路由函数中也会发生同样的情况。如你所见，路由函数实际上并没有做什么。在这种情况下，可以随意将存储逻辑移到函数中。然而，在稍复杂一些的 Web 服务中，路由函数并非仅用于传递数据，而且，如果你想用另一个数据库替换 PostgreSQL，或者添加缓存，则根本不需要修改路由函数。

当尝试向不存在的问题添加答案时，会在命令行上得到以下输出(为了打印目的进行格式化)：

```
$ cargo run
   Compiling practical-rust-book v0.1.0
    (/Users/bgruber/CodingIsFun/Manning/code/ch_07)
   Finished dev [unoptimized + debuginfo] target(s) in 11.82s
    Running `target/debug/practical-rust-book`
Feb 01 13:39:07.065 ERROR practical_rust_book::store:
   code=23503
   db_message="insert or update on table \"answers\"
      violates foreign key constraint
      \"answers_corresponding_question_fkey\""
      constraint="answers_corresponding_question_fkey"
Feb 01 13:39:07.066 ERROR warp::filters::trace:
```

```
    unable to process request (internal error)
    status=500
    error=Rejection(
        [DatabaseQueryError, MethodNotAllowed,
        MethodNotAllowed,MethodNotAllowed]
    )
Feb 01 13:39:07.066 ERROR handle_errors: Database query error
```

客户端收到一个422 HTTP错误响应，信息如下：

```
Cannot update, invalid data.
```

现在，我们已经将系统内部保存的信息与发送给请求客户端的HTTP响应及HTTP代码分开，而且不会丢失任何信息。在内部和外部，可以做许多调整：

- 根据SQL错误代码更改消息。
- 根据SQL错误代码更改HTTP错误代码。
- 在内部记录更多或更少的信息。

现在，代码库有了适当的规模，可以根据你的需求进行调整。拥有这样小的代码库对你未来的探索非常有利。如果你想在日常工作所需的crate上尝试新功能，一个足够大的代码库可以为你节省大量时间。

7.6 集成SQL迁移

到目前为止，我们在使用SQLx之前手动设置了表，以从中更新和删除行记录。在实际情况下，数据结构会发生变化，你不可能指望新开发人员通过手动创建表的过程来运行你的应用程序。

对于这些用例，建议使用迁移。这些文件名中带有时间戳。它们包含修改表结构或从头创建表的SQL查询。在你的数据库旁，迁移工具将创建一个单独的表，该表用于追踪最后运行的迁移，以帮你厘清哪些迁移仍然需要处理。

假设你的应用起初只有问题和答案，但你后来想添加评论，而且可能要在问题中添加用户。你可以选择手动更改表并调整代码，或者编写迁移文件来自动完成这些操作。

当另一个开发人员加入团队或你在某个时间将应用部署到新的云提供商时，所有之前的迁移都将会被运行：从表格的初始设置到用户和评论的更新与添加。

SQLx crate提供了两种执行迁移的方式。它有一个CLI工具，可以创建和执行迁移；同时，基本的SQLx crate中有一个名为migrate!的宏，可以用于运行迁移文件夹中的文件。

对于Docker或其他任何构建环境，你都可以在部署应用时使用SQLx CLI(https://crates.io/crates/sqlx-cli)，以确保数据库表是最新的，并与代码库中的当前结构匹配。或者，你可以手动创建迁移文件(注意顺序)，并在启动服务器之前通过宏来运行它们。

在示例中，我们将同时使用这两种方式，以便对每种方式都有所了解。下面将通过cargo install来安装SQLx CLI：

```
$ cargo install sqlx-cli
```

现在可以创建第一个迁移：

```
$ sqlx migrate add -r questions_table
```

这将在根目录中创建一个名为 migrations 的新文件夹，其中包含两个空文件：20220509150516_questions_table.up.sql 和 20220509150516_questions_table.down.sql。名称中的时间戳取决于你执行命令的时间。文件名不仅包含标题中的 questions_table，还包含关键字 up 和 down。在创建迁移时，不仅要创建或更改表，还要能够撤销 SQL 命令。

在*_questions_table.up.sql 文件中，创建 questions 表：

```
CREATE TABLE IF NOT EXISTS questions (
    id serial PRIMARY KEY,
    title VARCHAR (255) NOT NULL,
    content TEXT NOT NULL,
    tags TEXT [],
    created_on TIMESTAMP NOT NULL DEFAULT NOW()
);
```

而在*_questions_table.down.sql 文件中，我们做了相反的事，即删除 questions 表：

```
DROP TABLE IF EXISTS questions;
```

先尝试删除之前的 questions 和 answers 表来检验迁移是否有效。登录 PSQL 并删除 questions 表：

```
$ psql rustwebdev
rustwebdev=# drop table answers, questions;
DROP TABLE
rustwebdev=#
```

在命令行中，可以执行第一次迁移：

```
$ sqlx migrate run --database-url postgresql:/ /localhost:5432/rustwebdev
Applied 20220116194720/migrate questions table (5.37987ms)
```

成功了！可以为 answers 做同样的事情：

```
$ sqlx migrate add -r answers_table
```

转到新创建的*_answers_table.up.sql 文件并添加 SQL 语句：

```
CREATE TABLE IF NOT EXISTS answers (
    id serial PRIMARY KEY,
    content TEXT NOT NULL,
    created_on TIMESTAMP NOT NULL DEFAULT NOW(),
    corresponding_question integer REFERENCES questions
);
```

而*_answers.down.sql 文件则删除了 answers 表：

```
DROP TABLE IF EXISTS answers;
```

然后执行它们：

```
$ sqlx migrate run --database-url postgresql:/ /localhost:5432/rustwebdev
Applied 20220116194720/migrate answers table (5.37987ms)
```

登录 PSQL 后，可以看到创建的 questions 表和 answers 表，还有一个内部的_sqlx_migrations 表，用来跟踪已经执行的迁移：

```
$ psql rustwebdev
psql (14.1)
Type "help" for help.

rustwebdev=# \dt
                  List of relations
Schema  | Name              | Type   | Owner
--------+-------------------+--------+---------
public  | _sqlx_migrations | table  | bgruber
public  | answers           | table  | bgruber
public  | questions         | table  | bgruber
(3 rows)
```

现在可以尝试撤销改动。每次撤销都会触发最新的迁移，并尝试运行*.down.sql 脚本：

```
$ sqlx migrate revert --database-url "postgresql:/ /localhost:5432/rustwebdev"

Applied 20220514145724/revert answers table (5.696291ms)

$ sqlx migrate revert --database-url "postgresql:/ /localhost:5432/rustwebdev"

Applied 20220509150516/revert questions table (2.82ms)
```

你的构建管道中可能有一个设置脚本，你可以在那里触发命令行工具，但是也可以直接从代码中通过 SQLx crate 中的 migrate!宏来触发这些迁移。选择在启动服务器之前执行迁移操作，并在无法完成迁移时提前失败。这样做的好处是，让其他开发人员别无选择，只能执行迁移操作，而如果设置 bash 脚本，开发人员可能很容易忘记运行。代码清单 7.30 展示了更新后的 main.rs 文件。

代码清单 7.30　通过代码库执行迁移

```
…

#[tokio::main]
async fn main() {
    let log_filter = std::env::var("RUST_LOG").unwrap_or_else(|_| {
        "handle_errors=warn,practical_rust_book=info,warp=error".to_owned()
    });
```

```
    let store = store::Store::new("postgres:/ /localhost:5432/rustwebdev").await;

    sqlx::migrate!()
        .run(&store.clone().connection)
        .await
        .expect("Cannot run migration");

    let store_filter = warp::any().map(move || store.clone());

    …

}
```

你可以继续尝试删除已创建的表并重新运行服务器。请确保同时删除迁移表，因为SQLx 会先检查该表以确定所有迁移是不是最新的。如果你删除了所有已创建的表但保留了迁移表，将会得到错误。

7.7　案例研究：切换数据库管理系统

假设你开发应用并发现当前的数据库管理系统(DBMS)无法满足你的需求(比如说你开始使用的是 MySQL，现在想要切换到 PostgreSQL)。切换 DBMS 会有多困难？它会如何影响你的代码？

可通过抽象来处理变化并使其更容易实现，就像之前做的那样：

- 只有存储对象应该包含有关如何连接到数据库的信息以及和数据库相关的信息。
- 应用的其他部分应该使用暴露的存储函数。
- 例如，路由函数不应该知道或触及任何与数据库相关的内容。它们应该执行存储对象中暴露的函数。

现在，从 MySQL 切换到 PostgreSQL 的操作对业务逻辑没有影响。但请记住以下几点：

- 使用不同的 DBMS 时，SQL 查询可能会略有变化。
- 数据库 crate 应支持连接和查询新的数据库服务器(如 PostgreSQL、MySQL 或 SQLite)。
- 你选择的新管理系统并非可以支持所有的数据库类型(例如，从 PostgreSQL 切换到 SQLite 时，不再支持数组)。

在前面的小节中，选择 SQLx 后，需要采取几个步骤来切换数据库。为了演示可能的更改，并打破一些东西，选择将本书中一直使用的 PostgreSQL 切换到 SQLite。首先，需要将新的 DBMS 作为一个功能添加到 Cargo.toml 导入中，参见代码清单 7.31。

代码清单 7.31　将 SQLite 作为一个功能添加到 SQLx 数据库 crate

```
[package]
name = "practical-rust-book"
version = "0.1.0"
edition = "2021"
```

```
[dependencies]
…
tracing-subscriber = "0.2"
// Formatted for print purposes
// This has to be all one line
sqlx = { version = "0.5",
   features = [ "runtime-tokio-rustls", "migrate", "sqlite" ] }
```

接下来，进入store.rs文件，将之前的sqlx::postgres导入替换为sqlx::sqlite，并修改.map函数，使其返回SqliteRow，而不是PgRow，如代码清单7.32所示。另外，将Store结构中的连接类型从PqPool更改为SqlitePool，并从new函数中返回SqlitePoolOptions。

代码清单 7.32　在 store.rs 中用 SQLite 替换 PostgreSQL

```
use sqlx::sqlite::{SqlitePool, SqlitePoolOptions, SqliteRow};
use sqlx::postgres::{PgPool, PgPoolOptions, PgRow};
use sqlx::Row;


…

#[derive(Debug, Clone)]
pub struct Store {
   pub connection: SqlitePool,
}

impl Store {
    pub async fn new(db_url: &str) -> Self {
         let db_pool = match SqlitePoolOptions::new()
         .max_connections(5)
         .connect(db_url).await {
              Ok(pool) => pool,
              Err(e) => panic!("Couldn't establish DB connection: {}", e),
         };

         Store {
              connection: db_pool,
         }
    }

    pub async fn get_questions(
         &self,
         limit: Option<u32>,
         offset: u32
) -> Result<Vec<Question>, Error> {
        match sqlx::query("SELECT * from questions LIMIT $1 OFFSET $2")
               .bind(limit)
              .bind(offset)
              .map(|row: SqliteRow| Question {
                   id: QuestionId(row.get("id")),
                   title: row.get("title"),
                   content: row.get("content"),
                   tags: row.get("tags"),
```

```
            })
            .fetch_all(&self.connection)
            .await {
                Ok(questions) => Ok(questions),
                Err(e) => {
                    tracing::event!(tracing::Level::ERROR, "{:?}", e);
                    Err(Error::DatabaseQueryError)
                }
            }
    }
...
```

然而，并非一切都运行正常。编译器抛出了以下错误：

```
error[E0277]: the trait bound `Vec<std::string::String>: Type<Sqlite>`
is not satisfied
   --> src/store.rs:83:27
    |
83  |             tags: row.get("tags"),
    |                           ^^^ the trait `Type<Sqlite>` is not
                               implemented for `Vec<std::string::String>`
```

SQLite 不支持数组，因此我们需要解决这个限制(例如，将 JSON 字符串存储起来，从数据库中获取它，并将它解析为 Vec)。缺少的数组类型还会影响迁移文件。不能使用与 PostgreSQL 相同的 SQL 或结构体。要么简化模型(例如，删除标签)，要么调整 SQL。此外，唯一需要做的更改是在 main.rs 中调整数据库 URL，如代码清单 7.33 所示。

代码清单 7.33　在 main.rs 中，将 SQL URL 从 PostgreSQL 切换到 SQLite

```
...

#[tokio::main]
async fn main() {
    let log_filter = std::env::var("RUST_LOG").unwrap_or_else(|_| {
        "handle_errors=warn,practical_rust_book=warn,warp=warn".to_owned()
    });

    let store = store::Store::new("sqlite:rustwebdev.db").await;

    sqlx::migrate!()
        .run(&store.clone().connection)
        .await
        .expect("Cannot migrate DB");

...
```

基本上就是这样：不必修改任何业务逻辑或路由函数，而只需要创建一个本地的 rustwebdev.db 文件并再次启动服务器。

7.8 本章小结

- 你需要决定是使用 ORM 来处理数据库查询，还是自己编写 SQL。
- 在 Rust 生态系统中，处理 SQL 查询的 crate 是 SQLx。
- 向 Web 服务添加数据库的过程会涉及许多关于代码库的设计决策。
- 通常建议将数据层与其他业务逻辑分离。
- 对于较小的应用，或许应该直接从路由函数查询数据库。
- 使用 SQLx，你自己可以编写原生 SQL，并在应用中传递结果数据。
- 使用 bind 函数将本地值添加到 SQL 查询中。
- 当查询将返回数据时，使用 fetch/fetch_one/fetch_all；当不返回数据时，使用 execute。
- 你正在添加一个全新的复杂层，因此不要忘记准确地对数据库和代码库的内部交互进行记录/跟踪，以便发现错误。
- 最好通过迁移来创建、删除和修改表。
- 你可以从代码库或通过命令行工具运行迁移。
- 切换数据库管理系统不会影响业务逻辑，但根据你选择的新系统(如 SQLite 或 MySQL)，你需要适应支持的数据库类型。

第 8 章

集成第三方 API

本章内容

- 发送 HTTP 请求
- 在第三方 API 进行认证
- 为 JSON 响应建模结构体
- 同时发送多个请求
- 处理超时和重试
- 在路由函数中集成外部 HTTP 调用

几乎每个 Web 服务都需要与第三方 API 或内部的其他微服务进行通信。在本书中，通过向外部 API 发送 HTTP 请求来演示它如何影响你的代码库。在对如何使用 HTTP crate 与 Tokio 有了基本了解后，你可以选择另一个 crate 来与你选择的协议进行通信。

发送 HTTP 请求的用例如下：

- 在问题和答案中缩短共享 URL。
- 在创建新账户时验证地址。
- 在问题/答案中添加股票符号时显示股票数据。
- 在有人回答你的问题时发送电子邮件或短信。
- 发送账户创建电子邮件。

这些只是我们到目前为止建立的微型应用的一些例子。当你想要把 Rust 用于生产环境时，重要的是能够发送 HTTP 请求。另一个有趣的用例涉及同时处理多个 HTTP 请求。下面将使用选择的运行时(Tokio)来合并多个网络请求，并将它们捆绑起来执行。

注意：

+join!宏允许运行时在同一线程上并发地(但并非并行地)运行多个异步操作。如果这些异步操作中的一个阻塞了线程，其他操作也将停止进行(参考资料，见 http://mng.bz/ne5g)。

在将外部请求集成到路由函数中时，重要的是快速执行它们并为用户提供清晰的日志和 HTTP 响应。和第 7 章中添加数据库时的情形一样，外部 HTTP 请求增加了一层新的复杂性和故障点。因此，这里有必要使用 Tracing。我们还需要考虑的一个方面是对第三方 API 服务进行认证。这通常意味着创建一个账户，并将 API 令牌从网站复制到你的环境文件中。

因为 Rust 是一种系统编程语言，所以在选择发送 HTTP(甚至是 TCP)请求时，你有不同级别的抽象。你可以选择再次自己实现所有内容(在库的 TCP 抽象之上)，或者选择 Hyper，它提供 HTTP 抽象，但没有处理请求响应的简单方式。代码清单 8.1 显示了通过 Hyper 实现的 GET，此处直接将结果打印到命令行上。

代码清单 8.1　通过 Hyper 实现的 HTTP GET

```
use hyper::{body::HttpBody as _, Client};
use tokio::io::{self, AsyncWriteExt as _};

type Result<T> =
    std::result::Result<T, Box<dyn std::error::Error + Send + Sync>>;

#[tokio::main]
async fn main() -> Result<()> {
    let client = Client::new();

    let mut res = client.get("http:/ /www.google.com".parse::<hyper::Uri>()
        .unwrap()).await?;

    println!("Response: {}", res.status());
    println!("Headers: {:#?}\n", res.headers());

    while let Some(next) = res.data().await {
        let chunk = next?;
        io::stdout().write_all(&chunk).await?;
    }

    println!("\n\nDone!");

    Ok(())
}
```

如果想自己运行这个例子，别忘了将 Hyper 和 Tokio 添加到依赖项中：

```
[dependencies]
hyper = { version = "0.14", features = ["full"] }
tokio = { version = "1", features = ["full"] }
```

在某些情况下，你可能希望有一个更轻量级的实现，而不需要所有的附加功能。另一个 crate 是 Reqwest，它建立在 Hyper 之上，提供了更多的抽象层。代码清单 8.2 显示了一个 HTTP GET 请求的示例。

注意：

检查你选择的 Web 框架；它可能已经集成了一个 HTTP 客户端，或者支持 Reqwest

之外的 crate。例如，对于 Actix Web 框架，建议使用 Actix Web 客户端(awc)，参见 https://crates.io/crates/awc。

代码清单 8.2　使用 Reqwest 的 HTTP GET 示例

```
#[tokio::main]
async fn main() -> Result<(), Box<dyn std::error::Error>> {
    let client = reqwest::Client::new();
    let res = client.post("http:/ /httpbin.org/post")
        .body("the exact body is sent")
        .send()
        .await?
        .text()
        .await?;

    println!("{:?}", res);

    Ok(())
}
```

如你所见，Reqwest 提供了一些函数，比如可以在结果之上调用的 text(http://mng.bz/vXyJ)。如果你使用的是 Tokio 运行时，那么在大多数情况下，当你需要发送 HTTP 请求时，Reqwest 是首选的 crate。为了完整起见，下面给出了运行此示例需要的依赖项：

```
[dependencies]
reqwest = { version = "0.11", features = ["json"] }
tokio = { version = "1", features = ["full"] }
```

许多 crate 提供了特性(feature)，这使得用户可以在自己的代码库中获得更轻量级的版本。你可以选择添加或移除某些特性，而不是将整个 crate 拉入你的项目中。这也可能是一些问题的原因——例如，有时你可能想在 HTTP 工作流中使用 JSON，但忘记从 Reqwest 导入 JSON 特性集。

8.1　准备代码库

下面将使用 Reqwest 作为 HTTP 客户端 crate。就像异步 Rust 生态系统中的每一个新 crate 一样，Reqwest 也要求检查运行时是否支持 HTTP 客户端。当然，可以选择一个同步的 HTTP 客户端，在某些情况下，这可能已经足够了。但在本例中，可能需要每分钟发送多个 HTTP 请求，若能异步执行这些操作，将会带来很好的性能提升。

如果一个异步 crate 使用了不同的运行时，那会怎么样呢

如果你不想选择 Reqwest，而是选择依赖于另一个运行时的 crate，那么会有什么后果呢？Tokio 运行时在启动后会创建一个新的操作系统线程。然后，它使用内部逻辑来生成新的任务，并完成所需的工作。如果你现在使用一个带有不同运行时的 crate，这个新的运行时也会需要一个操作系统线程来完成它需要做的工作(例如，通过内核发出 HTTP

请求)。

这意味着你的应用程序在操作系统资源方面会更重量级，而且更难调试，因为你必须监视多个操作系统线程来了解可能的瓶颈或其他问题。因此，即使你不喜欢处理支持你当前运行时的可用 HTTP crate，也要记住，比起维护你稍微抵触的代码的困难性，运行时的复杂性可能给你带来更重的负担。

8.1.1 选择一个 API

对于本章用例——一个问答服务，可以选择各种第三方 API 来增强服务。你可能使用第三方 API 在提到的公司旁边显示股票代码，或者在提到的食物旁边显示营养信息，或者在网站必须特别适合儿童时屏蔽不良言语。这真的取决于你的使用场景。

本书中使用了 Bad Words API，它对给定的文本进行敏感词检查。之所以选择它，是因为它开启了更多的问题且重视细微差别，你可以在阅读本书后，利用自己的时间来进一步提高你的 Rust 技能。例如：

- 是否应通过屏蔽敏感词来永久覆盖问题和答案的内容，还是存储两个版本的文本？
- 是否只在向请求的客户端返回内容时屏蔽敏感词，同时在数据库中存储原始内容？
- 是否根据网站设置(需要在本地或每次请求时检查)来屏蔽这些词？
- 不同的国家/地区是否认为不同的词是敏感的？

下面将完整执行一个工作流程。如前所述，不妨为你自己的实现思考更多的选项，这是一个有趣的练习，可以挑战你的解决方案设计。

此处选择了一个名为 APILayer 的公司的 Bad Words API(http://mng.bz/49ma)。这是我在这个上下文中找到的最快、最容易使用的 API 之一；它对测试场景是免费的，而且文档很详尽。请不要将此视为对这项服务的一般推荐，但当然，你可以自由地探索网站并进行你自己的研究。

当打开 API 的文档(http://mng.bz/XaGG)时，可以清楚地了解端点的期望(例如，带有 API 密钥的头部)：

```
curl --request POST \
--url 'https:/ /api.apilayer.com/bad_words?censor_character=*' \
--header 'apikey: xxxxxxx' \
--data-raw '{body}'
```

也可以看到将要接收的内容(带有各种键值对的 JSON)：

```
{
  "bad_words_list": [
    {
      "deviations": 0,
      "end": 16,
      "info": 2,
      "original": "shitty",
      "replacedLen": 6,
      "start": 10,
```

```
        "word": "shitty"
      }
    ],
    "bad_words_total": 1,
    "censored_content": "this is a ****** sentence",
    "content": "this is a shitty sentence"
  }
```

你的下一步取决于 API 端点的复杂性。有时，你甚至希望将所有的逻辑移出到一个单独的微服务，并在那里查询和操作数据，然后将其返回给路由函数。

就像任何文档一样，此 API 文档可能已经过时。因此，最好不要盲目地信任网站，而是自己检查 API 的确切响应。验证端点结果的快速方式是在命令行上使用 curl(https://curl.se/docs/manual.html)，或者利用 Postman(www.postman.com)这样的应用程序，如图 8.1 所示，它还提供了存储一组请求的选项，以便你未来轻松地重新发起请求。

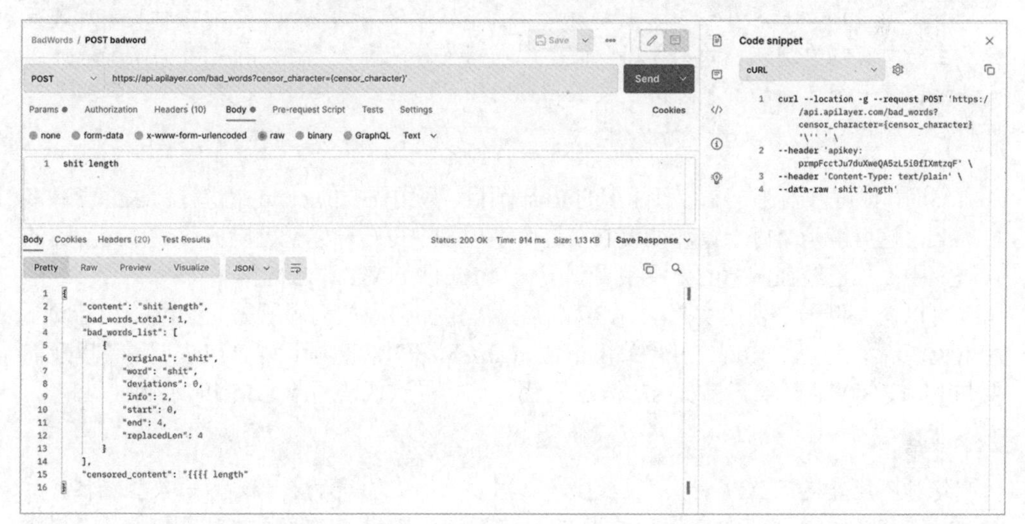

图 8.1　像 Postman 这样的应用程序让你可以收集和保存 HTTP 请求，这样你就可以轻松地重新发起它们，从而快速测试端点和工作流

8.1.2　了解 HTTP 库

在了解了可以获得的各种响应之后，现在是时候用 Rust 代码查询端点了，并看看如何迭代第一个实现以得到一个稳定的解决方案。如果这是你第一次尝试新的 crate，建议你在本地硬盘上创建一个新的 Cargo 项目，并只集成需要的 crate 来尝试运行代码示例，这些示例是由 crate 的 Git 仓库提供的。

如果它不是一个过于复杂的 crate，你可以使用 Rust Playground 网站来尝试一些事情。原因如下：当使用一个新的 crate 时，如果没有得到你期望的响应，你不会立即知道是你的代码有问题，还是你使用 crate 的方式不正确。

使用 Rust 时还会遇到一个额外的复杂问题。当添加一个新的代码示例时，你可能需要花心血应对借用检查器和所有权模型。你想先测试最简单的路径，确保它能工作，然后在代码库中实现它。如果你已经习惯了这个库，就可以直接跳过这个步骤，立即在实际的代码库中集成所需的代码。

使用 crate 时的小窍门

在使用 crate 时，不妨首先尝试 happy path(最佳可能场景)。这需要移除解决方案所不需要的每一行代码。你可以在硬盘上创建一个以 crate 命名的文件夹，然后实现一些例子，这些例子既可以是单独的 Rust 项目，又可以是更大的项目。其优点是，如果你想"快速"尝试一个新的功能或者不同的做事方式，你可以先在你的私有代码库中进行。

Rust Playground 在这方面很有帮助，因为你可以保存和标记 playground。如果你在代码库中遇到问题，可以跳到一些示例代码库，测试某些 crate API 或功能，看看它们是否工作。这是 Rust 的一个小缺点：它在编译前要求几乎完美的代码。添加的新复杂性常常会产生与所有权原则相关的副作用，这些问题需要首先解决。这会耗费时间，如果你想更快地迭代一个可能的解决方案，较小的辅助项目能让你更快地知道某些工作流程是否可行。

然而，你可以创建一个尽可能小的 Rust 项目，只用需要的 crate 来进行请求并尝试多种场景，这可能是个好主意。如要它在这个小项目中可行，你就可以把代码移到实际的代码库中。你已经在本章的介绍中看到了一个 HTTP POST 请求的例子。

可以调整例子来使用实际的 API 端点，确定如何添加调用所需的参数。在订阅了 API(免费)后，你可以访问文档网站(http://mng.bz/XaGG)来查看示例 HTTP 调用，以及需要与 HTTP POST 请求一起发送的 API 密钥。这将导致代码清单 8.3 中的示例代码。

注意：

绝对不能直接将 API 密钥添加到源代码中。然而，教学材料必须做出某些牺牲。第 10 章将展示如何通过环境变量和文件正确处理秘密。如果在这里引入这些概念，会模糊我想要表达的点。所以请谅解，并记住不要将这段代码复制到生产环境中。

代码清单 8.3 向 API 端点发送 POST 请求

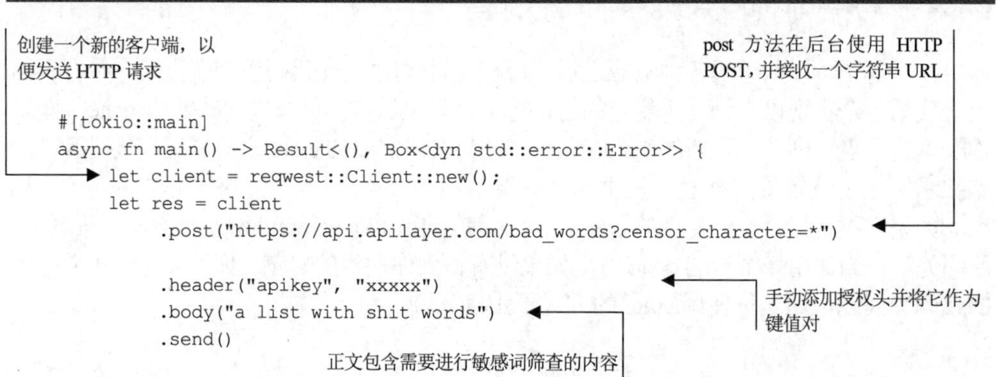

```rust
#[tokio::main]
async fn main() -> Result<(), Box<dyn std::error::Error>> {
    let client = reqwest::Client::new();
    let res = client
        .post("https://api.apilayer.com/bad_words?censor_character=*")

        .header("apikey", "xxxxx")
        .body("a list with shit words")
        .send()
```

创建一个新的客户端，以便发送 HTTP 请求
post 方法在后台使用 HTTP POST，并接收一个字符串 URL
手动添加授权头并将它作为键值对
正文包含需要进行敏感词筛查的内容

```
        .await?
        .text()
        .await?;
    println!("{}", res);

    Ok(())
}
```

send 方法是异步的，可能会返回错误，所以此处在它后面加上.await 和问号

send 的结果仅是响应的头部。要获取正文，需要.text，它也是异步的

首次运行 cargo 时返回以下内容(为打印目的，此处已进行格式化):

```
$ cargo run
{"content": "a list with shit words", "bad_words_total": 1,
"bad_words_list": [{"original": "shit", "word": "shit", "deviations": 0,
"info": 2, "start": 12, "end": 16, "replacedLen": 4}], "censored_content":
"a list with **** words"}
```

这是一个成功的例子。有了这个简单的示例，可以在将其放入代码库之前，尝试不同的参数并了解这个 crate。一个好的开始是阅读文档：https://docs.rs/reqwest/latest/reqwest/。等你能熟练处理一些用例后，可以继续将解决方案集成到代码库中。

8.1.3　添加一个使用 Reqwest 的 HTTP 调用示例

首先，需要将 crate 添加到 Cargo.toml 文件中。下面将添加 JSON 特性集，因为希望将 JSON 的响应反序列化为本地结构体，参见代码清单 8.4。

代码清单 8.4　将 Reqwest 添加到 Cargo.toml

```
[package]
name = "practical-rust-book"
version = "0.1.0"
edition = "2021"

[dependencies]
…

log4rs = "1.0"
uuid = { version = "0.8", features = ["v4"] }
tracing = { version = "0.1", features = ["log"] }
tracing-subscriber = "0.2"
sqlx = { version = "0.5", features = [ "runtime-tokio-rustls", "migrate",
"postgres" ] }
reqwest = { version = "0.11", features = ["json"] }
```

接下来，可以开始考虑这种向外部 API 发出的请求应当发生在哪里。希望审查敏感内容，或者有标记敏感词的选项。这可以在将问题或答案存储到数据库之前发生，或者在显示问题和答案之前进行检查，这样前端就有能力在用户未满 18 周岁(或者你决定的任何年龄)的情况下隐藏这些词。

对于第一次测试，希望在将新问题保存到数据库时集成对 Bad Words API 的调用。目前，我们只是覆盖了敏感词，并用一个符号替换了它们。再次建议你尝试思考如何存储原始句子和被审查的句子，这是一个很好的练习。

因此，下一步就是将辅助项目中的示例复制、粘贴到 add_question 路由函数中，看看是否能得到和之前完全相同的结果。代码清单 8.5 显示了更新的代码部分。注意，API 密钥硬编码在 question.rs 文件中。我们会在第 10 章更改这一点，到那时，我们准备将代码库部署到生产环境，并从环境文件中读取这个 API 密钥。

代码清单 8.5 将 HTTP 调用添加到 routes/question.rs

```
…

pub async fn add_question(
     store: Store,
     new_question: NewQuestion,
) -> Result<impl warp::Reply, warp::Rejection> {
   let client = reqwest::Client::new();
   let res = client
        .post("https:/ /api.apilayer.com/bad_words?censor_character=*")
        .header("apikey", "xxxxx")
        .body("a list with shit words")
        .send()
        .await?
        .text()
        .await?;

   println!("{}", res);

   match store.add_question(new_question).await {
        Ok(_) => Ok(warp::reply::with_status(
             "Question added",
             StatusCode::OK
        )),
        Err(e) => Err(warp::reject::custom(e)),
   }
}
```

但在运行代码之前，编译器就抛出了一条错误消息：

```
error[E0277]: the trait bound `reqwest::Error: warp::reject::Reject`
is not satisfied
  --> src/routes/question.rs:161:15
    |
161 |          .await?
    |              ^ the trait `warp::reject::Reject` is not
                        implemented for `reqwest::Error`
    |
    = note: required because of the requirements on the impl of
`From<reqwest::Error>` for `Rejection
    = note: required because of the requirements on the impl of
`FromResidual<Result<Infallible, reqwest::Error>>` for `Result<_,
Rejection>`
```

这就是我之前建议从一个简单的代码库开始的原因——因为这些错误信息让我们思考："嗯，也许我误解了这个 crate 的行为，或者我在某处打错了字。"但事实并非如此。这个错误之所以出现，是因为我们从路由函数返回了一个 warp::Reject 错误，但 try!块(?是其快捷方式)返回了一个 Reqwest 错误。

前面的章节讲过这个问题，这就是创建 handle-errors crate 的原因，它可以合并错误并将其转换为 Warp 错误，以便我们用合适的 Warp HTTP 错误来回应传入的 HTTP 请求。因此，必须考虑如何处理 Reqwest 返回错误的情况，如何在内部将这个问题记录到日志中，以及如何与外部用户进行通信。

8.1.4　处理外部 API 请求的错误

从编译器得到的错误信息如下：

```
the trait `warp::reject::Reject` is not implemented for `reqwest::Error`
```

必须尝试为 reqwest::Error 类型实现 Reject。然而，请记住，我们并不拥有 reqwest::Error。根据 Rust 的设计，开发人员不能为非创建的类型实现某一特性。这一点非常重要，你需要记住并理解它，因为它对你的解决方案的设计有影响。

然而，可以将 reqwest::Error 包装在已创建的 Error 枚举中，我们已经为其他错误类型做了这样的处理。现在将注意力集中在阅读这本书过程中创建的 handle-errors crate 上。必须将 Reqwest 添加到它的依赖中，这样才可以将来自 crate 的错误封装在自己的 Error 枚举中，参见代码清单 8.6。

代码清单 8.6　在错误处理 crate 中添加 Reqwest

```
[package]
name = "handle-errors"
version = "0.1.0"
edition = "2021"

[dependencies]
warp = "0.3"
tracing = { version = "0.1", features = ["log"] }
reqwest = "0.11"
```

接下来，打开 lib.rs 并通过可能的 reqwest API 错误来扩展错误处理。代码清单 8.7 显示了 handle-errors 的扩展代码。

代码清单 8.7　使用可能的 reqwest::Error 扩展 handle-errors/src/lib.rs

```
…

use tracing::{event, Level, instrument};
use reqwest::Error as ReqwestError;
#[derive(Debug)]
pub enum Error {
```

```
    ParseError(std::num::ParseIntError),
    MissingParameters,
    DatabaseQueryError,
    ExternalAPIError(ReqwestError),      ◄── 添加一个新的枚举变量
}

impl std::fmt::Display for Error {
   fn fmt(&self, f: &mut std::fmt::Formatter) -> std::fmt::Result {
      match &*self {
         Error::ParseError(ref err) => {
              write!(f, "Cannot parse parameter: {}", err)
         },
         Error::MissingParameters => write!(f, "Missing parameter"),
         Error::DatabaseQueryError => {
               write!(f, "Cannot update, invalid data.")
         },
         Error::ExternalAPIError(err) => {
              write!(f, "Cannot execute: {}", err)   ◄── 为了能够记录或输出错误，还需要为这个新的变量实现 Display trait
         },
      }
   }
}

impl Reject for Error {}

#[instrument]
pub async fn return_error(r: Rejection) -> Result<impl Reply, Rejection> {
   if let Some(crate::Error::DatabaseQueryError) = r.find() {
       event!(Level::ERROR, "Database query error");
       Ok(warp::reply::with_status(
           crate::Error::DatabaseQueryError.to_string(),
           StatusCode::UNPROCESSABLE_ENTITY,
       ))
   } else if let Some(crate::Error::ExternalAPIError(e)) = r.find() {   ◄── 新增 if/else 代码块，在这里查找新的错误，如果找到它，就记录详细信息并返回 500 给客户端
       event!(Level::ERROR, "{}", e);
       Ok(warp::reply::with_status(
           "Internal Server Error".to_string(),
           StatusCode::INTERNAL_SERVER_ERROR,
       ))
} else if let Some(error) = r.find::<CorsForbidden>() {
     event!(Level::ERROR, "CORS forbidden error: {}", error);
     Ok(warp::reply::with_status(
         error.to_string(),
         StatusCode::FORBIDDEN,
     ))
...
```

扩展 handle-errors crate，就像之前处理 DatabaseQueryError 和其他错误一样。在这种情况下，我们还期望一个参数来保存实际的错误消息，这样就能准确知道出了什么问题。

接下来，可以再次关注路由函数，看看如何将 Reqwest 抛出的错误消息转换为内部的错误类型。你可能还记得，我们之所以遇到错误，是因为 Reqwest 默认返回一个内部的 reqwest::Error 类型，但是路由函数在出错的情况下返回 warp::Reject。现在不能将 Reject trait 实现到不拥有的类型上，所以我们实现了自己的 Error enum，在路由函数中返回 enum 的一个变体，这个变体实现了 Reject trait，因此 Warp 和编译器都满意了。

这意味着必须将 reqwest::Error 转换为自己的 enum Error。幸运的是，有了 Rust，可以在 Result 类型上使用一个名为.map_err 的方法(见代码清单 8.8)，这个方法可以接收一个错误并返回别的东西。

代码清单 8.8　Rust 文档中.map_err 的示例用法

```
fn stringify(x: u32) -> String { format!("error code: {}", x) }

let x: Result<u32, u32> = Ok(2);
assert_eq!(x.map_err(stringify), Ok(2));

let x: Result<u32, u32> = Err(13);
assert_eq!(x.map_err(stringify), Err("error code: 13".to_string()));
```

代码清单 8.9 展示了如何将这种思维应用到添加的代码片段中。

代码清单 8.9　在 routes/question.rs 路由函数中使用.map_error

```
…

pub async fn add_question(
    store: Store,
    new_question: NewQuestion,
) -> Result<impl warp::Reply, warp::Rejection> {
    let client = reqwest::Client::new();
    let res = client
        .post("https:/ /api.apilayer.com/bad_words?censor_character=*")
        .header("apikey", "xxxxx")
        .body("a list with shit words")
        .send()
        .await
        .map_err(|e| handle_errors::Error::ExternalAPIError(e))?
        .text()
        .await
        .map_err(|e| handle_errors::Error::ExternalAPIError(e))?;

println!("{}", res);

match store.add_question(new_question).await {
    Ok(_) => Ok(warp::reply::with_status(
        "Question added",
        StatusCode::OK
    )),
    Err(e) => Err(warp::reject::custom(e)),
  }
}
```

使用 map_err 将 reqwest::Error 转化为自己的内部 Error 枚举变量，以便从这个路由函数返回 warp::Rejection

此处没有在.await 后面使用问号操作符，而是添加了一个.map_error 方法来将 reqwest::Error 包装成自己的错误类型，并提前返回这个错误(通过问号操作符)。如果请求没有失败，就继续执行下一步(目前只是将结果打印到命令行)。

下面来测试一下。例如，可以错误地输入 API 密钥，并预期调用会失败。通过 cargo run 运行服务器应用程序并发送一个示例 POST 请求：

```
$ curl --location --request POST 'localhost:3030/questions' \
       --header 'Content-Type: application/json' \
       --data-raw '{
       "title": "NEW ass TITLE",
       "content": "OLD CONTENT shit"
}'
```

执行这个命令时，应该会看到一个失败的响应，但实际上得到的是：

```
Question added?
```

这是来自同一文件第 92 行的成功消息：

```
…

match store.add_question(new_question).await {
       Ok(_) => Ok(warp::reply::with_status(
           "Question added",
           StatusCode::OK
       )),
       Err(e) => Err(warp::reject::custom(e)),
   }
}

…
```

这表明，即使这个 API 请求失败(例如，错误地输入 API 密钥)，问题仍然会被保存在数据库中。那么，哪里出问题了呢？应该如何调查这种行为呢？和往常一样，先查阅正在使用的 crate 的文档，看看应该得到的错误是什么：http://mng.bz/M047。因为我们正在调用.send 方法，所以先检查这个方法的文档。你可以看到一个题为 Errors 的部分，如图 8.2 所示。

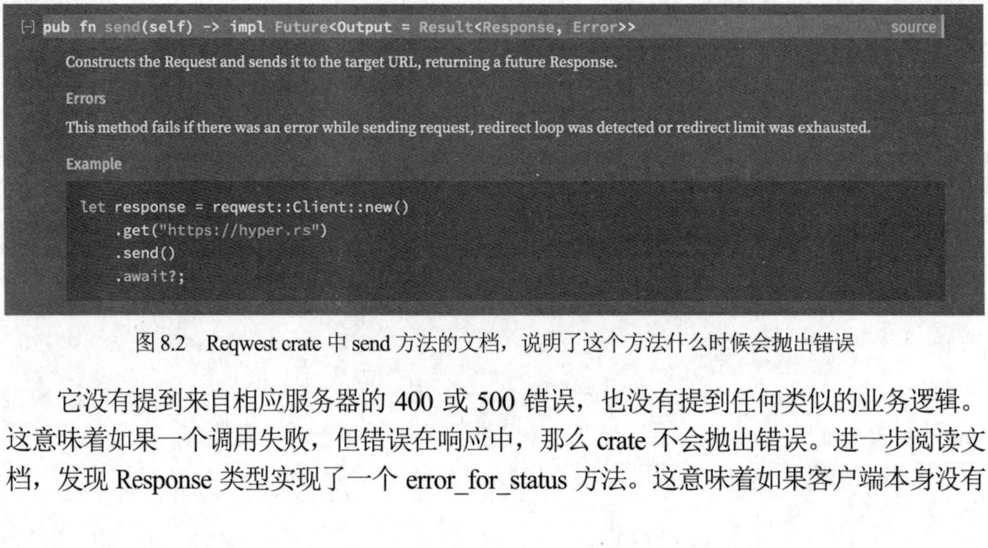

```
[-] pub fn send(self) -> impl Future<Output = Result<Response, Error>>          source
```

Constructs the Request and sends it to the target URL, returning a future Response.

Errors

This method fails if there was an error while sending request, redirect loop was detected or redirect limit was exhausted.

Example

```
let response = reqwest::Client::new()
    .get("https://hyper.rs")
    .send()
    .await?;
```

图 8.2　Reqwest crate 中 send 方法的文档，说明了这个方法什么时候会抛出错误

它没有提到来自相应服务器的 400 或 500 错误，也没有提到任何类似的业务逻辑。这意味着如果一个调用失败，但错误在响应中，那么 crate 不会抛出错误。进一步阅读文档，发现 Response 类型实现了一个 error_for_status 方法。这意味着如果客户端本身没有

错误，我们可通过这个方法从 API 得到可能的错误(如 400)。图 8.3 显示了这个方法的文档。

```
pub fn error_for_status(self) -> Result<Self>                                    source

Turn a response into an error if the server returned an error.

Example

fn on_response(res: Response) {
    match res.error_for_status() {
        Ok(_res) => (),
        Err(err) => {
            // asserting a 400 as an example
            // it could be any status between 400...599
            assert_eq!(
                err.status(),
                Some(reqwest::StatusCode::BAD_REQUEST)
            );
        }
    }
}
```

图 8.3　error_for_status 的文档显示，似乎可以返回想要的可能的 API 错误

因此，如代码清单 8.10 所示，可以在 add_question 路由函数中修改示例代码，以查看使用这个方法的结果。

代码清单 8.10　使用扩展的错误处理来正确捕获 API 错误

```
...

pub async fn add_question(
    store: Store,
    new_question: NewQuestion,
) -> Result<impl warp::Reply, warp::Rejection> {
    let client = reqwest::Client::new();
    let res = client
        .post("https:/ /api.apilayer.com/bad_words?censor_character=*")
        .header("apikey", "xxxxx")
        .body("a list with shit words")
        .send()
        .await
        .map_err(|e| handle_errors::Error::ExternalAPIError(e))?;

    match res.error_for_status() {
        Ok(res) => {
            let res = res.text()
                .await
                .map_err(|e| handle_errors::Error::ExternalAPIError(e))?;

            println!("{}", res);

            match store.add_question(new_question).await {
                Ok(_) => Ok(warp::reply::with_status(
                    "Question added",
                    StatusCode::OK
                )),
```

如果 Reqwest 没有返回错误，那么外部 API 仍然可能返回一个非 200 的 HTTP 状态码，你可通过 error_for_status 方法来检查

```
                Err(e) => Err(warp::reject::custom(e)),
            }
        },
        Err(err) => {
            Err(warp::reject::custom(
                handle_errors::Error::ExternalAPIError(err)
            )),
        }
    }
}
```

即使错误处理并不完美(并且通常没有进行微调)，我们还是可以在这个例子中体会到Rust类型系统和错误处理的魔力。通过cargo run编译并运行代码，可以再次启动curl来测试实现：

```
$ curl --location --request POST 'localhost:3030/questions' \
    --header 'Content-Type: application/json' \
    --data-raw '{
    "title": "NEW ass TITLE",
    "content": "OLD CONTENT shit"
}'
```

记住，我们目前已经在代码中预先填充了HTTP POST请求的主体，这意味着curl只是触发了端点，主体还未被使用。故意输入错误的API密钥以让它失败。得到两种不同的错误：一种是请求客户端(curl)的错误，另一种是内部日志记录器的错误(通过handle-errors包中的event!宏)。参见代码清单8.11。

代码清单8.11 现在curl请求会为用户返回一个合适的内部服务器错误

```
$ curl --location --request POST 'localhost:3030/questions' \
      --header 'Content-Type: application/json' \
      --data-raw '{
      "title": "NEW ass TITLE",
      "content": "OLD fuck CONTENT shit"
  }'
INTERNAL ERVER ERROR
```

代码清单8.12显示的是启动服务器并尝试处理curl请求后在终端中看到的错误消息。

代码清单8.12 表明设置了错误API密钥的内部错误消息

```
$ cargo run
   Compiling practical-rust-book v0.1.0
     (/Users/bgruber/CodingIsFun/Manning/code/ch_08)
   Finished dev [unoptimized + debuginfo] target(s) in 5.90s
     Running `target/debug/practical-rust-book`
Mar 07 14:55:50.026 ERROR warp::filters::trace: unable to process request
(internal error) status=500 error=Rejection([MethodNotAllowed,
ExternalAPIError(reqwest::Error { kind: Status(401), url: Url { scheme:
"https", username: "", password: None, host:
Some(Domain("api.apilayer.com")), port: None, path: "/bad_words", query:
```

```
Some("censor_character=*"), fragment: None } }), MethodNotAllowed,
MethodNotAllowed])
Mar 07 14:55:50.027 ERROR handle_errors: HTTP status client error (401
Unauthorized) for url
(https://api.apilayer.com/bad_words?censor_character=*)
```

这旨在让你理解为什么不同的错误消息(内部和外部)如此有意义。不想告诉客户端我们无法在特定服务上进行认证，因此只是归咎于当前无法处理请求(500)。然而，内部需要更多信息。对于日志，需要写出尽可能多的细节，以便快速修复错误。

现在，我们能够向外部 API 发送示例 HTTP 请求，并且已经实现了错误处理，可以区分内部错误和外部错误。我们已经弄清楚何时以及为什么 HTTP crate 会抛出错误，这种错误与无法访问的 API 不同。对于这点，必须自己查看响应。图 8.4 可视化了不同的错误以及它们可能发生的地方。

为了获取请求和错误周围的更多上下文，并使其更易于处理，可以创建一个可能的响应和错误的结构体。基本上，需要严格地定义与 API 的交互，以便在未来进行处理。

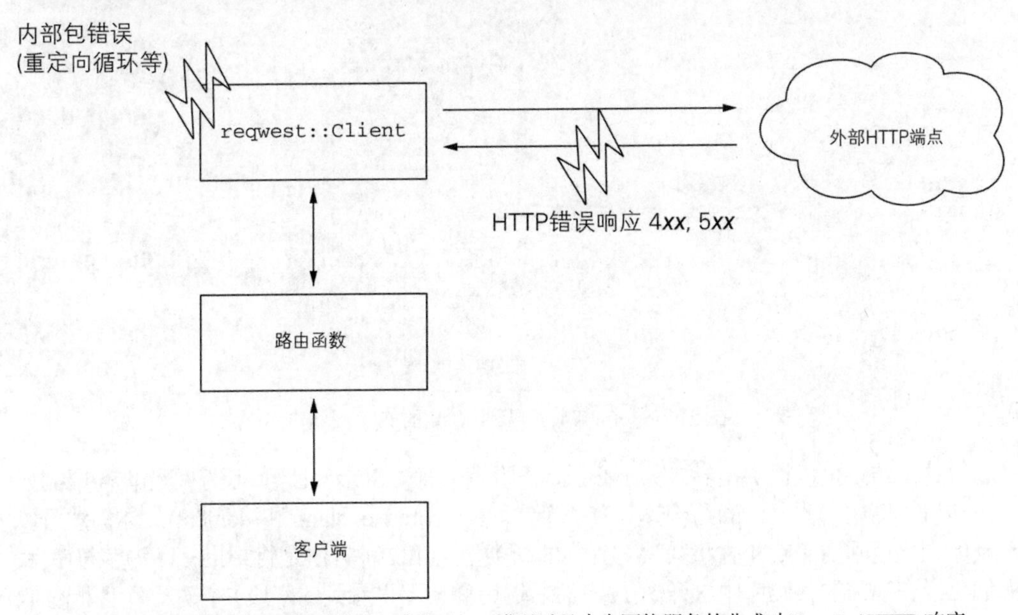

图 8.4　需要在流程中处理两种错误：内部 crate 错误以及来自网络服务的非成功(4xx, 5xx)HTTP 响应

8.2　将 JSON 响应反序列化为结构体

目前，我们只是将错误和响应打印到终端。要正确地与外部 API 交互，需要结构化的响应。可以创建 BadWordsError 和 BadWordsResponse 结构体。这可以带来三个优点：

- 接触代码的新人可以判断哪些字段是响应的一部分，以更好地理解代码。
- 可以将响应和错误解析为 JSON 并形成适当的类型，这让我们能在编码过程中使用编译器进行类型检查。

- 可以在创建的结构体上实现行为，这样可以扩展并隐藏它们背后的行为(例如 get_bad_words_list 这样的函数)。

那么，如何开始从外部 API 输出响应呢？和其他所有事情一样，先查看 API 文档(http://mng.bz/XaGG)。遗憾的是，你不能期待文档是完整的或最新的，但它让我们初步了解了响应是什么样的。

正如我已经提到的，一个好的方法是向外部 API 发送 curl，看看该 API 会返回什么。这是一种原型设计方法。有了足够的信息，你就可以开始创建结构体。

8.2.1 收集 API 响应信息

初步了解某个结构的一个快速而简单的方法是将 API 文档中的响应复制、粘贴到在线 Transform 工具(https:// transform.tools/json-to-rust-serde)中，如图 8.5 所示。

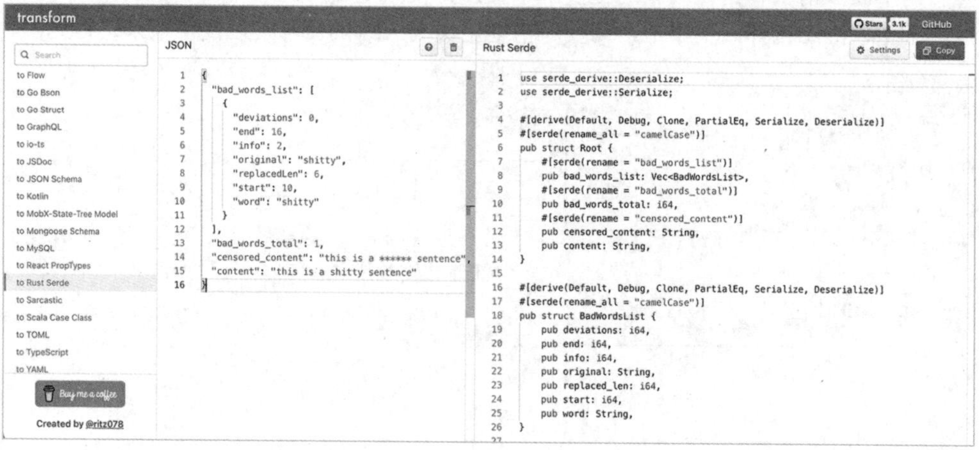

图 8.5 在线 Transform 工具可以利用给定的 JSON 创建 Rust 结构

这个结果可以提供指导。你不必反序列化每一个 JSON 元素，反序列化你需要的元素即可。例如，假设你的结构体只有两个字段(censored_content 和 content)，你仍然可以反序列化返回的 JSON 并将其映射到你的新类型。第二种方法是将结果打印为字符串(我们已经在当前的代码库中这样做了)，然后遍历你在那里看到的字段并构建一个匹配你收到的内容的类型。

如果手头上还有辅助项目，以及使用 Reqwest 的最小 Rust 示例，你可以打开它并添加另一个依赖项——Serde JSON。这提供了一个通用的 Value 枚举，你可以使用它来解析响应中的通用 JSON，而不必首先创建你自己的类型。代码清单 8.13 显示了扩展的示例代码，你可以使用它来播放一些无效的 HTTP 请求，并检查你会得到哪些响应。

代码清单 8.13　最小 Reqwest 示例的扩展

```
use serde_json::json;                    // 从 serde_json 导入 json!宏

#[tokio::main]
async fn main() -> Result<(), Box<dyn std::error::Error>> {
    let client = reqwest::Client::new();
    let res = client
        .post("https:/ /api.apilayer.com/bad_words?censor_character=*")
        .header("apikey", "API_KEY")
        .body("a list with shit words")
        .send()
        .await?;

    let status_code = res.status();
    let message = res.text().await?;

    let response = json!({               // 在将响应转换为 JSON 时使用该宏
        "StatusCode": status_code.as_str(),
        "Message": message
    });

    println!("{:#?}", response);

    Ok(())
}
```

一个示例输出可能看起来像下面这样(例如，假设 API 密钥是错误的):

```
$ cargo run
  Compiling req v0.1.0 (/Users/bgruber/CodingIsFun/Rust/helpers/req)
    Finished dev [unoptimized + debuginfo] target(s) in 2.33s
     Running `target/debug/req`
Object({
    "StatusCode": String(
        "401",
    ),
    "Message": String(
        "{\"message\":\"Invalid authentication credentials\"}",
    ),
})
```

从响应中获取示例错误代码，然后可以将错误解析为 JSON 结构并通过#将其美观地打印到控制台。但是，Reqwest 的错误功能更强大。可以通过 res.is_success (http://mng.bz/aPAz)检查响应是否成功，或者检查出现的是客户端错误(http://mng.bz/gR8l)还是服务器错误(http://mng.bz/ep8z)。稍后，当错误处理变得更加复杂时，这些信息会很有帮助。

8.2.2　为 API 响应创建类型

无论你选择的是哪种方法，可能的结构将如代码清单 8.14 所示。

代码清单 8.14 API 响应的 BadWordsResponse 和 BadWord 类型

```
#[derive(Deserialize, Serialize, Debug, Clone)]
struct BadWord {
    original: String,
    word: String,
    deviations: i64,
    info: i64,
    #[serde(rename = "replacedLen")]
    replaced_len: i64,
}

#[derive(Deserialize, Serialize, Debug, Clone)]
struct BadWordsResponse {
    content: String,
    bad_words_total: i64,
    bad_words_list: Vec<BadWord>,
    censored_content: String,
}
```

这涵盖了成功路径，然而，还有一个错误的情况。到目前为止，本书只涵盖了 Reqwest 客户端本身抛出错误的情况，但没有涵盖 API 返回非 200 响应的情况。正在使用的 crate 允许通过 response.status 函数调用来检查是否收到了错误反馈，并通过.is_client_error 或.is_server_error 来判断是否遇到了 4*xx* 或 5*xx* 的错误代码。代码清单 8.15 显示了更新的问题路由文件和 add_question 路由函数。

代码清单 8.15 更新的 routes/question.rs 文件和路由函数

```
use serde::{Deserialize, Serialize};
…

#[derive(Deserialize, Serialize, Debug, Clone)]
pub struct APIResponse {
   message: String
}

#[derive(Deserialize, Serialize, Debug, Clone)]
struct BadWord {
    original: String,
    word: String,
    deviations: i64,
    info: i64,
    #[serde(rename = "replacedLen")]
    replaced_len: i64,
}

#[derive(Deserialize, Serialize, Debug, Clone)]
struct BadWordsResponse {
    content: String,
    bad_words_total: i64,
    bad_words_list: Vec<BadWord>,
    censored_content: String,
```

```
}

…

pub async fn add_question(
    store: Store,
    new_question: NewQuestion,
) -> Result<impl warp::Reply, warp::Rejection> {
let client = reqwest::Client::new();
let res = client
    .post("https:/ /api.apilayer.com/bad_words?censor_character=*")
    .header("apikey", "API_KEY")
    .body(new_question.content)
    .send()
    .await
    .map_err(|e| handle_errors::Error::ExternalAPIError(e))?;
```

检查响应状态是否成功

状态还表明这是客户端错误还是服务器错误

APILayer API 不会返回一个易于理解的错误，所以你需要自己创建

返回一个包含 APILayerError 的客户端错误或服务器错误

```
if !res.status().is_success() {
    if res.status().is_client_error() {
        let err = transform_error(res).await;
        return Err(handle_errors::Error::ClientError(err));
    } else {
        let err = transform_error(res).await;
        return Err(handle_errors::Error::ServerError(err));
    }
  }

  match res.error_for_status() {
      Ok(res) => {
          let res = res.text()
              .await
              .map_err(|e| handle_errors::Error::ExternalAPIError(e))?;

          println!("{}", res);

          match store.add_question(new_question).await {
              Ok(question) => Ok(warp::reply::with_status("Question added",
  StatusCode::OK)),
              Err(e) => Err(warp::reject::custom(e)),
          }
      },
      Err(err) => Err(warp::reject::custom(handle_errors::Error::ExternalAPIError(
  err))),
  }

  let res = res.json::<BadWordsResponse>()
      .await
      .map_err(|e| handle_errors::Error::ExternalAPIError(e))?;

  let content = res.censored_content;

  let question = NewQuestion {
      title: new_question.title,
      content,
```

```
        tags: new_question.tags,
    };

    match store.add_question(question).await {
        Ok(question) => Ok(warp::reply::json(&question)),
        Err(e) => Err(warp::reject::custom(e)),
    }
}

async fn transform_error(
    res: reqwest::Response
) -> handle_errors::APILayerError {
    handle_errors::APILayerError {
        status: res.status().as_u16(),
        message: res.json::<APIResponse>().await.unwrap().message,
    }
}
```

运行到此处时，返回给客户端的不只是一个字符串和 HTTP 代码，而是一个适当的问题

接收一个响应(此时知道这是一个错误)并将状态码添加到消息中

使用 Reqwest 响应的集成状态检查，在出现错误的情况下，读取状态码和消息体，并创建自己的 APILayerError——参见代码清单 8.16。然后，根据 HTTP 响应的状态码，返回客户端错误或服务器错误。

从外部来看，这对将向客户端返回的消息没有影响，该消息是 500——内部服务器错误。但是从内部来看，可以将添加的信息发送到日志，以便在生产过程中过滤某些类型的错误。代码清单 8.15 显示了添加的类型和将错误返回给客户端的方法。在内部，必须处理不同的错误类型。因此，在 handle-errors 包的 Error 枚举中添加另外两种错误情况。代码清单 8.16 显示了在 handle-errors 包中扩展的 lib.rs 文件。

代码清单 8.16　通过外部 API 错误情况扩展 handle-errors 包

```
...

#[derive(Debug)]
pub enum Error {
    ParseError(std::num::ParseIntError),
    MissingParameters,
    DatabaseQueryError,
    ExternalAPIError(ReqwestError),
    ClientError(APILayerError),
    ServerError(APILayerError)
}

#[derive(Debug, Clone)]
pub struct APILayerError {
    pub status: u16,
    pub message: String,
}

impl std::fmt::Display for APILayerError {
```

因为 HTTP 客户端(Reqwest)可能返回一个错误，所以创建一个 ClientError 枚举变体

因为外部 API 可能返回一个 4xx 或 5xx 的 HTTP 状态码，所以创建一个 ServerError 变体

希望在这里输入预期的错误，所以创建了一个新的错误类型。这个错误类型将从辅助函数中返回

想要记录或打印出错误，所以手动实现了 Display 特性

```
    fn fmt(&self, f: &mut std::fmt::Formatter) -> std::fmt::Result {
        write!(f, "Status: {}, Message: {}", self.status, self.message)
    }
}

impl std::fmt::Display for Error {
    fn fmt(&self, f: &mut std::fmt::Formatter) -> std::fmt::Result {
        match &*self {
            Error::ParseError(ref err) => {
                write!(f, "Cannot parse parameter: {}", err)
            },
            Error::MissingParameters => write!(f, "Missing parameter"),
            Error::DatabaseQueryError => {
                write!(f, "Cannot update, invalid data.")
            },
            Error::ExternalAPIError(err) => {
                write!(f, "External API error: {}", err)
            },
            Error::ClientError(err) => {
                write!(f, "External Client error: {}", err)
            },
            Error::ServerError(err) => {
                write!(f, "External Server error: {}", err)
            },
        }
    }
}

impl Reject for Error {}
impl Reject for APILayerError {}

#[instrument]
pub async fn return_error(r: Rejection) -> Result<impl Reply, Rejection> {
    …

    else if let Some(crate::Error::ExternalAPIError(e)) = r.find() {
        event!(Level::ERROR, "{}", e);
        Ok(warp::reply::with_status(
            "Internal Server Error".to_string(),
            StatusCode::INTERNAL_SERVER_ERROR,
        ))
    } else if let Some(crate::Error::ClientError(e)) = r.find() {
        event!(Level::ERROR, "{}", e);
        Ok(warp::reply::with_status(
            "Internal Server Error".to_string(),
            StatusCode::INTERNAL_SERVER_ERROR,
        ))
    } else if let Some(crate::Error::ServerError(e)) = r.find() {
        event!(Level::ERROR, "{}", e);
        Ok(warp::reply::with_status(
            "Internal Server Error".to_string(),
            StatusCode::INTERNAL_SERVER_ERROR,
        ))
    } else if let Some(error) = r.find::<CorsForbidden>() {
        event!(Level::ERROR, "CORS forbidden error: {}", error);
```

```
        Ok(warp::reply::with_status(
            error.to_string(),
            StatusCode::FORBIDDEN,
        ))
...

}
```

有了这个逻辑以后，便可以开始向 API 发送真实数据，并进一步重构代码，这样就不必在每个路由函数中复制发送和接收数据的逻辑。

你可能并不完全同意此处传递错误的方式，但在 Rust 中，处理错误的基本原则是相同的：为 API 响应创建结构，并在内部错误和外部错误之间进行区分。在内部，可以查看更多的细节，但仅向客户端发送预定义的错误代码和消息，以免泄露任何内部逻辑或敏感数据。

8.3 向 API 发送问题和答案

现在基本功能已经就位，我们可以提取出想在每个路由函数中重用的代码片段。接下来将开发一个简单的解决方案：将标题和答案/问题的内容发送到 API，如果它们包含任何敏感词，就用 API 的内容覆盖它。如前所述，也可以使每个内容有两个条目(原始的和清洁的)，或者使用其他组合。先重构 add_question 路由函数，然后继续探究其他也处理新内容的路由(update_question 和 add_answer)。

8.3.1 重构 add_question 路由函数

当前的解决方案是发起一个 HTTP 请求并处理结果或可能的错误情况。当存储一个新的问题时，需要处理它的标题和内容。因此，可以选择将这两项合并为一个内容体并发送到 API，或者发起两个请求。

如果一次性完成，可以节省一些资源和可能的错误情况。另一方面，必须找到某种方式，以便在请求前合并标题和正文并在请求后进行分割。因此，首先要从路由函数中移除外部 HTTP 部分，为 APILayer 调用剥离创建的结构体，并创建一个带有功能和错误处理的新辅助文件。

然后，可以从各种地方调用外部 API，而不必复制代码。下一节将探讨处理多个 HTTP 调用和超时的方法。先将需要进行外部 HTTP 调用的所有代码片段移出，并为其创建一个名为 profanity.rs 的新文件。代码清单 8.17 显示了结果。

代码清单 8.17　在 src/profanity.rs 中进行外部 HTTP 调用

```
use serde::{Deserialize, Serialize};

#[derive(Deserialize, Serialize, Debug, Clone)]
pub struct APIResponse {
    message: String
```

```
}

#[derive(Deserialize, Serialize, Debug, Clone)]
struct BadWord {
    original: String,
    word: String,
    deviations: i64,
    info: i64,
    #[serde(rename = "replacedLen")]
    replaced_len: i64,
}

#[derive(Deserialize, Serialize, Debug, Clone)]
struct BadWordsResponse {
    content: String,
    bad_words_total: i64,
    bad_words_list: Vec<BadWord>,
    censored_content: String,
}

pub async fn check_profanity(
   content: String
) -> Result<String, handle_errors::Error> {
    let client = reqwest::Client::new();
    let res = client
        .post("https:/ /api.apilayer.com/bad_words?censor_character=*")
        .header("apikey", "API_KEY")
        .body(content)
        .send()
        .await
        .map_err(|e| handle_errors::Error::ExternalAPIError(e))?;

   if !res.status().is_success() {
       if res.status().is_client_error() {
           let err = transform_error(res).await;
           return Err(handle_errors::Error::ClientError(err));
       } else {
           let err = transform_error(res).await;
           return Err(handle_errors::Error::ServerError(err));
       }
   }

   match res.json::<BadWordsResponse>()
       .await {
          Ok(res) => Ok(res.censored_content),
          Err(e) => Err(handle_errors::Error::ExternalAPIError(e)),
       }
   }

   async fn transform_error(
      res: reqwest::Response
   ) -> handle_errors::APILayerError {
      handle_errors::APILayerError {
         status: res.status().as_u16(),
```

```
            message: res.json::<APIResponse>().await.unwrap().message,
        }
    }
```

正如前面提到的，需要在 main.rs 中添加一行 mod profanity; (见代码清单 8.18)，这样才能在整个代码库中访问文件内的公有函数。

代码清单 8.18 在 main.rs 文件中添加新模块

```
#![warn(clippy::all)]

...

mod routes;
mod store;
mod profanity;      <-- 必须在 main.rs 中添加 profanity 模块，这样才能在代码库的其他模块/文件中访问它
mod types;

#[tokio::main]
async fn main() {
    let log_filter = std::env::var("RUST_LOG")

...
```

现在回到路由函数。你可以将提取的所有代码替换为函数调用，将新问题的标题和内容传递给敏感词检查函数并处理结果。代码清单 8.19 显示了更新的代码。

代码清单 8.19 更新的 add_question 路由函数

```
...

use crate::profanity::check_profanity;      <-- 导入创建的 check_profanity 函数，之前已经将它导出到了自己的文件中

...

pub async fn add_question(
     store: Store,
     new_question: NewQuestion,
) -> Result<impl warp::Reply, warp::Rejection> {
     let title = match check_profanity(new_question.title).await {      <-- 调用函数，等待 Future 完成，并对返回的结果进行匹配
          Ok(res) => res,
          Err(e) => return Err(warp::reject::custom(e)),
     };

     let content = match check_profanity(new_question.content).await {      <-- 两次调用：第一次是针对标题；现在检查问题本身是否有敏感词
          Ok(res) => res,
          Err(e) => return Err(warp::reject::custom(e)),
     };

     let question = NewQuestion {
          title,
          content,
          tags: new_question.tags,
```

```
    };

    match store.add_question(question).await {
        Ok(_) => Ok(warp::reply::with_status(
            "Question added",
            StatusCode::OK
        )),
        Err(e) => Err(warp::reject::custom(e)),
    }
}
```

对于每个新问题，对函数(以及相应的 API)进行两次调用：一次是针对标题，一次是针对内容。如果两次调用都返回有效的响应，将创建一个更新后的新问题，在其中用可能经过审查的内容覆盖原内容，并将其存储在数据库中。

可通过使用 cargo run 启动服务器，并通过命令行发送以下 curl 命令来测试新代码：

```
$ curl --location --request POST 'localhost:3030/questions' \
--header 'Content-Type: application/json' \
--data-raw '{
    "title": "NEW shit TITLE",
    "content": "OLD shit CONTENT"
}'
```

如果按下回车键，你可以检查审查后的问题是否已保存在 PostgreSQL 数据库中：

```
$ psql rustwebdev
psql (14.2)
Type "help" for help.

rustwebdev=# select * from questions;
 id | title          | content                           | tags  |
created_on
----+----------------+-----------------------------------+------+------------
----------------
1    | NEW **** TITLE | OLD **** CONTENT |                | 2022-03-15 08:52:44.327796
(1 row)
rustwebdev=#
```

成功了！敏感的词语已通过*符号经过了审查。当然，你可以根据需要通过将 API 的响应替换成你自己的符号或字母来调整存储和显示审查后的词语的方式。

8.3.2　进行敏感词检查以更新问题

客户端只有在更新问题或添加答案时才能向数据库添加内容。update_question 和 add_question 路由函数之间的区别在于，更新问题时需要一个 id，并且可以使用 Question 结构；对于 add_question 函数，需要 NewQuestion 类型，因为还没有 id。代码清单 8.20 显示了更新后的 update_question 路由函数。

代码清单 8.20 在 update_question 中添加敏感词检查

```
...

pub async fn update_question(
    id: i32,
    store: Store,
    question: Question,
) -> Result<impl warp::Reply, warp::Rejection> {
    let title = match check_profanity(question.title).await {
        Ok(res) => res,
        Err(e) => return Err(warp::reject::custom(e)),
    };

    let content = match check_profanity(question.content).await {
        Ok(res) => res,
        Err(e) => return Err(warp::reject::custom(e)),
    };

    let question = Question {
        id: question.id,
        title,
        content,
        tags: question.tags,
    };

    match store.update_question(question, id).await {
        Ok(res) => Ok(warp::reply::json(&res)),
        Err(e) => Err(warp::reject::custom(e)),
    }
}

...
```

你可以用以下 curl 示例来测试这个实现：

```
$ curl --location --request PUT 'localhost:3030/questions/1' \
--header 'Content-Type: application/json' \
--data-raw '{
    "id": 1,
    "title": "NEW TITLE",
    "content": "OLD ass CONTENT"
}'
```

8.3.3 更新 add_answer 路由函数

我们需要在最后一个地方添加敏感词过滤器，这涉及 add_answer 路由函数。这次，不需要担心标题，所以只检查给定答案的内容。代码清单 8.21 显示了更新后的代码。

代码清单 8.21　在 src/routes/answer.rs 中更新的 add_answer 路由函数

```
use std::collections::HashMap;
use warp::http::StatusCode;

use crate::store::Store;
use crate::types::answer::NewAnswer;
use crate::profanity::check_profanity;

pub async fn add_answer(
    store: Store,
    new_answer: NewAnswer,
) -> Result<impl warp::Reply, warp::Rejection> {
  let content = match
      check_profanity(params.get("content").unwrap().to_string()).await {
          Ok(res) => res,
          Err(e) => return Err(warp::reject::custom(e)),
      };

  let answer = NewAnswer {
      content,
      question_id: new_answer.question_id,
  };

  match store.add_answer(answer).await {
      Ok(_) => Ok(warp::reply::with_status(
          "Answer added",
          StatusCode::OK
      )),
      Err(e) => Err(warp::reject::custom(e)),
  }
}
```

至此，所有相关路由函数的更新都已完成。现在，无论何时向数据库添加内容，都会先进行这个敏感词检查。如果 API 发现了任何被列入黑名单的词，它将返回所传字符串的修改后版本。

8.4　处理超时和同时发生的多个请求

实现成功和失败的路径后，可以考虑服务需要覆盖的其他情况。如果外部服务器的 API 响应中出现了延迟：HTTP 调用需要多久才会超时，而我们因此得到一个内部错误？

接下来会发生什么？超时发生，向用户返回一个错误。用户应该做什么？再试一次吗？在响应错误之前，可能已经覆盖了这种情况。可以在回退到 500 服务器错误之前实现一定次数的重试。

在用 Rust 开发 Web 服务时，你会遇到另一个使用场景，在此场景中，(出于性能或可用性的原因)需要同时或并行运行多个 HTTP 调用。你可以使用 tokio::join!(在同一线程上并发运行 future)，或者通过 tokio::spawn 启动一个新任务并且并行运行调用。

8.4.1 实现外部 HTTP 调用的重试机制

当下存在多种重试 HTTP 调用的策略。在这种情况下，最常见的用例是指数退避。与固定时间后的重试不同，对于每次失败的重试，超时时间都会增加，直到最终放弃并返回错误。

选定的 HTTP 客户端 Reqwest 并没有内置这个功能，所以必须使用一个能够扩展所选 crate 的第三方库。在本书的上下文中，将使用一个名为 reqwest_retry(http://mng.bz/p6oG) 的库。另外需要注意的是，Reqwest 并没有真正的内置中间件的概念，而这个重试的 crate 需要这个功能。因此，需要另一个在 Reqwest 周围添加中间件的 crate，然后才可以使用 reqwest_retry。以下是示例代码：

重试机制是基于 reqwest_middleware crate 的中间件

导入新添加的 crate，以便为 reqwest HTTP 客户端添加中间件支持

```
use reqwest_middleware::{ClientBuilder, ClientWithMiddleware};
use reqwest_retry::{RetryTransientMiddleware, policies::ExponentialBackoff};

async fn run_retries() {

    let retry_policy = ExponentialBackoff::builder().build_with_max_retries(3);
    let client = ClientBuilder::new(reqwest::Client::new())
        .with(RetryTransientMiddleware::new_with_policy(retry_policy))
        .build();

    client
        .get("https:/ /truelayer.com")
        .header("foo", "bar")
        .send()
        .await
        .unwrap();
}
```

用 reqwest_middleware crate 的新方法和客户端替换标准 reqwest crate 中的旧客户端构建方法

创建一个新的重试策略，并指定在失败的情况下希望尝试的次数

重要的部分已加粗显示。不再使用 Reqwest crate 中的 ClientBuilder，而是通过 reqwest_middleware 来构建客户端。这个 crate 对 Reqwest 进行了包装并对其进行了扩展。

注意：

请确保你在 HTTP 请求中需要指数退避或其他中间件。增加的复杂性可能不会对你的项目产生实质性的影响。本书使用一个中间件作为示例来说明如何实现。

敏感词检查抽象的优势在于，只需要在一个地方更改 HTTP 客户端框架，而不需要在代码中做其他任何更改。因此，如果选择实现一个重试方法，需要在 Cargo.toml 文件中添加必要的 crate，如代码清单 8.22 所示。

代码清单 8.22 通过 Cargo.toml 将中间件和重试 crate 添加到项目中

```
[package]
name = "practical-rust-book"
```

```
version = "0.1.0"
edition = "2021"

[dependencies]
…
reqwest = { version = "0.11", features = ["json"] }
reqwest-middleware = "0.1.1"
reqwest-retry = "0.1.1"
```

之后，可以用刚添加的中间件 crate 中的公开方法替换构建 Reqwest 客户端的方法，参见代码清单 8.23。

代码清单 8.23　在 profanity.rs 中使用中间件

```
use serde::{Deserialize, Serialize};
use reqwest_middleware::ClientBuilder
use reqwest_retry::{RetryTransientMiddleware, policies::ExponentialBackoff};

…

pub async fn check_profanity(
    content: String
) -> Result<String, handle_errors::Error> {
    let retry_policy = ExponentialBackoff::builder().build_with_max_retries(3);
    let client = ClientBuilder::new(reqwest::Client::new())
        .with(RetryTransientMiddleware::new_with_policy(retry_policy))
        .build();

    let res = client
        .post("https:/ /api.apilayer.com/bad_words?censor_character=*")
        .header("apikey", "API_KEY")
        .body(content)
        .send()
        .await
        .map_err(|e| handle_errors::Error::ExternalAPIError(e))?;

    …
}
```

然而，这些更改对错误处理产生了影响。现在，当在客户端上调用.post 时，实际上收到的是一个不同的错误，即 reqwest_middleware::Error，而不是 reqwest::Error。

可以按照代码清单 8.24 所示方式扩展 handle-errors crate。记得还要在 handle-errors crate 的 Cargo.toml 中添加 reqwest_middleware：

```
[package]
name = "handle-errors"
version = "0.1.0"
edition = "2021"

[dependencies]
warp = "0.3"
```

```
tracing = { version = "0.1", features = ["log"] }
reqwest = "0.11"
reqwest-middleware = "0.1.1"
```

现在，可以在handle-errors的lib.rs文件中访问错误，参见代码清单8.24。

代码清单 8.24　扩展 handle-errors 以适应新增的中间件 crate

```
use warp::{
    filters::{body::BodyDeserializeError, cors::CorsForbidden},
    http::StatusCode,
    reject::Reject,
    Rejection, Reply,
};
use tracing::{event, Level, instrument};
use reqwest::Error as ReqwestError;
use reqwest_middleware::Error as MiddlewareReqwestError;

#[derive(Debug)]
pub enum Error {
    ParseError(std::num::ParseIntError),
    MissingParameters,
    DatabaseQueryError,
    ReqwestAPIError(ReqwestError),
    MiddlewareReqwestAPIError(MiddlewareReqwestError),
    ClientError(APILayerError),
    ServerError(APILayerError)
}

…

impl std::fmt::Display for Error {
   fn fmt(&self, f: &mut std::fmt::Formatter) -> std::fmt::Result {
       match &*self {
           Error::ParseError(ref err) => {
              write!(f, "Cannot parse parameter: {}", err)
           },
           Error::MissingParameters => write!(f, "Missing parameter"),
           Error::DatabaseQueryError => {
              write!(f, "Cannot update, invalid data.")
           },
           Error::ReqwestAPIError(err) => {
              write!(f, "External API error: {}", err)
           },
           Error::MiddlewareReqwestAPIError(err) => {
              Write!(f, "External API error: {}", err)
           },
           Error::ClientError(err) => {
              write!(f, "External Client error: {}", err)
           },
           Error::ServerError(err) => {
              Write!(f, "External Server error: {}", err)
           },
       }
```

```
        }
    }

    …

    #[instrument]
    pub async fn return_error(r: Rejection) -> Result<impl Reply, Rejection> {
        if let Some(crate::Error::DatabaseQueryError) = r.find() {
            event!(Level::ERROR, "Database query error");
            Ok(warp::reply::with_status(
                crate::Error::DatabaseQueryError.to_string(),
                StatusCode::UNPROCESSABLE_ENTITY,
            ))
        } else if let Some(crate::Error::ReqwestAPIError(e)) = r.find() {
            event!(Level::ERROR, "{}", e);
            Ok(warp::reply::with_status(
                "Internal Server Error".to_string(),
                StatusCode::INTERNAL_SERVER_ERROR,
            ))
        } else if let Some(crate::Error::MiddlewareReqwestAPIError(e)) = r.find() {
            event!(Level::ERROR, "{}", e);
            Ok(warp::reply::with_status(
                "Internal Server Error".to_string(),
                StatusCode::INTERNAL_SERVER_ERROR,
            ))
        }
        …

    }
}
```

然后在 profanity.rs 文件中，按照代码清单 8.25 显示的方式更改错误。

代码清单 8.25　更新错误以反映 handle-errors crate 中的更改

```
use serde::{Deserialize, Serialize};
use reqwest_middleware::ClientBuilder;
use reqwest_retry::{RetryTransientMiddleware, policies::ExponentialBackoff};

…

pub async fn check_profanity(
    content: String
) -> Result<String, handle_errors::Error> {
    let retry_policy =
    ExponentialBackoff::builder().build_with_max_retries(3);
    let client = ClientBuilder::new(reqwest::Client::new())
        .with(RetryTransientMiddleware::new_with_policy(retry_policy))
        .build();

    let res = client
        .post("https:/ /api.apilayer.com/bad_words?censor_character=*")
        .header("apikey", "API_KEY")
        .body(content)
```

```
        .send()
        .await
        .map_err(|e| handle_errors::Error::MiddlewareReqwestAPIError(e))?;

  …

  match res.json::<BadWordsResponse>()
      .await {
         Ok(res) => Ok(res.censored_content),
         Err(e) => Err(handle_errors::Error::ReqwestAPIError(e)),
      }
}
```

可通过运行 cargo run 启动服务器并关闭 Wi-Fi 或拔掉以太网线来测试这个功能。

8.4.2 并发或并行执行 future

之前已经讨论过，在开发 Web 服务时，你会遇到另一个用例——并行或并发地执行 HTTP 调用。用简单的话来说，并发意味着在同一时间内处理多个任务。

尽管这可能会产生启动和暂停任务的效果，但并行意味着正在创建或使用更多的资源来同时处理给定的任务。

在上下文中，tokio::spawn 实际上是在创建另一个任务，无论是在同一个线程上还是在新创建的线程上。这允许并行执行给定的工作。当使用 tokio::join!时，Tokio 将在同一线程上并发执行 future(HTTP 调用)，并同时处理它们(例如，通过上下文切换)。

你需要根据你的需求来评估，并发或并行的方式是否真的给你带来了性能提升，如果是的话，哪一个更好。代码清单 8.26 展示了使用 tokio::spawn 的路由函数 update_question，代码清单 8.27 使用了 tokio::join!。

代码清单 8.26 在 update_question 路由函数内使用 tokio::spawn

```
…

pub async fn update_question(
    id: i32,
    store: Store,
    question: Question,
) -> Result<impl warp::Reply, warp::Rejection> {
    let title = tokio::spawn(check_profanity(question.title));
    let content = tokio::spawn(check_profanity(question.content));

    let (title, content) = (title.await.unwrap(), content.await.unwrap());

    if title.is_err() {
        return Err(warp::reject::custom(title.unwrap_err()));
    }

    if content.is_err() {
```

使用 tokio::spawn 来包装异步函数，该函数返回一个 future，但还未开始等待

对问题内容检查进行相同的操作

现在可以并行运行这两个任务，并返回一个元组，其中包含标题检查和内容检查的结果

检查两个 HTTP 调用是否都成功

```
        return Err(warp::reject::custom(content.unwrap_err()));
    }

    let question = Question {
        id: question.id,
        title: title.unwrap(),
        content: content.unwrap(),
        tags: question.tags,
    };

    match store.update_question(question, id).await {
        Ok(res) => Ok(warp::reply::json(&res)),
        Err(e) => Err(warp::reject::custom(e)),
    }
}

...
```

这里必须再次对结果进行解包

代码清单 8.27　在 update_question 路由函数中使用 tokio::join!

```
...

pub async fn update_question(
    id: i32,
    store: Store,
    question: Question,
) -> Result<impl warp::Reply, warp::Rejection> {
  let title = check_profanity(question.title);
  let content = check_profanity(question.content);

  let (title, content) = tokio::join!(title, content);

  if title.is_err() {
    return Err(warp::reject::custom(title.unwrap_err()));
  }

  if content.is_err() {
    return Err(warp::reject::custom(content.unwrap_err()));
  }

  let question = Question {
      id: question.id,
      title: title.unwrap(),
      content: content.unwrap(),
      tags: question.tags,
  };

  match store.update_question(question, id).await {
      Ok(res) => Ok(warp::reply::json(&res)),
      Err(e) => Err(warp::reject::custom(e)),
  }
}

...
```

不需要使用 spawn，也不必单独包装函数调用。只需要在 join!宏中调用它们，不需要任何等待本章重点介绍了通过添加适当的错误处理以及优化执行行为，将简单的 HTTP 客户端添加到代码库的过程。Rust 的优越性在于这里的细节。通过添加一个新的 crate，编译器发现了一个不同的返回类型，并确保正确地处理了这个情况。

严格的类型性质帮助开发人员创建自己的类型，处理错误，并在进入生产环境之前发现问题。丰富的生态系统让我们可以扩展一个 crate 的功能，并且省去了自己编写重试代码的麻烦。

8.5 本章小结

- HTTP 客户端的选择部分取决于你为项目选择的运行时。
- 根据你的需求，你可以在添加 HTTP 客户端时选择各种级别的抽象。
- 选择一个被广泛使用的 crate，可以让你享受到围绕这个 crate 的丰富生态系统，和更多来自互联网的帮助。
- 在实现对其他服务的 HTTP 调用时，错误处理是至关重要的。
- 你不想将内部错误暴露给客户端。
- 你也不想在记录错误时丢失细节。
- Rust 提供了同时在内部和外部处理错误的选项，并且提供了不同的细节。
- 为来自第三方 API 服务的响应和错误创建结构体，可以帮助未来的开发人员，也使你的代码库更易于学习和扩展，并防止未来可能出现的错误。
- 添加对失败的 HTTP 调用的默认重试，有助于防止用户在短时间内多次发送相同的请求。
- Tokio 运行时公开了方法和宏来捆绑 future，以便能够并发或并行工作(通过 join! 或 spawn)。

第Ⅲ部分

投 入 生 产

本书最后一部分将带你整理之前的工作并使其达到可以投入生产的状态。这意味着需要添加用户认证机制，以防止公众直接访问或篡改数据。你还将了解将应用程序参数化的意义。硬编码变量，如端口号和 URL，既不具备面向未来的兼容性，也使应用程序难以适应各种环境。第III部分的最后一章，也是整本书的最后一章，讨论与测试相关的内容。

第 9 章从无状态和有状态的认证开始，介绍如何在应用程序中实现认证中间件。通过中间件，可以对 API 端点和资源设限，使其仅供特定用户使用。

到了第 10 章，业务逻辑编码结束，开始介绍部署。首先需要思考如何将所有硬编码的变量从应用程序中移出，并将其放入配置或环境文件中。然后在应用程序中读取配置文件，将 Rust 代码库编译为多种架构，并在 Docker 容器内进行对应的配置。

最后一章，即第 11 章，是关于测试的。你将对部分应用程序进行单元测试，并对整个工作流进行更深入的集成测试。这一章还将讨论如何配置一个模拟服务器，以及如何从不同的进程启动和关闭模拟服务器。

第9章 添加认证和授权

本章内容

- 理解认证和授权之间的区别
- 为 Web 服务添加认证
- 调整现有的 API 端点以处理认证
- 为 Web 服务添加多种形式的认证
- 搭配使用 Warp 和 Cookie
- 为路由添加授权中间件

本书第 I 部分和第 II 部分涵盖了 Web 服务的基础知识，包括如何添加路由、数据库和外部 API，以及通过日志观察运行中的应用程序。第III部分将帮助你完成所有必要的工作，以便将 Rust Web 服务投入生产。最后一部分的三章涵盖了认证、授权、部署和测试。

本章将涉及之前介绍过的所有内容。添加认证基本上意味着在 API 中添加注册和用户路由，在数据库中添加 users 表，并在 questions 表和 answers 表中添加用户 ID。这意味着需要扩展 API 和迁移数据库——这些任务在前面的章节中已经介绍过。

到目前为止，每个主题都允许你稍微不同地处理。你可以用不同的方式命名路由，用自己的方式组织模块，或选择不同的数据库结构和抽象。本书的目标是提供具体且可用的示例，就这点而言，第III部分将会比第 I 部分和第 II 部分更明显。在认证方面，需要决定是否使用 Cookie，希望使用哪种加密标准来保护密码，是否使用密码，等等。

因此，下面将介绍在各种选择下都必须做的一些改动(如图 9.1 和图 9.2 所示)。

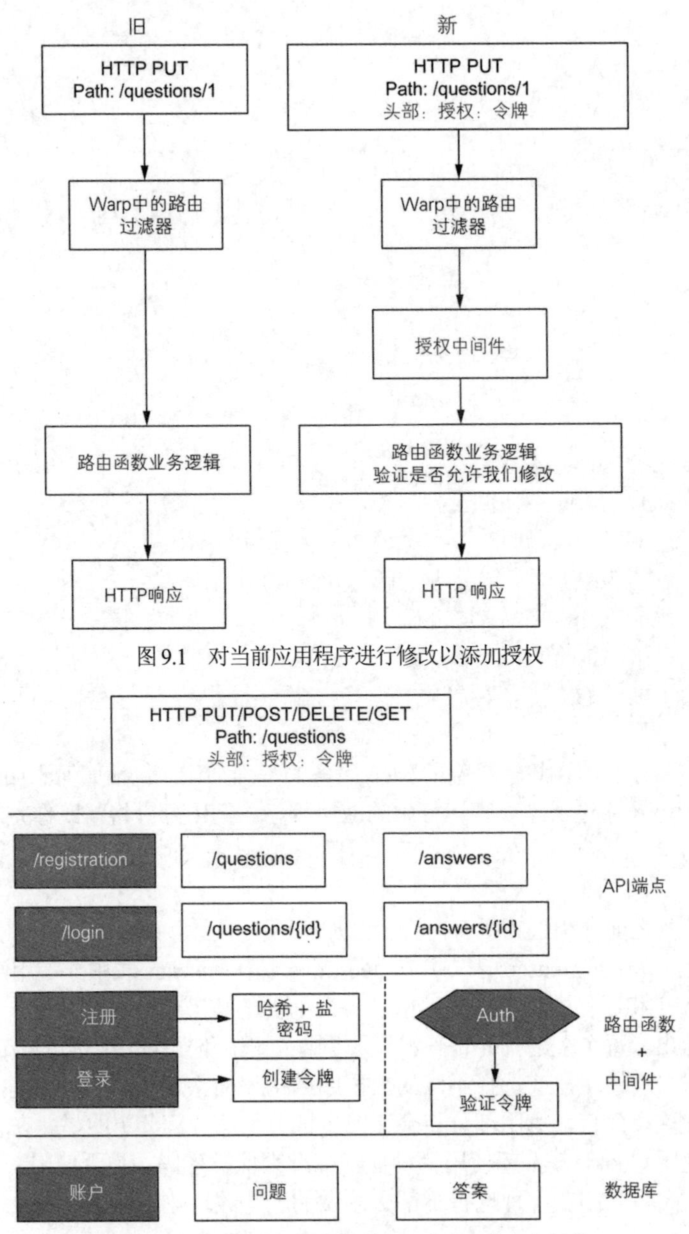

图 9.1 对当前应用程序进行修改以添加授权

图 9.2 为应用程序添加新的端点、路由函数和中间件

创建用户表、添加用户 ID、在路由中添加校验以验证用户是否有正确的权限来访问端点等，这些都是通用的操作。改变密码的哈希算法或调整授权中间件等细节需要由环境、项目或工程师来决定。

9.1 为 Web 服务添加认证

几乎所有 Web 服务都会有某种形式的认证方法。认证是为了限制访问，从而限制服务提供的数据。在面向消费者的服务中，需要提供注册、登录和注销等端点，使得用户不仅可以进行认证，还可通过注销来销毁令牌。在程序端，如果发生数据泄密或用户合约结束，你能够取消对用户的认证，这将是非常有用的。图 9.3 展示了在应用程序中实现的注册和登录路径。

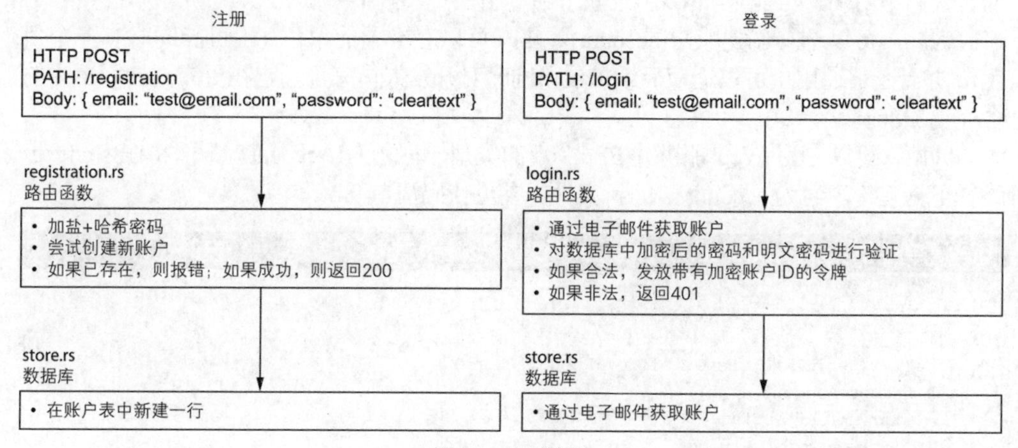

图 9.3　认证流程

如果在更大的企业网络中使用微服务，你可能不需要上述认证形式。9.2 节可能是你更感兴趣的，涵盖了如何通过验证令牌或密钥来保证端点安全的问题。不过，在这一节中，需要先确认多个未解决的问题：

- 需要存储哪些用户信息？
- 用户想如何在服务中进行认证？
- 认证令牌有效期应该是多长时间？
- 应该使用哪种加密方法来处理密码和令牌？

注意，重点不是管理用户资料(例如，删除用户或更新某些信息，如地址)。根据本书之前介绍的内容，你应该清楚地知道如何添加端点和内部逻辑，以便从数据库添加或删除元素。这里将重点讨论如何创建用户并验证其是否符合端点要求。

9.1.1 创建用户概念

首先，应用程序中必须存在用户的概念，才能创建新的用户。如前所述，一开始并不需要太多信息，电子邮件和密码就足够了。这使我们能够唯一地识别用户并校验哈希密码。同样需要注意的是，也可以选择不使用密码，而是通过电子邮件发送登录链接。前面已经介绍过如何使用第三方库，所以这个练习将由你来实现。代码清单 9.1 展示了一种可行的用户结构。

代码清单 9.1　User 结构体

```
struct User {
    email: String,
    password: String,
}
```

你可能会在 User 这个名称上遇到两个问题。PostgreSQL 有一个名为 user 的默认表，用于存储数据库的用户。它也是一个保留关键字(http://mng.bz/O6Xn)。此外，user 这个词的含义并不明确。可能存在多种类型的用户，比如管理员或开发人员。

为此，可以选择创建账户(account)。账户可以有不同的角色 (也可能同时有多个角色)，并且足够通用，可以适应后续扩展，同时对开发人员来说，它在更广泛的应用中的含义更加准确。

因此，可以先为 Web 服务建立一个新的类型，称之为 Account。下面将在 src/types 路径下创建一个名为 account.rs 的新文件，参见代码清单 9.2。

代码清单 9.2　src/types/account.rs 中新的 Account 类型

```
use serde::{Deserialize, Serialize};

#[derive(Serialize, Deserialize, Debug, Clone)]
pub struct Account {
    pub email: String,
    pub password: String,
}
```

下面需要导出此模块(见代码清单 9.3)。我们已经可通过 main.rs 中的行 mod types 访问在 mod.rs 文件中列出的模块。

代码清单 9.3　在 src/types/mod.rs 中公开 account 模块

```
pub mod answer;
pub mod pagination;
pub mod question;
pub mod account;
```

现在已经有了账户，让我们考虑一下是否已经准备就绪。我们想要提供一个注册路由，新用户可以在这里输入电子邮件和密码。然后，检查电子邮件是否已经在系统中，如果没有，则在账户数据库表中添加一个新条目。

此外，当创建新的问题或答案时，希望将这个问题或答案指定给特定的用户。可将电子邮件添加到创建的问题或答案中，以建立两者之间的关联。常见的做法是使用一个 ID。当改变用户的详细信息时，不必遍历所有条目并更新相同的数据；可以保留与问题或答案关联的 ID，只需要在账户表中更改电子邮件。

回想一下，存在两种问题类型：没有 ID 的 NewQuestion，和有 ID 的 Question。原因是，当创建一个新的类型时，它还不存在于数据库中，因此没有 ID。一旦创建，就可以从数据库中获取它的 ID。在创建账户时，可以使用相同的模式。代码清单 9.4 展示了

account.rs 文件的一个可行的版本。

代码清单 9.4　为账户添加 ID

```
use serde::{Deserialize, Serialize};

#[derive(Serialize, Deserialize, Debug, Clone)]
pub struct Account {
    pub id: AccountId,
    pub email: String,
    pub password: String,
}

#[derive(Deserialize, Serialize, Debug, Clone, PartialEq, Eq, Hash)]
pub struct AccountId(pub i32);

#[derive(Deserialize, Serialize, Debug, Clone)]
pub struct NewAccount {
    pub email: String,
    pub password: String,
}
```

不过，这样代码很快就会变得非常混乱。如何才能知道正在处理的类型是否遵循这种模式呢？另一个解决方案是在 ID 字段上使用 Option。代码清单 9.5 展示了 account.rs 文件的最终结果。

代码清单 9.5　在 src/types/account.rs 中的 ID 字段上使用 Option

```
use serde::{Deserialize, Serialize};

#[derive(Serialize, Deserialize, Debug, Clone)]
pub struct Account {
    pub id: Option<AccountId>,
    pub email: String,
    pub password: String,
}

#[derive(Deserialize, Serialize, Debug, Clone, PartialEq, Eq, Hash)]
pub struct AccountId(pub i32);
```

这也精简了一些代码。接下来应在数据库中创建表。你可以使用第 7 章中的迁移操作，还需要考虑扩展之前的表(questions 和 answers)，使它们能够存储账户 ID。

9.1.2　迁移数据库

我们已经在第 7 章中安装了 SQLx CLI 工具。回顾一下使用的命令：

```
$ cargo install sqlx-cli
```

有了 SQLx 的 CLI 工具，可以创建一个新的迁移(保存在 migrations 文件夹中可被执行的 SQL 的文件)，并在其中创建一个新的 accounts 表。使用以下命令创建一个新的迁移

(-r 参数用于创建 up 和 down 迁移文件以供后续写入)：

```
$ sqlx migrate add -r create_accounts_table
```

注意，必须在项目的根目录下运行此命令。在底层，此命令将检查是否存在一个名为 migrations 的文件夹，如果不存在，将创建一个。然后，它会创建一个以 add 命令后的内容命名的文件，并在文件名前面加上时间戳：

```
> l migrations/
.rw-r--r-- 31 gruberbastian 23 May 20:42 -N
20220509150516_questions_table.down.sql
.rw-r--r-- 197 gruberbastian 23 May 20:42 -N
20220509150516_questions_table.up.sql
.rw-r--r-- 30 gruberbastian 23 May 20:42 -N
20220514145724_answers_table.down.sql
.rw-r--r-- 199 gruberbastian 23 May 20:42 -N
20220514145724_answers_table.up.sql
.rw-r--r-- 34 gruberbastian 23 May 20:48 -N
20220523174842_create_accounts_table.down.sql
.rw-r--r-- 32 gruberbastian 23 May 20:48 -N
20220523174842_create_accounts_table.up.sql
```

此处创建了两个文件：

- 一个 up 文件，用于创建账户表。
- 一个 down 文件，用于再次删除它。

先打开 up 文件，添加必要的 SQL 来创建一个新表，该表具有 ID、email、password 字段，如代码清单 9.6 所示。

代码清单 9.6　在 migrations/_create_accounts_table.up.sql 中创建迁移流程**

```
CREATE TABLE IF NOT EXISTS accounts (
      id serial NOT NULL,
      email VARCHAR(255) NOT NULL PRIMARY KEY,
      password VARCHAR(255) NOT NULL
);
```

代码清单 9.7 展示了撤销操作，再次删除了 accounts 表。

代码清单 9.7　在_create_accounts_table.down.sql 中撤销迁移**

```
DROP TABLE IF EXISTS accounts;
```

上述迁移文件将在启动服务器之后执行。你可能还记得，main.rs 中的第 19 行包含执行迁移的逻辑(粗体显示)：

```
...

async fn main() -> Result<(), sqlx::Error> {
    ...
```

```
    let store =
        store::Store::new("postgres:/ /localhost:5432/rustwebdev").await?;

    sqlx::migrate!().run(&store.clone().connection).await?;

…
```

在命令行上执行 cargo run 后，可通过 PSQL 检查表是否已创建。在命令行中，可以使用以下命令连接到 PostgreSQL 数据库：

```
$ psql rustwebdev
psql (14.2)
Type "help" for help.
rustwebdev=# \dt
                  List of relations
 Schema | Name             | Type  | Owner
--------+------------------+-------+---------------
public  | _sqlx_migrations | table | gruberbastian
public  | accounts         | table | gruberbastian
public  | answers          | table | gruberbastian
public  | questions        | table | gruberbastian
(4 rows)

rustwebdev=#
```

有了数据表和实现的账户类型，可以开始规划"注册—登录—注销"的生命周期。首先创建新账户。你已经知道用户需要提供密码，仅这一点就会导致多种选择——例如，应该如何存储这个密码？绝对不能使用明文。因此，必须考虑使用哈希算法来防止别人看到正在使用的密码。

9.1.3 添加注册端点

在考虑如何处理密码之前，需要为注册过程添加一个新的 API 端点。该端点将接收电子邮件和密码，当前先返回 200 HTTP 响应。稍后可以考虑在用户注册后自动登录，并发回某种形式的令牌或 Cookie，以便客户端继续登录。

在生产环境中，还可以发送电子邮件，提供验证链接，等等。不过，现在只关注接收数据，在存储密码之前对其进行哈希加密，然后返回 HTTP 响应。

先在 src/routes 文件夹下添加一个名为 authentication.rs 的新文件。在这里放置注册、登录和注销路由的逻辑。代码清单 9.8 展示了在数据库中新增账户的首次尝试。

代码清单 9.8 在 src/routes/authentication.rs 中添加注册路由

```
use warp::http::StatusCode;

use crate::store::Store;
use crate::types::account::Account;

pub async fn register(
    store: Store,
```

```
        account: Account,
    ) -> Result<impl warp::Reply, warp::Rejection> {
        match store.add_account(account).await {
            Ok(_) => {
                Ok(warp::reply::with_status("Account added", StatusCode::OK))
            },
            Err(e) => Err(warp::reject::custom(e)),
        }
    }
```

此处还缺少两个细节。首先，需要在Store中添加一个新函数——add_account，它将包含在PostgreSQL数据库的accounts表中添加新账户的SQL。其次，需要将路由添加到main.rs中的路由对象中。代码清单9.9展示了store.rs文件中的add_account函数。

代码清单 9.9 使用 add_account 函数扩展 Store 对象

```
...

use crate::types::{
    answer::Answer,
    question::{NewQuestion, Question, QuestionId},
    account::Account,
};

...

    pub async fn add_account(self, account: Account) -> Result<bool, Error> {
        match sqlx::query("INSERT INTO accounts (email, password)
            VALUES ($1, $2)")
            .bind(account.email)
            .bind(account.password)
            .execute(&self.connection)
            .await
        {
            Ok(_) => Ok(true),
            Err(error) => {
                tracing::event!(
                    tracing::Level::ERROR,
                    code = error
                        .as_database_error()
                        .unwrap()
                        .code()
                        .unwrap()
                        .parse::<i32>()
                        .unwrap(),
                    db_message = error
                        .as_database_error()
                        .unwrap()
                        .message(),
                    constraint = error
                        .as_database_error()
                        .unwrap()
                        .constraint()
```

```
                .unwrap()
            );
            Err(Error::DatabaseQueryError)
        }
    }
}
...
```

这里基本上复制了 add_answer 的逻辑。使用 account 参数并创建一个指向 accounts 表的 INSERT SQL 查询。下一步是在路由对象中添加路由，如代码清单 9.10 所示。

代码清单 9.10　在 main.rs 中将注册流程添加到 routes 对象

```
...

#[tokio::main]
async fn main() -> Result<(), sqlx::Error> {
    ...

    let add_answer = warp::post()
        .and(warp::path("answers"))
        .and(warp::path::end())
        .and(store_filter.clone())
        .and(warp::body::form())
        .and_then(routes::answer::add_answer);

    let registration = warp::post()
        .and(warp::path("registration"))
        .and(warp::path::end())
        .and(store_filter.clone())
        .and(warp::body::json())
        .and_then(routes::authentication::register);

    let routes = get_questions
        .or(update_question)
        .or(add_question)
        .or(delete_question)
        .or(add_answer)
        .or(registration)
        .with(cors)
        .with(warp::trace::request())
        .recover(return_error);

    warp::serve(routes).run(([127, 0, 0, 1], 3030)).await;

    Ok(())
}
```

可选择使用 JSON 体(JSON body)或者 URL 参数。这取决于 API 的设计。此处选择 JSON 体，但在你的应用程序中，你可以自由决定。第一个测试在某种程序上运行成功了。在通过 cargo run 运行应用程序后，可通过命令行发送以下示例的 curl 命令：

```
curl --location --request POST 'localhost:3030/registration' \
```

```
--header 'Content-Type: application/json' \
--data-raw '{
    "email": "example@email.com",
    "password": "cleartext"
}'
```

我们可以在数据库中保存这个新用户，但是代码已经暴露了一些缺点。首先是密码。我们没有对密码进行加密处理，而是将其存储为明文。这不是好的做法。第二个可优化的点涉及如何校验电子邮件地址是否有效。稍后还需要考虑如何通过网络(从客户端到服务器)发送密码，以及可以采取什么措施来对传输进行加密。

9.1.4 对密码进行哈希处理

首先应确保不存储任何明文密码，并确保工程师无法直接从数据库中破解密码。防止明文存储密码的常用方法是使用哈希算法。目前存在多种哈希算法，你可以根据使用场景和硬件选择不同的算法。《密码存储手册》(*Password Storage Cheat Sheet*，http://mng.bz/YKzN)提供了一个很好的概述。

但仅有哈希值还不够。如果入侵者破解了系统并复制了账户数据库，他们就可以将密码哈希与已经破解密码的哈希列表进行比较。他们不需要花费很长时间就可以比较并找到对应哈希的明文密码。

这便是我们还需要为密码进行加盐的原因。这意味着你对密码进行哈希处理之前，要在密码前(或后)添加一个随机生成的序列。这使得未经授权的人几乎无法找出哈希背后的密码。

我们扩展了注册逻辑，并在将密码存储到数据库之前对其进行加密处理。这使得每个密码的哈希值都是唯一的，同一个密码在第二次存储时将有一个不同的哈希值。为了实现这一解决方案，导入两个新的crate：

- rand——生成一定长度的随机字符以用作盐。
- rust-argon2——为密码选择的加密算法(http://mng.bz/epYv)。

代码清单9.11展示了更新后的Cargo.toml文件。

代码清单 9.11　在项目中添加 rand 和 rust-argon2

```
[package]
name = "practical-rust-book"
version = "0.1.0"
edition = "2021"

[dependencies]
warp = "0.3"
serde = { version = "1.0", features = ["derive"] }
serde_json = "1.0"
tokio = { version = "1.1.1", features = ["full"] }
handle-errors = { path = "handle-errors", version = "0.1.0" }
log = "0.4"
env_logger = "0.8"
```

```
log4rs = "1.0"
uuid = { version = "0.8", features = ["v4"] }
tracing = { version = "0.1", features = ["log"] }
tracing-subscriber = "0.2"
sqlx = { version = "0.5", features = [ "runtime-tokio-rustls", "migrate",
"postgres", "uuid" ] }
reqwest = { version = "0.11", features = ["json"] }
reqwest-middleware = "0.1.1"
reqwest-retry = "0.1.1"
rand = "0.8"
rust-argon2 = "1.0"
paseto = "2.0"
```

代码清单 9.12 展示了 routes 文件夹中更新后的 authentication.rs 文件。

代码清单 9.12 使用哈希逻辑扩展 authentication.rs

```
use warp::http::StatusCode;
use argon2::{self, Config};      ← 导入 argon2 哈希算法的实现
use rand::Rng;                   ← rand crate 帮助创建随机盐

use crate::store::Store;
use crate::types::account::Account;

pub async fn register(
    store: Store,
    account: Account,
) -> Result<impl warp::Reply, warp::Rejection> {
    let hashed_password = hash_password(account.password.as_bytes());   ← 以字节数组形式获取密码，并将其传递给新创建的哈希函数

    let account = Account {
        id: account.id,
        email: account.email,
        password: hashed_password,   ← 在数据库中使用哈希(和加盐)版本的密码，而不是来自用户的密码(明文)
    };

    match store.add_account(account).await {
        Ok(_) => Ok(warp::reply::with_status("Account added", StatusCode::OK)),
        Err(e) => Err(warp::reject::custom(e)),
    }
}

pub fn hash_password(password: &[u8]) -> String {   ← 哈希函数返回一个字符串，即明文密码的加密版本
    let salt = rand::thread_rng().gen::<[u8; 32]>();   ← rand 函数创建 s32 随机字节，并将其存储在片段中
    let config = Config::default();   ← argon2 依赖于配置，这里使用默认设置
    argon2::hash_encoded(password, &salt, &config).unwrap()   ← 有了密码、盐和配置，就可以对明文密码进行哈希处理
}
```

完成以上步骤后，可以再运行一次测试。打开命令行，在项目根目录下执行 cargo run，向端点发送一个注册示例。一旦到达端点，便可通过命令行工具 PSQL 检查密码是否被正确存储：

```
$ curl --location --request POST 'localhost:3030/registration' \
--header 'Content-Type: application/json' \
--data-raw '{
    "email": "test@email.com",
    "password": "cleartext"
}'

$ psql rustwebdev
psql (14.2)
Type "help" for help.

rustwebdev=# select * from accounts;
        email |
password
-------------------+----------------------------------------------------------------
-----------------------------------------------------------------
test@email.com |
$argon2i$v=19$m=4096,t=3,p=1$gogEn9TQPNVgSjMgDwC/JefcBmDgmyjWtuwaGlPemwA$ei
zVOyzSvnNlnvpHjmHu+d6SEQdNs3lybC4wPpYoZWo
(3 rows)

rustwebdev=#
```

9.1.5 处理重复账户错误

但是，当再次发送完全相同的请求时，会发生什么呢？迁移文件中设置了 PostgreSQL accounts 表。将 email 字段指定为 PRIMARY KEY。因此，当你试图再次插入相同的数据，并使用完全相同的 email 时，PostgreSQL 会出错。在 handle-files crate 中，到目前为止，还没有对数据库错误进行不同的处理。数据库的每个错误都会导致用户收到一个 422 的 HTTP 错误代码。

将 store 中的数据库错误通过路由传回 Warp 服务器。如果存在错误情况，Warp 服务器会使用将在 handle-errors crate 中实现的 return_error 函数。在函数中检查错误枚举，看正在处理哪种错误，然后根据变量修改对客户或用户的响应。

到目前为止，DatabaseQueryError 的问题在于没有传递参数。实际的错误将在相应的存储函数中通过 Tracing 库进行记录，但我们只返回一个通用数据库错误，其中不包含其他信息。

因此，必须先在 handle-errors crate 中为这个枚举变量添加一个参数。下面回顾一下 add_account 函数(错误情况用粗体表示)：

```
…

    pub async fn add_account(self, account: Account) -> Result<bool, Error> {
        match sqlx::query("INSERT INTO accounts (email, password)
             VALUES ($1, $2)")
             .bind(account.email)
             .bind(account.password)
```

```
            .execute(&self.connection)
            .await
    {
        Ok(_) => Ok(true),
        Err(error) => {
            tracing::event!(
              tracing::Level::ERROR,
              code = error
                  .as_database_error()
                  .unwrap()
                  .code()
                  .unwrap()
                  .parse::<i32>()
                  .unwrap(),
              db_message = error
                  .as_database_error()
                  .unwrap()
                  .message(),
              constraint = error
                  .as_database_error()
                  .unwrap()
                  .constraint()
                  .unwrap()
            );
            Err(Error::DatabaseQueryError(error))
        }
    }
}
```

…

这里收到的错误来自 SQLx crate。这个 crate 提供了一个 Error 枚举(https://docs.rs/sqlx/latest/sqlx/enum.Error.html)，其中有一个变体被称为 DatabaseError(http://mng.bz/G1Bq)。因此，如果将这个 SQLx 错误传递到 return_error 函数，就能够检查正在处理的错误变体，然后根据错误代码决定如何处理它。

由于使用了 Tracing，如果已经存在具有相同 email 的数据，你可以在命令行中看到收到的错误的结构(粗体显示)：

```
Finished dev [unoptimized + debuginfo] target(s) in 5.05s
Running `target/debug/practical-rust-book`
Apr 04 11:37:12.012 ERROR practical_rust_book::store: code=23505
db_message="duplicate key value violates unique constraint
\"accounts_pkey\"" constraint="accounts_pkey"
Apr 04 11:37:12.012 ERROR warp::filters::trace: unable to process request
(internal error) status=500
error=Rejection([DatabaseQueryError(Database(PgDatabaseError { severity:
Error, code: "23505", message: "duplicate key value violates unique
constraint \"accounts_pkey\"", detail: Some("Key
(email)=(testass@email.com) already exists."), hint: None, position: None,
where: None, schema: Some("public"), table: Some("accounts"), column: None,
data_type: None, constraint: Some("accounts_pkey"), file:
Some("nbtinsert.c"), line: Some(670), routine: Some("_bt_check_unique")
```

```
})), MethodNotAllowed, MethodNotAllowed, MethodNotAllowed])
```

duplicate key value 似乎有一个特定的错误代码，你可以校验这个错误代码。第一个可行的解决方案如代码清单 9.13 所示。

代码清单 9.13　扩展错误处理，允许传递 sqlx::Error

```
...

#[derive(Debug)]
pub enum Error {
    ParseError(std::num::ParseIntError),
    MissingParameters,
    DatabaseQueryError(sqlx::Error),      // 为DatabaseQueryError添加要检查的 sqlx::Error 参数
    ReqwestAPIError(ReqwestError),
    MiddlewareReqwestAPIError(MiddlewareReqwestError),
    ClientError(APILayerError),
    ServerError(APILayerError)
}

...

impl std::fmt::Display for Error {
    fn fmt(&self, f: &mut std::fmt::Formatter) -> std::fmt::Result {
        match &*self {
            Error::ParseError(ref err) => {
                write!(f, "Cannot parse parameter: {}", err)
            }
            Error::MissingParameters => write!(f, "Missing parameter"),
            Error::DatabaseQueryError(_) => {     // 在尝试打印错误时，(暂时)不需要关心实际的错误的内容
                write!(f, "Cannot update, invalid data")
            }
            Error::ReqwestAPIError(err) => {
                write!(f, "External API error: {}", err)
            }
            Error::MiddlewareReqwestAPIError(err) => {
                write!(f, "External API error: {}", err)
            }
            Error::ClientError(err) => {
                write!(f, "External Client error: {}", err)
            }
            Error::ServerError(err) => {
                write!(f, "External Server error: {}", err)
            }
        }
    }
}

...

const DUPLICATE_KEY: u32 = 23505;
#[instrument]
pub async fn return_error(r: Rejection) -> Result<impl Reply, Rejection> {
    if let Some(crate::Error::DatabaseQueryError(e)) = r.find() {     // 将参数添加到 if 子句中，以便在下面的代码块中使用
```

```
        event!(Level::ERROR, "Database query error");

        match e {
            sqlx::Error::Database(err) => {
                if err.code().unwrap().parse::<u32>().unwrap() ==
                    DUPLICATE_KEY {
                    Ok(warp::reply::with_status(
                        "Account already exsists".to_string(),
                        StatusCode::UNPROCESSABLE_ENTITY,
                    ))
                } else {
                    Ok(warp::reply::with_status(
                        "Cannot update data".to_string(),
                        StatusCode::UNPROCESSABLE_ENTITY,
                    ))
                }
            },
            _ => {
                Ok(warp::reply::with_status(
                    "Cannot update data".to_string(),
                    StatusCode::UNPROCESSABLE_ENTITY,
                ))
            }
        }
    }
...

}
```

与 sqlx::Error 进行对比，查看是否有数据库错误

如果这是数据库错误，则说明存在 code 字段。将&str 解析为一个 i32，这样就可以将它与正在寻找的 code 进行对比

如果这和期望的 code 相同，则返回“账户已经存在”的信息

目前，错误代码的校验还没有全部完成。代码清单 9.14 表明，当尝试在 store.rs 中执行 SQL 并得到一个错误时，也必须传递 SQLx 错误。

代码清单 9.14　将错误传递给 store.rs 中的 Error 枚举变量

```
...
    pub async fn get_questions(
        self,
        limit: Option<i32>,
        offset: i32,
    ) -> Result<Vec<Question>, Error> {
        ...

        {
            Ok(questions) => Ok(questions),
            Err(error) => {
                tracing::event!(tracing::Level::ERROR, "{:?}", error);
                Err(Error::DatabaseQueryError(error))
            }
        }
    }

    pub async fn add_question(
        self,
        new_question: NewQuestion
```

```
) -> Result<Question, Error> {
    …
        Ok(question) => Ok(question),
        Err(error) => {
            tracing::event!(tracing::Level::ERROR, "{:?}", error);
            Err(Error::DatabaseQueryError(error))
        },
    }
}

pub async fn update_question(
    self,
    question: Question,
    id: i32
) -> Result<Question, Error> {
    …

      Ok(question) => Ok(question),
      Err(error) => {
          tracing::event!(tracing::Level::ERROR, "{:?}", error);
          Err(Error::DatabaseQueryError(error))
      }
    }
}

pub async fn delete_question(self, id: i32) -> Result<bool, Error> {
    match sqlx::query("DELETE FROM questions WHERE id = $1")
        .bind(id)
        .execute(&self.connection)
        .await
    {
        Ok(_) => Ok(true),
        Err(error) => {
            tracing::event!(tracing::Level::ERROR, "{:?}", error);
            Err(Error::DatabaseQueryError(error))
        }
    }
}

pub async fn add_answer(self, answer: Answer) -> Result<bool, Error> {
    …

        Ok(_) => Ok(true),
        Err(error) => {
            tracing::event!(
                tracing::Level::ERROR,
                code = error
                   .as_database_error()
                   .unwrap()
                   .code()
                   .unwrap()
                   .parse::<i32>()
                   .unwrap(),
              db_message = error.as_database_error().unwrap().message(),
              constraint = error.as_database_error().unwrap().constraint()
```

```
                .unwrap()
            );
            Err(Error::DatabaseQueryError(error))
        }
    }
}

pub async fn add_account(self, account: Account) -> Result<bool, Error> {
  …
      Ok(_) => Ok(true),
      Err(error) => {
          tracing::event!(
            tracing::Level::ERROR,
            code = error
                .as_database_error()
                .unwrap()
                .code()
                .unwrap()
                .parse::<i32>()
                .unwrap(),
            db_message = error
                .as_database_error()
                .unwrap()
                .message(),
            constraint = error
                .as_database_error()
                .unwrap()
                .constraint()
                .unwrap()
          );
          Err(Error::DatabaseQueryError(error))
        }
    }
  }
}
```

等所有代码更新完毕后，通过 cargo run 重启服务器，并尝试使用与之前相同的 email 创建一个新账户：

```
$ curl --location --request POST 'localhost:3030/registration' \
    --header 'Content-Type: application/json' \
    --data-raw '{
    "email": "test@email.com",
    "password": "cleartext"
  }'
Account already exsists?
```

这个示例表明，可通过新 API 端点创建账户。对密码进行哈希和加盐处理后，即使重新输入相同的 email，也不会导致数据重复。一切都准备就绪后，可以进行下一步：使新用户登录系统。

9.1.6 有状态认证与无状态认证

在编写登录逻辑之前，必须考虑登录用户意味着什么。注意，要在本书应用的范围内讨论。即使这样，也可以为不同的目的选择不同的解决方案。安全性、会话处理和认证的领域非常广泛，无法在一章中涵盖。一个很好的参考资料是 Neil Madden 所著的 *API Security in Action*(Manning, 2020, https://www.manning.com/books/api-security-in-action)。

如之前介绍的，整个流程的第一步是注册一个新用户并将凭证保存在数据库中。下一步是识别已登录的用户。这会引出一个问题：如何才能保持用户的登录状态？如果用户发起多个请求，我们并不希望他们每次都发送凭证。

解决这个问题的一个方法是使用令牌。令牌类似家门的钥匙。一种快捷的方式表示“我用钥匙证明我是这个房子的拥有者”。因此，Web 服务可以发放一把数字钥匙，并将其交给用户。然后，每次请求时，用户都在请求头部附加令牌，以校验该令牌是否有效。图 9.4 展示了在应用程序中处理令牌的两种方法：一种是发出令牌后就结束，另一种是将每个已发出的令牌存储在数据库中，以便在需要时使其失效。

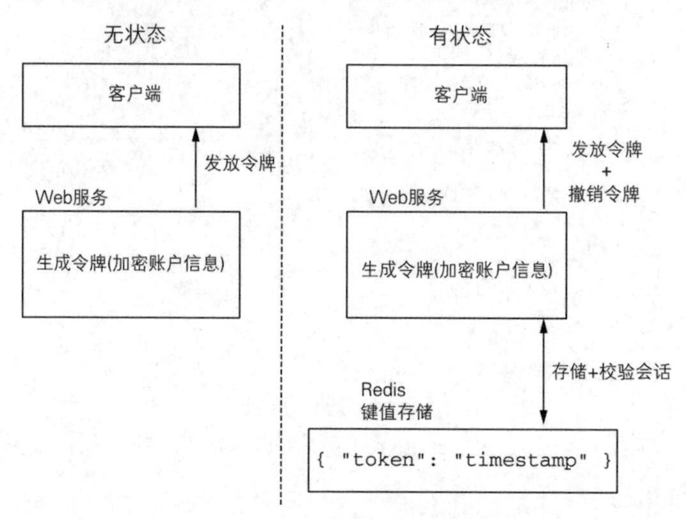

图 9.4 无状态和有状态架构

和实体钥匙一样，令牌可能会被人偷走，而你没有有效的方式来判断对方是不是最初获得令牌的人。你可以这么处理：忽略上述场景，提供通用的 API。这样，谁拥有令牌，谁就可以发出请求。如果实际的所有者想撤销令牌的有效性(比如说令牌被盗了)，那么最好以一种方法使令牌失效并发放新的令牌。

另一种解决方案是发放令牌，并在数据库中存储令牌和时间戳。这样一来，每当用户尝试使用请求头中附带的认证令牌进行请求时，将令牌与数据库中的令牌进行比较，如果两者一致，则允许请求通过。在这种情况下，撤销就变成了从数据库中删除令牌并使其失效的简单行为。

两种方案各有利弊，在生产环境中，可能会采用两者结合的形式。9.2 节将深入探讨这两种方案的区别。现在，重要的是知道当用户登录时，必须向他们发放某种形式的令牌。

在无状态环境中，没有简单的方法可以注销用户。一种方法是在前端销毁令牌，因此用户在下次登录时必须重新生成一个令牌。在有状态的环境中，将令牌存在键值存储中，可以简单地删除带有令牌的记录。

9.1.7　添加登录端点

继续在 authentication.rs 文件中进行操作，并在其中加入 login 函数。代码清单 9.15 展示了该方法和所需的辅助函数。首先解释实现的原理，然后介绍需要将哪些函数添加到 store 和 routes 中，以使其协同工作。

代码清单 9.15　src/routes/authentication.rs 中的 login 函数

```
...
use crate::types::account::{Account, AccountId};
...

pub async fn login(
    store: Store,
    login: Account
) -> Result<impl warp::Reply, warp::Rejection> {
    match store.get_account(login.email).await {
        Ok(account) => match verify_password(
            &account.password,
            login.password.as_bytes()
        ) {
            Ok(verified) => {
                if verified {
                    Ok(warp::reply::json(&issue_token(
                        account.id.expect("id not found"),
                    )))
                } else {
                    Err(warp::reject::custom(handle_errors::Error::WrongPassword))
                }
            }
            Err(e) => Err(warp::reject::custom(
                handle_errors::Error::ArgonLibraryError(e),
            )),
        },
        Err(e) => Err(warp::reject::custom(e)),
    }
}
...

fn verify_password(
    hash: &str,
    password: &[u8]
) -> Result<bool, argon2::Error> {
    argon2::verify_encoded(hash, password)
}
```

导入 AccountId，因为要使用它来创建令牌

假定路由函数将获得传递的 store 和 login 对象

先校验用户是否存在于数据库中

如果用户存在于数据库中，则校验密码是否正确

如果校验过程成功(库没有失败)，则...

检查密码是否校验成功

创建一个包含 AccountId 的令牌

如果校验过程失败，将创建一个新的名为 WrongPassword 的错误类型，并在稍后的 handle-errors crate 中进行处理

如果库失败，必须向用户发送 500

argon2 crate 将使用盐(哈希值的一部分)来验证数据库中的哈希值是否与登录流程中的密码相同

```
fn issue_token(
    account_id: AccountId
) -> String {
    let state = serde_json::to_string(&account_id)
        .expect("Failed to serialize") state");
    local_paseto(
        &state,
        None,
        "RANDOM WORDS WINTER MACINTOSH PC".as_bytes()
    ).expect("Failed to create token")    ←
}
```

发放包含AccountId的令牌，并将其转化为字符串，打包到paseto令牌中

代码清单9.15涉及的内容很多。以下是简要的流程：

- 需要一个登录路由处理程序来传递电子邮件/密码的组合，并检查该组合是否对应一个有效用户。
- 因此，第一步是尝试通过给定的电子邮件查询用户。
- 如果查询到用户，则需要检查给定的密码是否与数据库中的密码匹配。
- 由于数据库中存储的是哈希密码，而用户通过路由处理程序传入的是明文密码，不能只进行简单的对比。
- 如果密码匹配，将创建一个封装了账户ID的令牌，并将其作为HTTP响应发送回去。
- 账户ID对于后端非常有用，可以验证用户是否有权访问预期的资源。

该代码清单有趣的地方在于如何创建令牌以及如何验证密码是否正确。此处使用的是paseto，而不是广泛使用的JWT格式，paseto在大部分情况下具有更强的算法，而且格式更难以篡改。

使用与创建密码哈希值所用的库相同的crate来验证登录密码是否与数据库中的密码一致。盐是密码哈希值的一部分，argon2也使用它来对哈希值与明文密码进行验证。

下面是代码库的其他三个部分：

- 从accounts表中获取账户。
- 扩展handle-errors crate以处理错误密码的报错。
- 在main.rs的新API路径中添加登录路由处理程序。

get_account函数与get_questions和get_answers几乎相同，只是这次只需要一个返回值，因此在SQL中添加了WHERE子句。代码清单9.16展示了更新后的store.rs文件。

代码清单9.16 在src/store.rs中添加get_account

```
...
    pub async fn get_account(self, email: String) -> Result<Account, Error> {
        match sqlx::query("SELECT * from accounts where email = $1")
            .bind(email)
            .map(|row: PgRow| Account {
                id: Some(AccountId(row.get("id"))),
                email: row.get("email"),
                password: row.get("password"),
```

```
        })
        .fetch_one(&self.connection)
            .await
        {
            Ok(account) => Ok(account),
            Err(error) => {
                tracing::event!(tracing::Level::ERROR, "{:?}", error);
                Err(Error::DatabaseQueryError(error))
            }
        }
    }
}
```

仍然缺少两个组件：在路由处理程序中添加已实现的两个新错误，以及在 main.rs 中创建路由。代码清单 9.17 展示了 handle-errors crate 更新后的 lib.rs 文件。

代码清单 9.17　在 handle-errors crate 中添加新错误类型

```
…
use tracing::{event, Level, instrument};
use argon2::Error as ArgonError;
use reqwest::Error as ReqwestError;
use reqwest_middleware::Error as MiddlewareReqwestError;

#[derive(Debug)]
pub enum Error {
    ParseError(std::num::ParseIntError),
    MissingParameters,
    WrongPassword,
    ArgonLibraryError(ArgonError),
    DatabaseQueryError(sqlx::Error),
    ReqwestAPIError(ReqwestError),
    MiddlewareReqwestAPIError(MiddlewareReqwestError),
    ClientError(APILayerError),
    ServerError(APILayerError)
}
…

impl std::fmt::Display for Error {
  fn fmt(&self, f: &mut std::fmt::Formatter) -> std::fmt::Result {
    match &*self {
      Error::ParseError(ref err) => {
        write!(f, "Cannot parse parameter: {}", err)
      }
      Error::MissingParameters => write!(f, "Missing parameter"),
      Error::WrongPassword => {
        write!(f, "Wrong password")
      }
      Error::ArgonLibraryError(_) => {
        write!(f, "Cannot verifiy password")
      }
      Error::DatabaseQueryError(_) => {
        write!(f, "Cannot update, invalid data")
      }
```

```
            Error::ReqwestAPIError(err) => {
                write!(f, "External API error: {}", err)
            }
            Error::MiddlewareReqwestAPIError(err) => {
                write!(f, "External API error: {}", err)
            }
            Error::ClientError(err) => {
                write!(f, "External Client error: {}", err)
            }
            Error::ServerError(err) => {
                write!(f, "External Server error: {}", err)
            }
        }
    }
}

…

#[instrument]
pub async fn return_error(r: Rejection) -> Result<impl Reply, Rejection> {
    …

    } else if let Some(crate::Error::ReqwestAPIError(e)) = r.find() {
        event!(Level::ERROR, "{}", e);
        Ok(warp::reply::with_status(
            "Internal Server Error".to_string(),
            StatusCode::INTERNAL_SERVER_ERROR,
        ))
    } else if let Some(crate::Error::WrongPassword) = r.find() {
        event!(Level::ERROR, "Entered wrong password");
        Ok(warp::reply::with_status(
            "Wrong E-Mail/Password combination".to_string(),
            StatusCode::UNAUTHORIZED,
        ))
    }
    …
}
```

最后一步是在服务中添加一个新的登录路由，见代码清单 9.18。

代码清单 9.18 在 main.rs 中添加 login 路由

```
…

    let login = warp::post()
        .and(warp::path("login"))
        .and(warp::path::end())
        .and(store_filter.clone())
        .and(warp::body::json())
        .and_then(routes::authentication::login);
    let routes = get_questions
        .or(update_question)
        .or(add_question)
        .or(delete_question)
```

```
        .or(add_answer)
        .or(registration)
        .or(login)
        .with(cors)
        .with(warp::trace::request())
        .recover(return_error);

    warp::serve(routes).run(([127, 0, 0, 1], 3030)).await;

    Ok(())
}
```

使用 cargo run 运行服务器后，将编译最新的代码，并且可以尝试使用在注册过程中使用的电子邮件/密码组合进行登录。

```
$ curl --location --request POST 'localhost:3030/login' \
    --header 'Content-Type: application/json' \
    --data-raw '{
    "email": "test@email.com",
    "password": "cleartext"
  }'
"v2.local.zCW0HfFeH8ENzrX4XfSTxCzlG8z1ZudazLM6ldNeksweiwg5klJSc-
UBkuU6INGH590qlj1xaet-CI9oBAlzdQunbQvhwCk7EN0wJaW9"?
```

成功了！可通过登录路径提交登录的数据，并从返回中得到令牌。不过，仍然需要增强令牌发放的安全性。现在的情况下，创建令牌以后，除非更改创建令牌的密钥，否则无法使这个令牌失效。一种初步且简单的方法是为每个令牌设定一个有效期。

9.1.8　为令牌添加有效期

下面回顾一下 issue_token 函数：

```
fn issue_token(account_id: AccountId) -> String {
    let state = serde_json::to_string(&account_id)
        .expect("Failed to serialize") state");
    local_paseto(
        &state,
        None,
        "RANDOM WORDS WINTER MACINTOSH PC".as_bytes()
    ).expect("Failed to create token")
}
```

使用一个密钥来加密令牌，并将其发送给发起请求的客户端。令牌现在是永远有效的。发放令牌时，必须考虑多层安全性：

- 如何使用户令牌失效或注销令牌？
- 令牌的有效期有多长？
- 服务器如何应对令牌被盗的情况？
- 服务器端如何结束会话？

首个步骤是为令牌添加过期日期。这是公有(或私有)Web 服务的标准做法。需要一个新的 crate——chrono 的帮助。代码清单 9.19 展示了在 Cargo.toml 文件中添加的代码。

代码清单 9.19 在项目中添加 chrono 和时间

```
[package]
name = "practical-rust-book"
version = "0.1.0"
edition = "2021"

[dependencies]
…
rust-argon2 = "1.0"
paseto = "2.0"
chrono = "0.4.19"
```

使用 chrono 辅助工具在代码中创建恰当格式的时间，同时需要扩展令牌的发放方法以添加时间戳，如代码清单 9.20 所示。

代码清单 9.20 在 src/routes/authentication.rs 中为 token 添加时间戳

```
use chrono::prelude::*;

…

fn issue_token(account_id: AccountId) -> String {
    let current_date_time = Utc::now();
    let dt = current_date_time + chrono::Duration::days(1);

    paseto::tokens::PasetoBuilder::new()
        .set_encryption_key(
            &Vec::from("RANDOM WORDS WINTER MACINTOSH PC".as_bytes()
            ))
        .set_expiration(&dt)
        .set_not_before(&Utc::now())
        .set_claim("account_id", serde_json::json!(account_id))
        .build()
        .expect("Failed to construct paseto token w/ builder!")
}
```

使用 PasetoBuilder 替代 local_paseto 函数来创建令牌。将 account_id 作为一个声明(claim)添加到令牌中，后续可以再次解密。需要 DateTime 的类型来生成时间。chrono crate 中的 Utc::now 函数可以生成 DateTime 类型的时间。同时在时间戳上加上一天并将它用作过期日期。这个添加的过期时间让我们稍微安心一些，因为在最坏的情况下，攻击者可以使用这个令牌 24 小时，之后它就无效了。9.2 节将介绍如何使用请求头中的令牌来验证请求是否被允许访问路由。

9.2　添加授权中间件

登录成功后，会收到一个封装了账户 ID 的令牌。每次请求时，都会检查 HTTP 头中是否设置了令牌，以及令牌是否有效。如果有效，将解密令牌并从中获取账户 ID。

另一方面，为校验客户端是否被允许修改底层资源(例如，账户 1 想要修改某个问题)，必须检查该问题是否确实由该账户创建。因此，在问题表和答案表中添加一个新的列，即 account_id，并且确保新增数据都会记录 account_id。然后，可以检查 HTTP 请求中的令牌是否允许修改该资源。图 9.5 中的流程演示了添加的中间件。

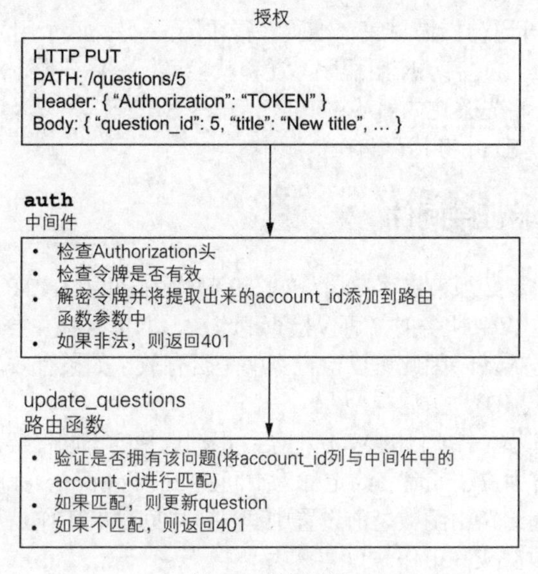

图 9.5　授权流程

在目前的情况下，与其修改迁移文件并删除整个数据库，不如对问题表和答案表使用新的迁移文件来添加一个新的列。

9.2.1　迁移数据库表

第一步是为数据库的变更做好准备。打开终端，通过 SQLx CLI 创建两个新的迁移文件。确保在项目根目录下执行命令。

```
$ sqlx migrate add -r extend_questions_table;
$ sqlx migrate add -r extend_answers_table;
```

上述命令在项目的 migrations 文件夹中总共创建了 4 个文件。可以打开每个文件并添加 SQL。代码清单 9.21 展示了问题表的迁移。

代码清单 9.21 通过迁移/_extend_questions_table.up.rs 扩展问题表**

```
ALTER TABLE questions
ADD COLUMN account_id serial;
```

代码清单 9.22 展示了撤销操作，再次删除了列。

代码清单 9.22 撤销之前添加的 account_id 列

```
ALTER TABLE questions
DROP COLUMN account_id;
```

本书的源代码(可通过扫描封底二维码获得)展示了另外两个用于调整答案表的迁移文件。如果通过 cargo run 启动应用程序，迁移就会运行，并在数据库的问题表和答案表中添加列。下一步，将先关注如何从 HTTP 请求中提取令牌，以及需要修改代码的哪些部分，以便验证账户 ID 并将其存储在资源中。

9.2.2 创建令牌验证中间件

认证流程的第一步必须来自客户端。如图 9.5 所示，期望 HTTP Authorization 头中包含令牌。当请求到达 Web 服务时，可以检查请求头，取出令牌并尝试解密。由于私有解密密钥只保存在服务器端，因此可以检查令牌是否有效。如果有效，就可以从中读取一开始存放的值(即账户 ID)。

选择以 Warp 作为本书项目的 Web 框架。根据选择的不同框架，这一步可能会略有不同。以上逻辑的常用方法或命名约定称为中间件(middleware)。在路由接收 HTTP 请求之后，在将请求传递给路由函数之前设置中间件。中间件的工作是从请求中提取或添加信息，以便路由函数完成其工作。

但需要提取什么呢？在 issue_token 函数中，添加 account_id 声明(claim)。如果仔细查看令牌，会发现 paseto 会添加一个有效期和一个名为 nbf 的字段，意思是“在此时间戳之前未使用(not used before this timestamp)”。

在有状态的环境中，通常称此为会话(session)。除了账户 ID，还可以加密用户角色以及其他有助于判断该 HTTP 请求是否被允许访问某些端点的信息。因此，在本书中，使用会话的命名惯例。代码清单 9.23 展示了在 types 文件夹的 account.rs 文件中新增的 Session 结构体。

代码清单 9.23 在 src/types/account.rs 中为代码库添加会话概念

```
use serde::{Deserialize, Serialize};
use chrono::prelude::*;

#[derive(Serialize, Deserialize, Debug, Clone)]
pub struct Session {
    pub exp: DateTime<Utc>,
    pub account_id: AccountId,
    pub nbf: DateTime<Utc>,
```

```
}

#[derive(Serialize, Deserialize, Debug, Clone)]
pub struct Account {
    pub id: Option<AccountId>,
    pub email: String,
    pub password: String,
}

#[derive(Deserialize, Serialize, Debug, Clone, PartialEq, Eq, Hash)]
pub struct AccountId(pub i32);
```

现在可以专注于中间件的实现。需要从令牌中提取 account_id 并将其存储在一个新的 Session 中。在 Warp 中，通过过滤器 trait 从 HTTP 请求中提取信息。我们已经为 Store 创建了一个过滤器，并将其添加到每个路由函数中。这个新的验证中间件遵循相同的逻辑，会将 Session 添加到路由函数中，或者如果令牌无效，则拒绝请求。代码清单 9.24 展示了在 routes 文件夹的 authentication.rs 文件中添加的功能。

代码清单 9.24　在 src/routes/authentication.rs 中添加 auth 中间件逻辑

```
…

pub fn verify_token(token: String) -> Result<Session, handle_errors::Error> {
    let token = paseto::tokens::validate_local_token(
        &token,
        None,
        &"RANDOM WORDS WINTER MACINTOSH PC".as_bytes(),
        &paseto::tokens::TimeBackend::Chrono,
    )
        .map_err(|_| handle_errors::Error::CannotDecryptToken)?;

        serde_json::from_value::<Session>(token).map_err(|_| {
            handle_errors::Error::CannotDecryptToken
    })
}

…

fn issue_token(account_id: AccountId) -> String {
    let current_date_time = Utc::now();
    let dt = current_date_time + chrono::Duration::days(1);

    paseto::tokens::PasetoBuilder::new()
        .set_encryption_key(
            &Vec::from("RANDOM WORDS WINTER MACINTOSH PC".as_bytes()
        ))
        .set_expiration(&dt)
        .set_not_before(&Utc::now())
        .set_claim("account_id", serde_json::json!(account_id))
        .build()
        .expect("Failed to construct paseto token w/ builder!")
}
```

```
pub fn auth() ->
    impl Filter<Extract = (Session,), Error = warp::Rejection> + Clone {
    warp::header::<String>("Authorization").and_then(|token: String| {
        let token = match verify_token(token) {
            Ok(t) => t,
            Err(_) => return future::ready(Err(warp::reject::reject())),
        };

        future::ready(Ok(token))
    })
}
```

auth 函数签名看起来相当复杂。这是 Warp 规范的一部分，必须遵循。如果实现了中间件，就必须返回一个实现了 Warp 过滤器 trait 的类型，这样框架才可以对其进行进一步的处理(例如，后续将其传递给路由函数)。Rust 中的 trait 确保一个类型实现了某些行为，这样其他函数就可以在其上调用关联函数。对于 auth 函数，返回一个实现了过滤器 trait(impl 过滤器)的类型，而这个过滤器 trait 期望的泛型类型是 Session，或者是一个实现了 Warp 的 Rejection trait 的 Error。我们还想确保可以克隆返回的过滤器，所以在签名的末尾添加了+ Clone。

注意：

这个函数签名看起来很复杂，你可以选择直接复制、粘贴这个中间件函数并根据你的使用情况进行调整，或者深入理解其中的原理并进行进一步的研究。

该函数还包含一个 future::ready 调用，这在之前的内容中没有被提到过。通过阅读 Warp 的示例(http://mng.bz/09Ox)，你可以发现中间件函数会返回一个 impl 过滤器签名。这让我们可以提取一个值并将其传递给路由函数，或者拒绝请求并完全跳过路由函数。

第一种实用的方法是返回一个简单的 Ok(token)，将会得到以下编译器消息：

```
expected type `std::future::Ready<Result<_, Rejection>>`
    found enum `Result<Session, _>`rustcE0308
```

由此可知，Warp 期望返回的是 std::future::Ready 类型，它封装了 Result。函数调用 future::ready 执行了相同的操作：返回一个包含 Result 的 Ready 类型。不过，不要因此而放弃。这只是一种语义，一旦你知道如何构造这样的函数，以后添加特性时就会觉得更加轻松。

重要的是检查 Authorization 头，如果存在，尝试以用来加密令牌的 paseto crate 中的函数 verify_token 来解密。正如你所记得的，我们之前对密码进行了加盐处理，使其具有唯一性，那么 paseto 如何找出实际密码并将其与明文密码进行匹配呢？答案是，盐仍然是哈希值的一部分，并且是可读的，结合用来加密令牌的&str，就可以对其进行解密。通过 pub 关键字将过滤器设置为公开的，因此可以在 main.rs 文件中使用它来扩展路由，如代码清单 9.25 所示。

代码清单 9.25　在路由中添加 auth 过滤器

```
#![warn(clippy::all)]

use handle_errors::return_error;
use tracing_subscriber::fmt::format::FmtSpan;
use warp::{http::Method, Filter};

…

#[tokio::main]
async fn main() -> Result<(), sqlx::Error> {

  …

  let get_questions = warp::get()
      .and(warp::path("questions"))
      .and(warp::path::end())
      .and(warp::query())
      .and(store_filter.clone())
      .and_then(routes::question::get_questions);

  let update_question = warp::put()
      .and(warp::path("questions"))
      .and(warp::path::param::<i32>())
      .and(warp::path::end())
      .and(routes::authentication::auth())
      .and(store_filter.clone())
      .and(warp::body::json())
      .and_then(routes::question::update_question);

  let delete_question = warp::delete()
      .and(warp::path("questions"))
      .and(warp::path::param::<i32>())
      .and(warp::path::end())
      .and(routes::authentication::auth())
      .and(store_filter.clone())
      .and_then(routes::question::delete_question);

  let add_question = warp::post()
      .and(warp::path("questions"))
      .and(warp::path::end())
      .and(routes::authentication::auth())
      .and(store_filter.clone())
      .and(warp::body::json())
      .and_then(routes::question::add_question);

  let add_answer = warp::post()
      .and(warp::path("answers"))
      .and(warp::path::end())
      .and(routes::authentication::auth())
      .and(store_filter.clone())
      .and(warp::body::form())
      .and_then(routes::answer::add_answer);
```

```
    let registration = warp::post()
        .and(warp::path("registration"))
        .and(warp::path::end())
        .and(store_filter.clone())
        .and(warp::body::json())
        .and_then(routes::authentication::register);

    let login = warp::post()
        .and(warp::path("login"))
        .and(warp::path::end())
        .and(store_filter.clone())
        .and(warp::body::json())
        .and_then(routes::authentication::login);

    …
}
```

只在客户端尝试操作数据时验证令牌。get_questions 路由是公开的，登录和注册也是公开的。删除、添加或更新问题(或答案)时需要一个有效的令牌。

添加这个过滤器后，编译器会再次出现一些错误，因为现在添加了 auth 函数的路由会向路由函数多传递一个参数(即 session)。

9.2.3 扩展现有路由以处理账户 ID

添加认证过滤器的第一个路由是 update_question。在 main.rs 中的路由设置中，首先过滤出参数(因为期望的路径是/questions/{id})，然后添加过滤器。过滤器提取出 Authorization 头，并返回一个 Session 对象。因此，在函数签名中，期望第二个位置上有一个 Session 参数。代码清单 9.26 展示了更新后的路由函数。

代码清单 9.26 在 update_question 路由函数中添加 Session 参数

```
…

use crate::profanity::check_profanity;
use crate::store::Store;
use crate::types::account::Session;
use crate::types::pagination::{extract_pagination, Pagination};
use crate::types::question::{NewQuestion, Question};

…

pub async fn update_question(
    id: i32,
    session: Session,
    store: Store,
    question: Question,
) -> Result<impl warp::Reply, warp::Rejection> {
    let account_id = session.account_id;
```

注释：
- `use crate::types::account::Session;`：从 account 模块导入 Session 类型
- `session: Session,`：期望的第二个参数是 Session 类型，因为之前通过 auth 中间件进行了提取
- `let account_id = session.account_id;`：从 Session 对象中获取 account_id，以便将引用传递给后面的函数

```
    if store.is_question_owner(id, &account_id).await? {
        let title = check_profanity(question.title);
        let content = check_profanity(question.content);

        let (title, content) = tokio::join!(title, content);

        if title.is_ok() && content.is_ok() {
            let question = Question {
                id: question.id,
                title: title.unwrap(),
                content: content.unwrap(),
                tags: question.tags,
            };
            match store.update_question(question, id, account_id).await {
                Ok(res) => Ok(warp::reply::json(&res)),
                Err(e) => Err(warp::reject::custom(e)),
            }
        } else {
            Err(warp::reject::custom(
                title.expect_err("Expected API call to have failed here"),
            ))
        }
    } else {
        Err(warp::reject::custom(handle_errors::Error::Unauthorized))
    }
}
...
```

一个新创建的 store 函数，用于检查问题是否由同一账户创建

同时将 account_id 传递给 store 函数，以便在数据库中为每个新条目填充新增的 account_id 列

如果会话中的 account_id 与数据库中的不匹配，则将返回 401 Unauthorized

下一步是更新 store 函数，最后将新的 Unauthorized 错误添加到 handle-errors 容器中。在 store 中添加一个新函数，以检查 account_id 是否与要修改的问题中的 account_id 匹配。代码清单 9.27 展示了添加的 is_question_owner 函数。

代码清单 9.27　在 store.rs 中添加 is_question_owner 函数

```
...

use crate::types::{
    account::{Account, AccountId},
    answer::Answer,
    question::{NewQuestion, Question, QuestionId},
};

...

pub async fn is_question_owner(
    &self,
    question_id: i32,
    account_id: &AccountId,
) -> Result<bool, Error> {
    match sqlx::query(
        "SELECT * from questions where id = $1 and account_id = $2"
```

```
    )
    .bind(question_id)
    .bind(account_id.0)
    .fetch_optional(&self.connection)
    .await
```

使用 get_questions 的 SELECT 查询和两个 WHERE 子句：id 和 account_id

fetch_optional 给出 None 或者一个结果

```
    {
        Ok(question) => Ok(question.is_some()),
        Err(e) => {
            tracing::event!(tracing::Level::ERROR, "{:?}", e);
            Err(Error::DatabaseQueryError(e))
        }
    }
}
```

检查结果是不是 some。如果不是，则返回 false

...

在每个修改、添加或删除问题(或答案)的请求中，还需要添加 account_id。仍然要仔细检查客户端是否被允许修改资源，如果你添加了问题或答案，也会存储 account_id。代码清单 9.28 展示了 store.rs 中新的 update_question 函数。

代码清单 9.28 在 store.rs 中为 update_question 添加 Session 参数

...

```
    pub async fn update_question(
        self,
        question: Question,
        id: i32,
        account_id: AccountId
) -> Result<Question, Error> {
        println!("{}", account_id.0);
        match sqlx::query(
            "UPDATE questions SET title = $1, content = $2, tags = $3
            WHERE id = $4 AND account_id = $5
            RETURNING id, title, content, tags",
        )
        .bind(question.title)
        .bind(question.content)
        .bind(question.tags)
        .bind(id)
        .bind(account_id.0)
        .map(|row: PgRow| Question {
            id: QuestionId(row.get("id")),
            title: row.get("title"),
            content: row.get("content"),
            tags: row.get("tags"),
        })
        .fetch_one(&self.connection)
        .await
        {
            Ok(question) => Ok(question),
```

给传递给路由函数的函数添加 AccountId 参数

添加 WHERE 子句以检查问题是否被该账户拥有

绑定 AccountId，可通过.0 访问它的一个字段

```
            Err(error) => {
                tracing::event!(tracing::Level::ERROR, "{:?}", error);
                Err(Error::DatabaseQueryError(error))
            }
        }
    }
...
```

最后一步是在 handle-errors crate 的 Error 枚举中添加 Unauthorized 错误。代码清单 9.29 展示了添加到代码中的内容。

代码清单 9.29　将 Unauthorized 错误场景添加到 handle-errors crate 中

```
...
#[derive(Debug)]
pub enum Error {
    ParseError(std::num::ParseIntError),
    MissingParameters,
    WrongPassword,
    CannotDecryptToken,
    Unauthorized,
    ArgonLibraryError(ArgonError),
    DatabaseQueryError(sqlx::Error),
    ReqwestAPIError(ReqwestError),
    MiddlewareReqwestAPIError(MiddlewareReqwestError),
    ClientError(APILayerError),
    ServerError(APILayerError)
}
...
impl std::fmt::Display for Error {
  fn fmt(&self, f: &mut std::fmt::Formatter) -> std::fmt::Result {
      match &*self {
          Error::ParseError(ref err) => {
              write!(f, "Cannot parse parameter: {}", err)
          },
          Error::MissingParameters => write!(f, "Missing parameter"),
          Error::WrongPassword => write!(f, "Wrong password"),
          Error::CannotDecryptToken => write!(f, "Cannot decrypt error"),
          Error::Unauthorized => write!(
              f,
              "No permission to change the underlying resource"
          ),
          Error::ArgonLibraryError(_) => {
              write!(f, "Cannot verifiy password")
          },
          Error::DatabaseQueryError(_) => {
              write!(f, "Cannot update, invalid data")
          },
          Error::ReqwestAPIError(err) => {
              write!(f, "External API error: {}", err)
          },
          Error::MiddlewareReqwestAPIError(err) => {
              write!(f, "External API error: {}", err)
          },
```

```
                Error::ClientError(err) => {
                    write!(f, "External Client error: {}", err)
                },
                Error::ServerError(err) => {
                   write!(f, "External Server error: {}", err)
                },
            }
        }
    }

    impl Reject for Error {}
    impl Reject for APILayerError {}

    #[instrument]
    pub async fn return_error(r: Rejection) -> Result<impl Reply, Rejection> {
      …
      } else if let Some(crate::Error::ReqwestAPIError(e)) = r.find() {
          event!(Level::ERROR, "{}", e);
          Ok(warp::reply::with_status(
              "Internal Server Error".to_string(),
              StatusCode::INTERNAL_SERVER_ERROR,
          ))
      } else if let Some(crate::Error::Unauthorized) = r.find() {
          event!(Level::ERROR, "Not matching account id");
          Ok(warp::reply::with_status(
              "No permission to change underlying resource".to_string(),
              StatusCode::UNAUTHORIZED,
          ))
      }
      …
}
```

本章的代码量已经非常大。对其他路由函数和存储函数所做的更改与在更新问题场景中所做的更改非常相似。本章的 GitHub 代码库(http://mng.bz/K0nK)包含了所有最新的修改和更新。

现在可以重新编译代码库，通过 cargo run 再次启动应用程序，并通过 curl 命令或 Postman 之类的应用程序测试整个流程。

一个新问题的创建可通过 curl 命令来完成：

```
$ curl --location --request POST 'localhost:3030/registration' \
      --header 'Content-Type: application/json' \
      --data-raw '{
      "email": "new@email.com",
      "password": "cleartext"
}'
```

要获得令牌，必须先登录：

```
$ curl --location --request POST 'localhost:3030/login' \
    --header 'Content-Type: application/json' \
    --data-raw '{
    "email": "new@email.com",
```

```
    "password": "cleartext"
  }'
"v2.local.Z9EaQ7lfPByBzKIySACj9HH8T8YLkx36aUSR2bUodwjoZzdpak6s-h8"?
```

然后，可以创建第一个问题：

```
$ curl --location --request POST 'localhost:3030/questions' \
      --header 'Authorization:
v2.local.Z9EaQ7lfPByBzKIySACj9HH8T8YLkx36aUSR2bUodwjoZzdpak6s-h8' \
      --header 'Content-Type: application/json' \
      --data-raw '{
      "title": "How can I code better?",
      "content": "Any tips for a Junior developer?"
  }'
Question added?
```

如果想更新 question，可以使用令牌和 curl：

```
$ curl --location --request PUT 'localhost:3030/questions/5' \
      --header 'Authorization:
v2.local.Z9EaQ7lfPByBzKIySACj9HH8T8YLkx36aUSR2bUodwjoZzdpak6s-h8' \
    --header 'Content-Type: application/json' \
    --data-raw '{
    "id": 5,
    "title": "New title",
    "content": "Any tips for a Junior developer?"
  }'
{"id":5,"title":"New title","content":" Any tips for a Junior
developer?","tags":null}?
```

如果尝试使用另一个账户的令牌进行 PUT 调用，则会被拒绝：

```
$ curl --location --request PUT 'localhost:3030/questions/5' \
      --header 'Authorization: v2.local.mrd0Bs-
5QC1BjEDXwWr1YbAY7Qf2Lj4A_Ikp3_bh3VaeFefbEbZ1TN0' \
    --header 'Content-Type: application/json' \
    --data-raw '{
    "id": 5,
    "title": "New title ",
    "content": "Any tips for a Junior developer?"
  }'
No permission to change underlying resource?
```

9.3　未涵盖的内容

本书的目的只有一个：使用 Rust 语言(而不是你当前所用的语言)来启动和运行应用程序，并将其投入生产。与认证和授权相关的主题和极端情况有很多，如果详细介绍它们，将偏离本书的目的。

本章没有介绍如何建立会话数据库来存储令牌，以便在发生数据泄露时或用户出于其他原因想要销毁令牌时使其失效。这属于软件架构范畴。读完本章(乃至本书)后，你就知道如何使用 Rust 连接到数据库，将代码分层以便抽象，并使用路由函数和结构体建立工作流。

在本章中，添加会话数据库的方案也没有被详细讨论。遗憾的是，Warp 并没有一个放之四海而皆准的解决方案。不过，你可以建立一个 Redis 实例，连接到它，并在每次生成令牌时，不仅将结果发送回客户端，还将其存储在 Redis 键值存储中。

此外，还有一些主题：重置用户密码，以及在分发的令牌过期时创建刷新令牌。这些主题更适合认证方面的书籍和文章，当你阅读本书时，最佳实践可能已经改变了。重置用户密码可以是一个简单的过程，比如创建一个新的重置密码表，通过电子邮件向用户发送一个带有哈希值的链接，当用户单击该链接时，打开一个新的 REST 端点来验证哈希值是否存在，并通过该工作流更新密码。

另一个主题是如何使用传输层安全(TLS)实现与客户端的安全连接。在大型应用程序中，这个选择最好留给基础架构，例如 NGINX 实例。其背后的理念更倾向于基于安全，最好听取各领域专家的意见。如果这是你第一次涉足 Web 开发，我希望确保你已经听说过 TLS，并在将你的服务部署到生产环境以供所有人访问之前考虑它。

9.4　本章小结

- 每个 Web 服务都必须处理认证和授权，无论是在微服务架构内对自身进行认证，还是在提供某种 API 时对客户端/服务器模型进行认证和授权。
- 在将密码存储到数据库之前，确保对密码进行哈希和加盐处理，并使用受到推荐的最新哈希算法。
- Web 应用程序会提供少量允许未经认证的用户访问的端点。
- 注册端点提供了向服务器发送电子邮件和密码组合的机会。
- 根据应用程序的复杂程度，可以存储电子邮件和密码哈希值，或向账户添加用户角色和其他属性。
- 请确保为表中的每个条目添加一个 ID，以便将资源与相应的账户联系起来。
- 登录端点是应用程序的入口。它返回一个令牌，该令牌是授权未来 HTTP 请求的关键。
- 中间件介于传入的 HTTP 调用和路由函数之间。它检查令牌是否有效，并从令牌中提取信息。
- 令牌是一种无状态的认证方式。也可以选择拥有一个包含所有有效令牌的数据库表，以便在将来使令牌失效。
- 中间件将向路由函数添加一个新参数——账户 ID。它们的工作是检查客户端是否被允许修改底层资源。
- 可通过应用程序代码或基础架构设置来决定是否要建立安全连接(如 TLS)。

第 10 章 部署应用程序

本章内容

- 配置应用程序以读取环境变量
- 为生产环境优化构建的二进制文件
- 针对不同操作系统对服务进行交叉编译
- 在发布代码之前创建更复杂的构建过程
- 创建完善的 Docker 文件
- 使用 Docker Compose 建立本地 Docker 环境

在第 9 章中添加了认证和授权后，我们可以换个方向，不再编写业务逻辑。在这个阶段，所有代码都已编写完成，是时候向世界展示成果了。编译器不仅在创建稳定的代码库方面提供了巨大帮助，它在将代码部署到生产环境时也一样出色——例如，针对不同的架构交叉编译二进制文件，以及创建尽可能小的二进制文件，以便通过 Docker(或不通过 Docker)将其部署到不同的服务中。

不过，在此之前，必须仔细检查代码，查找应用程序中的硬编码参数，并从环境变量或 CLI 命令中提取和输入这些参数。一旦将代码从本地机器转移到第三方托管服务提供商，就无法控制监听的端口以及定义数据库 URL 的方式。这些设置由第三方提供商(或 DevOps 团队)通过环境变量提供。

第三方提供商将 IP 地址、端口甚至数据库 URL 注入应用程序中。必须开放地接收这些外部需求，并在设置中使用它们。Rust 提供了多种解析环境变量或 CLI 命令的方法，这正是你在 10.1 节所要做的。完成此任务后，将研究 Cargo 如何支持编译一个优化而小巧的二进制文件，甚至允许进行交叉编译，这样你就可以在 macOS 下为 Linux 机器创建二进制文件。在本章的最后，将介绍 Docker 以及如何创建一个更复杂的编译过程。

10.1 通过环境变量设置应用程序

一旦将 Web 服务编译成二进制文件，你就必须准备好将其交给第三方、其他团队或不断变化的运行环境。与你在自己的机器上设置的固定的本地数据库端口不同，在生产环境中运行的服务器或机器为数据库分配了不同的端口。日志级别和 API 密钥也是如此，会根据应用程序的当前状态发生变化。

因此，你的二进制文件必须具备一定的适应性。外部需要能够向应用程序传入用于连接数据库的 URL 和端口，以及数据库名称和第三方服务生产环境端点的 API 密钥。

一般来说，可通过以下三种方式向应用程序提供输入：

- 配置文件。
- 启动应用程序时通过命令行输入。
- 应用根目录的.env 文件。

每种解决方案都有其优点和缺点。配置文件很方便，因为你不必记住所有需要传递的命令行指令，只要查看 JSON 或 TOML 文件就可以检查服务器如何启动。然而，最好不要将 API 密钥和秘密信息存入仓库，这意味着你总是需要另一种方式在生产环境中将这些信息传递给应用程序。图 10.1 展示了这三种选项，以及如何在代码中访问外部提供的参数。

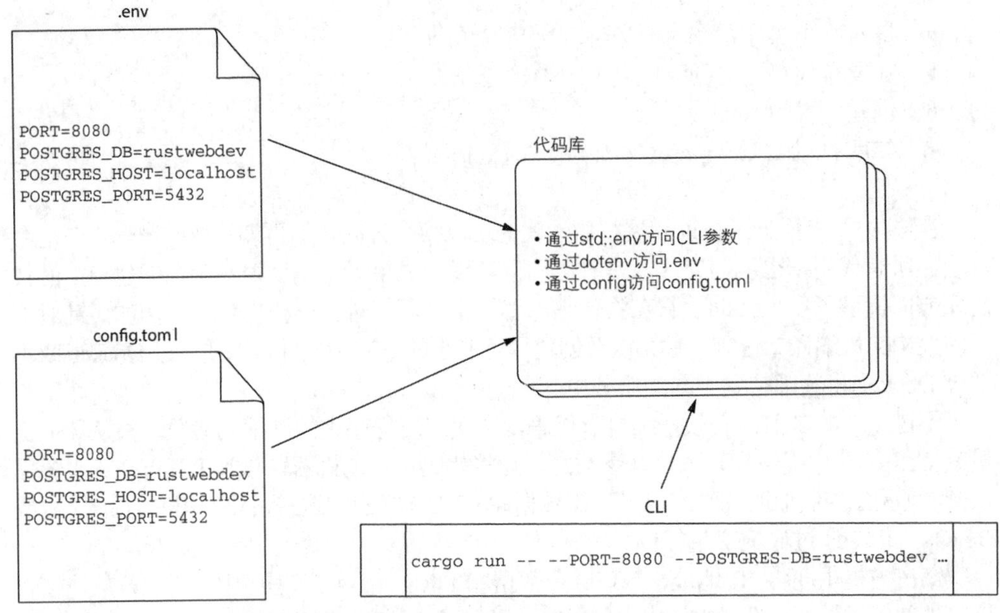

图 10.1 通过 crate 和标准库访问配置文件和参数

当你将应用程序移到不同的环境时，命令行输入是最好的选择。例如，可以在暂存和生产中使用不同的命令行输入，而不必为此维护多个配置文件。这种解决方案的缺点是，仅通过查看代码很难跟踪传递给应用程序的信息。

.env 文件是每个设置中常见的内容。这些文件的扩展名为.env，位于应用程序的根目录下。顾名思义，这些文件最好保存在本地，以免被其他方看到。通常在其中存储 API 密钥和其他秘密信息。这样做的好处是，你可以将应用程序部署到生产机器上，生产机器上有另一组.env 文件，可以为 Web 服务提供正确的秘密信息。这种解决方案的缺点是，很难猜测可能有哪些类型的命令。因此，通常会将一个带有示例参数的.env 文件存入代码库。

10.1.1　设置配置文件

第一个示例实现是处理配置文件。将使用名为 config-rs 的第三方 crate，config-rs 提供了解析文件和读取配置所需的工具。首先，需要将该 crate 添加到 Cargo.toml 文件中，如代码清单 10.1 所示。我们即将最终部署应用程序，因此将对 Cargo.toml 文件做进一步的清理，比如以 1.0.0 作为版本号，并更改应用程序的标题(用粗体标出)。

代码清单 10.1　在 Cargo.toml 中添加 config-rs

```
[package]
name = "rust-web-dev"
version = "1.0.0"
edition = "2021"

[dependencies]
warp = "0.3"
serde = { version = "1.0", features = ["derive"] }
serde_json = "1.0"
tokio = { version = "1.1.1", features = ["full"] }
handle-errors = { path = "handle-errors", version = "0.1.0" }
tracing = { version = "0.1", features = ["log"] }
tracing-subscriber = "0.2"
sqlx = { version = "0.5", features = [ "runtime-tokio-rustls", "migrate",
"postgres" ] }
reqwest = { version = "0.11", features = ["json"] }
reqwest-middleware = "0.1.1"
reqwest-retry = "0.1.1"
rand = "0.8"
rust-argon2 = "1.0"
paseto = "2.0"
config = { version = "0.13.1", features = ["toml"] }
```

通过添加 toml 特性标志，使 crate 能够读取和解析 TOML 文件。还存在其他一些选项，例如 JSON 和 YAML。

接下来，创建一个 setup.toml 文件，用于存储在部署和维护 Web 服务过程中可能发生变化的参数。代码清单 10.2 展示了添加到项目根目录下的新文件。

代码清单 10.2　在项目根目录下添加 setup.toml 文件

```
log_level = "warn"
database_host = "localhost"
database_port = 5432
database_name = "rustwebdev"
port = 8080
```

在 main.rs 中的服务器设置中，为 Tracing 库、数据库连接池设置和 Web 服务器设置提供参数。所有这些参数现在都在这个文件中表达。下一步是读取这些参数并在 main.rs

中使用它们。代码清单 10.3 展示了添加的代码，并以粗体标出。

代码清单 10.3 在 main.rs 中从 setup.toml 文件读取参数

```
#![warn(clippy::all)]

use config::Config;        // 将 config-rs crate 导入代码库
use handle_errors::return_error;
use tracing_subscriber::fmt::format::FmtSpan;
use warp::{http::Method, Filter};
use std::env;

mod profanity;
mod routes;
mod store;
mod types;

#[derive(Parser, Debug, Default, serde::Deserialize, PartialEq)]
struct Args {        // 创建名为 Args 的新类型，可以用它将 setup.toml 文件反序列化为本地变量
    log_level: String,
    /// URL for the postgres database
    database_host: String,
    /// PORT number for the database connection
    database_port: u16,
    /// Database name
    database_name: String,
    /// Web server port
    port: u16,
}

#[tokio::main]
async fn main() -> Result<(), sqlx::Error> {
    let config = Config::builder()        // config crate 提供了 builder 方法，将配置文件读取到代码库中
        .add_source(config::File::with_name("setup"))        // 在解析文件时，不需要指定.toml 扩展名
        .build()
        .unwrap();

    let config = config
        .try_deserialize::<Args>()        // 读取文件后，尝试对其进行映射(反序列化)并创建一个新的 Args 对象
        .unwrap();

    …

    let log_filter = std::env::var("RUST_LOG").unwrap_or_else(|_| {
        format!(
            "handle_errors={},rust_web_dev={},warp={}",
            config.log_level, config.log_level, config.log_level        // 现在可以使用结构化的字段为函数调用提供参数，并删除硬编码字符串
        )
    });

    let store = store::Store::new(&format!(
        "postgres://{}:{}/{}",
        config.database_host, config.database_port, config.database_name        // 数据库连接池的创建也是如此
    ))
```

```
        .await?;

    sqlx::migrate!().run(&store.clone().connection).await?;

    let store_filter = warp::any().map(move || store.clone());

    …

    warp::serve(routes).run(([127, 0, 0, 1], config.port)).await;

    Ok(())
}
```

使用配置对象读取端口号，而不是硬编码

现在你可以尝试通过 cargo run 重新运行 Web 服务，一切都应该和以前一样正常工作。这种解决方案的优点在于将参数与代码解耦。现在，数据库名称、不同的端口号或不同的数据库主机都可以在不触碰代码的情况下进行更改，而且不会在更改过程中意外引入错误。

你可以将该 TOML 文件添加到代码库中，这样代码库的贡献者就可以清楚地知道他们需要设置哪些参数才能使代码库在本地运行。他们可以选择复制参数或使用不同的参数进行本地设置。这将节省大量时间，例如，他们不用再花时间查看代码，也不用再想办法在数据库服务器上打开特定的端口。

10.1.2　在程序中接收命令行参数

在一些情况下，你可能不需要为应用程序提供复杂的配置文件，或者部署代码的环境使用 CLI 命令为应用程序提供参数。通过使用 CLI 参数，还可以更容易地快速尝试不同的环境和配置，而不必总是更改和保存文件。

你既可通过 cargo run 运行应用程序，也可通过构建后的二进制文件运行。无论你采用哪种方式，程序运行时都会附加操作系统提供的参数。Rust 的标准库提供了读取这些参数的方法，在代码库中可通过 std::env::args (http://mng.bz/xMaB)进行访问。

你可以选择使用内置功能，也可以选择一个更加支持命令行参数的 crate。根据应用程序的复杂性，你可以选择其中之一。本书选择了 clap(https://github.com/clap-rs/ clap)。它维护得很好，并且有多种用法。

使用与 10.1.1 节中示例相同的 Args 结构，并尝试将命令行参数反序列化为一个新的 Args 对象。进行对应的配置，将 clap crate 添加到 Cargo.toml 文件中。这个版本的 crate 有一个特殊情况，你可能会遇到编译器错误。在代码清单 10.4 中，还指定了 proc-macro2 crate 的版本，因为在本书代码库的创建过程中，它会导致应用程序崩溃。

代码清单 10.4　在项目中添加 clap

```
[package]
name = "rust-web-dev"
version = "1.0.0"
edition = "2021"
```

```
[dependencies]
warp = "0.3"
serde = { version = "1.0", features = ["derive"] }
serde_json = "1.0"
tokio = { version = "1.1.1", features = ["full"] }
handle-errors = { path = "handle-errors", version = "0.1.0" }
tracing = { version = "0.1", features = ["log"] }
tracing-subscriber = "0.2"
sqlx = { version = "0.5", features = [ "runtime-tokio-rustls", "migrate",
"postgres" ] }
reqwest = { version = "0.11", features = ["json"] }
reqwest-middleware = "0.1.1"
reqwest-retry = "0.1.1"
rand = "0.8"
rust-argon2 = "1.0"
paseto = "2.0"
clap = { version = "3.1.7", features = ["derive"] }
proc-macro2 = "1.0.37"
```

现在可以尝试在 main.rs 文件中解析参数，如代码清单 10.5 所示。

代码清单 10.5 使用 clap 在 main.rs 中解析命令行参数

```
#![warn(clippy::all)]

...

use clap::Parser;

/// Q&A web service API
#[derive(Parser, Debug)]
#[clap(author, version, about, long_about = None)]
struct Args {
    /// Which errors we want to log (info, warn or error)
    #[clap(short, long, default_value = "warn")]
    log_level: String,
    /// URL for the postgres database
    #[clap(long, default_value = "localhost")]
    database_host: String,
    /// PORT number for the database connection
    #[clap(long, default_value = "5432")]
    database_port: u16,
    /// Database name
    #[clap(long, default_value = "rustwebdev")]
    database_name: String,
}

#[tokio::main]
async fn main() -> Result<(), sqlx::Error> {
    let args = Args::parse();

    let log_filter = std::env::var("RUST_LOG").unwrap_or_else(|_| {
        format!(
            "handle_errors={},rust-web-dev={},warp={}",
```

导入 clap 解析器，用于将 CLI 参数解析到 Args 对象中

使用文档注释。如果用户使用-help 命令，clap 将使用文档注释建立一个正确的 CLI 界面

用于 CLI 界面信息的细节

每个字段都可通过短关键字和长关键字自动转换为 CLI 参数，也可设置默认值，以防启动应用程序时没有指定选项

解析函数将读取 CLI 参数并将其转换为 Args 对象

```
            args.log_level, args.log_level, args.log_level
        )
    });

    let store = store::Store::new(&format!(
        "postgres://{}:{}/{}",
        args.database_host, args.database_port, args.database_name
    ))
    .await?;

    sqlx::migrate!().run(&store.clone().connection).await?;

    …

    Ok(())
}
```

当通过 cargo run 运行应用程序时，需要添加两个破折号，然后就能传递参数了：

```
$ cargo run -- --database-host localhost --log-level warn --database-name
rustwebdev --database-port 5432
```

也可通过 target 文件夹中编译后的二进制文件来运行：

```
$ ./target/debug/rust-web-dev --database-host localhost --log-level warn -
database-name rustwebdev --database-port 5432
```

添加 CLI 参数后，我们在操作 Web 服务时便有了更大的灵活性。不过，还需要覆盖读取环境变量的场景。

10.1.3　在 Web 服务中读取和解析环境变量

环境变量在某种程度上是不同的，因为它们是在应用程序启动的 shell 中设置的。可通过一个.env 文件来添加这些环境变量，并使用一个 crate 来初始化该文件，在服务器启动前将包含的键值对添加到环境中。

如果使用的是第三方托管服务，这些服务通常会通过环境变量来设置其规范(例如，端口号和主机 IP)。在代码中，必须确保读取正确的环境变量，并相应地设置 Web 服务的 IP 和端口。

首先在项目中添加 dotenv crate。这有助于初始化根目录下的.env 文件，并读取代码库中的值。代码清单 10.6 展示了更新后的 Cargo.toml 文件。

代码清单 10.6　在项目中添加 dotenv crate

```
[package]
name = "rust-web-dev"
version = "1.0.0"
edition = "2021"

[dependencies]
```

```
…
paseto = "2.0"
clap = { version = "3.1.7", features = ["derive"] }
proc-macro2 = "1.0.37"
dotenv = "0.15.0"
```

接下来，在根目录下添加一个.env 文件，并在其中添加两个键值对。先添加端口配置，以测试是否能适应主机提供商的设置。本章开头提到，这类文件主要用于私密密钥，不应该添加到版本库中。代码清单 10.7 展示了新建的.env 文件。

代码清单 10.7 项目根目录下.env 文件的内容

```
BAD_WORDS_API_KEY=API_KEY_HIDDEN_FOR_THE_BOOK
PASETO_KEY="RANDOM WORDS WINTER MACINTOSH PC"
PORT=8080
```

注意将.env 添加到项目的.gitignore 文件中，这样.env 就不会被添加到分支中。现在可以思考解析环境变量如何影响代码。代码清单 10.8 展示了如何在 main.rs 文件中使用环境变量。我们希望尽早发现错误并且不启动服务器，因为想确保添加了第三方服务的 API 密钥。

代码清单 10.8 在 main.rs 中接收环境变量

```
#![warn(clippy::all)]
                                    导入 dotenv crate
use dotenv;
use handle_errors::return_error;
use tracing_subscriber::fmt::format::FmtSpan;
use warp::{http::Method, Filter};
use std::env;

…

/// Q&A web service API
#[derive(Parser, Debug)]
#[clap(author, version, about, long_about = None)]
struct Args {
    /// Which errors we want to log (info, warn or error)
    #[clap(short, long, default_value = "warn")]
    log_level: String,
    /// URL for the postgres database
    #[clap(long, default_value = "localhost")]
    database_host: String,
    /// PORT number for the database connection
    #[clap(long, default_value = "5432")]
    database_port: u16,
    /// Database name
    #[clap(long, default_value = "rustwebdev")]
    database_name: String,
}
```

通过 dotenv crate 初始化.env 文件

正如稍后你将看到的，必须将返回错误改为来自 handle-errors crate 的 Error 枚举变量之一

如果没有设置 API 键，将无法启动服务器

检查 PORT 环境变量，如果已设置，则将其解析为 u16；如果未设置，则默认返回 808 端口，或者在解析失败时返回自定义错误

添加一个新的 MigrationError 枚举变量，以防迁移因某种原因而失败

使用解析后的 PORT 环境变量来启动服务器

更改创建 DB 池时返回的默认错误，使其与代码库其他部分保持一致，并使用在 handle-errors crate 的 Error 枚举中定义的错误

```
#[tokio::main]
async fn main() -> Result<(), handle_errors::Error> {
    dotenv::dotenv().ok();

    if let Err(_) = env::var("BAD_WORDS_API_KEY") {
        panic!("BadWords API key not set");
    }

    if let Err(_) = env::var("PASETO_KEY") {
        panic!("PASETO key not set");
    }

    let port = std::env::var("PORT")
        .ok()
        .map(|val| val.parse::<u16>())
        .unwrap_or(Ok(8080))
        .map_err(|e| handle_errors::Error::ParseError(e))?;

    let args = Args::parse();

    let log_filter = std::env::var("RUST_LOG").unwrap_or_else(|_| {
        format!(
            "handle_errors={},rust-web-dev={},warp={}",
            args.log_level, args.log_level, args.log_level
        )
    });

    let store = store::Store::new(&format!(
        "postgres://{}:{}/{}",
        args.database_host, args.database_port, args.database_name
    ))
    .await
    .map_err(|e| handle_errors::Error::DatabaseQueryError(e))?;

    sqlx::migrate!()
        .run(&store.clone()
        .connection).await.map_err(|e| {
            handle_errors::Error::MigrationError(e)
        })?;

    …

    warp::serve(routes).run(([127, 0, 0, 1], port)).await;

    Ok(())
}
```

此外，还需要用.env 文件中的密钥替换硬编码的 paseto 加密密钥，如代码清单 10.9 所示。

代码清单 10.9 替换 src/routes/authentication.rs 中硬编码的 paseto 密钥

```
use argon2::{self, Config};
use chrono::prelude::*;
use rand::Rng;
use std::{env, future};
use warp::{http::StatusCode, Filter};

…

pub fn verify_token(token: String) -> Result<Session, handle_errors::Error> {
    let key = env::var("PASETO_KEY").unwrap();
    let token = paseto::tokens::validate_local_token(
        &token,
        None,
        key.as_bytes(),
        &paseto::tokens::TimeBackend::Chrono,
    )
    .map_err(|_| handle_errors::Error::CannotDecryptToken)?;

    serde_json::from_value::<Session>(token).map_err(|_| {
        handle_errors::Error::CannotDecryptToken
    })
}

…

fn issue_token(account_id: AccountId) -> String {
    let key = env::var("PASETO_KEY").unwrap();

    let current_date_time = Utc::now();
    let dt = current_date_time + chrono::Duration::days(1);

    paseto::tokens::PasetoBuilder::new()
        .set_encryption_key(&Vec::from(key.as_bytes()))
        .set_expiration(&dt)
        .set_not_before(&Utc::now())
        .set_claim("account_id", serde_json::json!(account_id))
        .build()
        .expect("Failed to construct paseto token w/ builder!")
}

…
```

缺少的部分是在 handle-errors 板块中添加的 Error 枚举变量。代码清单 10.10 显示了添加的代码，在本书中执行了多次。

代码清单 10.10 为 handle-errors 添加 MigrationError 枚举变量

```
…

#[derive(Debug)]
pub enum Error {
    ParseError(std::num::ParseIntError),
```

```
    MissingParameters,
    WrongPassword,
    CannotDecryptToken,
    Unauthorized,
    ArgonLibraryError(ArgonError),
    DatabaseQueryError(sqlx::Error),
    MigrationError(sqlx::migrate::MigrateError),
    ReqwestAPIError(ReqwestError),
    MiddlewareReqwestAPIError(MiddlewareReqwestError),
    ClientError(APILayerError),
    ServerError(APILayerError)
}

…

impl std::fmt::Display for Error {
    fn fmt(&self, f: &mut std::fmt::Formatter) -> std::fmt::Result {
        match &*self {
            Error::ParseError(ref err) =>{
              Write!(f, "Cannot parse parameter: {}", err)
            },
            Error::MissingParameters => write!(f, "Missing parameter"),
            Error::WrongPassword => write!(f, "Wrong password"),
            Error::CannotDecryptToken => write!(f, "Cannot decrypt error"),
            Error::Unauthorized => write!(
                f,
                "No permission to change the underlying resource"
            ),
            Error::ArgonLibraryError(_) =>{
              write!(f, "Cannot verifiy password")
            },
            Error::DatabaseQueryError(_) => {
              write!(f, "Cannot update, invalid data")
            },
            Error::MigrationError(_) => write!(f, "Cannot migrate data"),
            Error::ReqwestAPIError(err) => {
              write!(f, "External API error: {}", err)
            },
            Error::MiddlewareReqwestAPIError(err) => {
              write!(f, "External API error: {}", err)
            },
            Error::ClientError(err) => {
              write!(f, "External Client error: {}", err)
            },
            Error::ServerError(err) => {
              write!(f, "External Server error: {}", err)
            },
        }
    }
}

…

}
```

我们还在.env 文件中添加了 BAD_WORDS_API_KEY，但只是检查键值对是否存在。下面在 profanity.rs 文件中读取需要的值。代码清单 10.11 展示了如何在外部 API 调用中使用它。

代码清单 10.11 在 check_profanity 函数中使用.env 文件中的 API 密钥

```
use std::env;

…

#[instrument]
pub async fn check_profanity(
   content: String
) -> Result<String, handle_errors::Error> {
     // We are already checking if the ENV VARIABLE is set inside main.rs,
     // so safe to unwrap here
     let api_key = env::var("BAD_WORDS_API_KEY").unwrap();

     let retry_policy =
          ExponentialBackoff::builder().build_with_max_retries(3);
     let client = ClientBuilder::new(reqwest::Client::new())
          .with(RetryTransientMiddleware::new_with_policy(retry_policy))
          .build();

     let res = client.post("https://api.apilayer.com
              /bad_words?censor_character={censor_character}"
          )
          .header("apikey", api_key)
          .body(content)
          .send()
          .await
          .map_err(handle_errors::Error::MiddlewareReqwestAPIError)?;

     …
}
```

你现在可以尝试使用不同的环境变量，看看端点和代码的行为表现。你会发现，如果在.env 文件中添加 BAD_WORDS_API_KEY 键，但不添加值，代码不会失败。你还需要检查赋值的变量是否为空。在本小节的末尾，还讨论了如何读取环境变量。无论你的应用程序将在哪个环境中使用，你都可以从文件、命令行参数或其他环境中为其提供变量，以便动态地应对不同的环境和需求。

以上便是针对代码库需要做的最后一些调整，接下来将专注于构建和部署部分。下面介绍 Cargo 如何帮助我们为不同的环境准备代码库。

10.2 根据不同环境编译 Web 服务

Rust 包管理器(Cargo)有很多功能。本节将介绍它如何帮助我们导出和优化构建二进制文件。它有两个主要配置文件：dev 和 release。当运行 cargo build 时，Cargo 默认使用

dev 配置文件。如果想构建用于发布的应用程序，可以添加--release 标志。图 10.2 强调了两个配置文件之间的区别。

我们还将介绍如何交叉编译二进制文件。当你运行 cargo build 时，它使用底层操作系统的库来构建二进制文件。当你执行二进制文件时，它依赖于当前操作系统来执行任务。但是，如果希望在 macOS 上编译应用程序，然后在 Linux 服务器上运行，该怎么办呢？

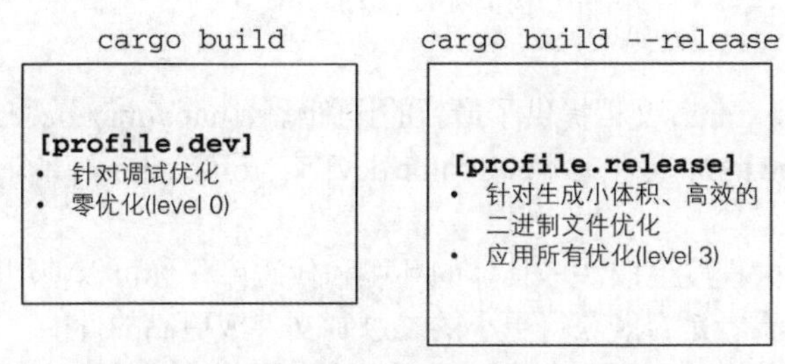

图 10.2　Cargo 默认使用 dev 配置文件，如果附加--release 标志，将优化二进制文件

在规模较大的公司，这不会是一个问题，相反，这会触发远程构建流水线，在目标机器上编译应用程序。但重要的是知道，如果在本地开发并“手动”发布代码，或者有其他场景，那么当构建应用程序的机器配置与生产中运行的机器配置不一致时，交叉编译就会派上用场。

10.2.1　构建二进制文件时的 development 和 release 标志

默认情况下，cargo build 命令会使用 dev 标志。cargo build 会使用默认的 dev 配置文件(http://mng.bz/WMY0)。这些设置可以在 Cargo.toml 文件中进行修改，默认的参数如下：

```
[profile.dev]
opt-level = 0
debug = true
split-debuginfo = '...' # Platform-specific.
debug-assertions = true
overflow-checks = true
lto = false
panic = 'unwind'
incremental = true
codegen-units = 256
rpath = false
```

第一个设置，即 opt-level(http://mng.bz/82BP)，非常重要。当值设置为 0 时，编译器在编译代码时不会应用任何优化。这将加快编译速度，但也会导致二进制文件变大。

通常情况下，3 代表所有的优化，应该生成运行速度最快的二进制文件，但这并不是一步到位的，1 和 2 则分别表示“基本优化”和“一些优化”。

release 配置文件(http://mng.bz/E0AJ)如下：

```
[profile.release]
```

```
opt-level = 3
debug = false
split-debuginfo = '...' # Platform-specific.
debug-assertions = false
overflow-checks = false
lto = false
panic = 'unwind'
incremental = false
codegen-units = 16
rpath = false
```

对于以上设置，Cargo 文档提供了最新的详细解释(http://mng.bz/N5QD)。值得注意的是，你可以在 Cargo.toml 文件中添加[profile.dev]或[profile.release]部分，并通过键值对添加单独的设置。

由于优化在很大程度上取决于具体的环境和代码库，你可以使用默认设置，也可以任意调整设置值，看看是否能获得更小的二进制文件或更高的性能。

一般建议在编译代码时使用--release 标志，然后将其发布到生产环境。这样，二进制文件会更小，代码运行效率也会更高。

10.2.2 针对不同环境交叉编译二进制文件

对于 Rust 代码的编译，二进制文件的大小并不是唯一的考虑因素。在编译过程中，编译器使用操作系统库构建二进制文件。每次编译都依赖于操作系统的底层 API 调用。如果使用的是 macOS，生成的二进制文件也将在 macOS 上运行。如果尝试将代码复制到 Linux 机器上运行，则会失败。

Rust 支持为不同环境编译，这些环境被称为 target (http://mng.bz/DDBE)。可通过命令 rustup target list 获得可用的 target 列表：

```
$ rustup target list
aarch64-apple-darwin (installed)
aarch64-apple-ios
aarch64-apple-ios-sim
aarch64-fuchsia
aarch64-linux-android
…
```

完整的列表可以在 Rustc 文档网站(http://mng.bz/lR8y)的平台支持(Platform Support)部分找到。在为特定环境构建代码库之前，必须先通过 Rustup 向工具链添加新增的 target。因此，如果在 macOS M1 机器上，希望为英特尔 Mac 构建二进制文件，就必须先添加 target，然后在构建步骤中指定它：

```
$ rustup target install x86_64-apple-darwin
$ cargo build --release --target x86_64-apple-darwin
```

另一个常见用例是创建交叉编译的二进制文件。这种情况下使用的术语是动态链接(dynamically linked)与静态链接(statically linked)二进制文件。创建动态链接二进制文件时，创建的可执行文件不会将所需的所有库打包到自身中，但会记录需要对操作系统进行系统调用时要调用的地址空间。动态链接与静态链接之间的区别如图 10.3 所示。

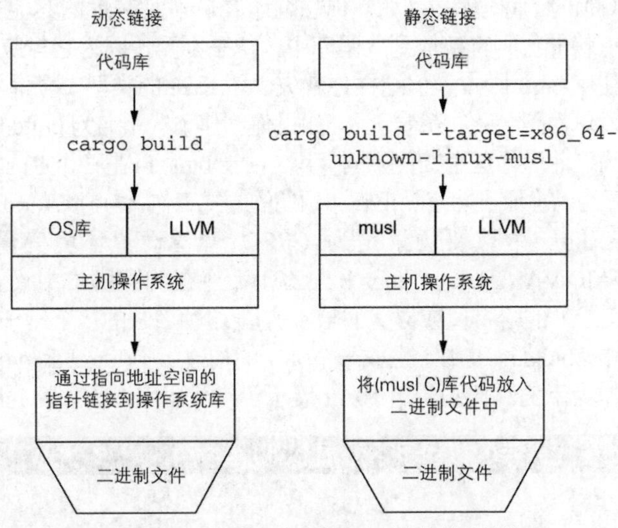

图 10.3　二进制文件中的动态链接与静态链接

动态链接会使创建的二进制文件相对更小，但也意味着它依赖于它构建时对应的操作系统。如果使用静态链接流程，库将会被放入二进制文件，所以你不必依赖操作系统来提供确切的代码，也不必依赖当前主机的内存地址。

Rust 为一个名为 x86_64-unknown-linux-musl 的用于交叉编译的 Linux 二进制文件提供了 target。你可以将它添加到 Rustup 工具链中并进行构建：

```
$ rustup target install x86_64-unknown-linux-musl
$ cargo build --release --target=x86_64-unknown-linux-musl
```

musl 项目(www.musl-libc.org/intro.html)提供了一个针对静态链接进行优化的标准 C 库的实现。构建系统可以使用 musl 对操作系统发起系统调用，musl 会将这些调用翻译成其当前运行的操作系统可以理解的形式。

这也意味着当前的操作系统必须已经安装 musl，这样 Rust 编译器才能将其整合到二进制文件中。安装 musl 的过程取决于你正在运行的操作系统，本书无法提供最新的 musl 安装指南。如果遇到问题，要记住，如果想创建一个静态链接的二进制文件，你需要在机器上安装 musl，并且在一定的时机(有时通过 shell 中的环境变量)告诉操作系统明确的目标环境。

10.3　在构建流程中使用 build.rs

到目前为止，我们已经介绍了在构建过程中如何指定不同的环境，以及在将 Rust 代码库编译成二进制文件时如何使用优化标志--release，不过，在将生成的二进制文件部署到不同的服务器之前，我们还有一个秘密武器。

有时，简单的cargo build --release是不够的。例如，你想为环境变量提供一个构建ID，而且这个ID可以提供给代码库；又如，你想编译Rust代码依赖的其他非Rust代码。如果将这些发布时依赖的代码直接放到代码库中，似乎不妥，因为它与应用程序的业务逻辑无关。可尝试使用bash脚本，但这样你就失去了Rust的类型安全优势。

Cargo的开发团队已经为你考虑好了。如果你创建了一个名为build.rs的文件，Cargo会在编译应用代码之前运行这个文件中的代码。由于build.rs是一个Rust文件，你可以继续获得编译器的帮助以确保一切按照正确和预期的方式工作，也可以从Rust标准库中获益。

使用build.rs的一个重要场景是为CI/CD管道设置环境变量。你可以使用cargo:rustc-env=VAR=VALUE(http://mng.bz/BZBJ)命令在构建脚本中设置一个环境变量(比如当前Git HEAD的哈希值或提交的哈希值)。这种用法的一个例子是，在一个名为substrate的crate中，build.rs被用于生成一个唯一的构建版本(http://mng.bz/de8Q)。在代码库中使用该代码作为示例。代码清单10.12展示了在代码库中添加的build.rs。

代码清单 10.12 在代码库的根目录下添加 build.rs 文件

```
use platforms::*;
use std::{borrow::Cow, process::Command};

/// Generate the `cargo:` key output
pub fn generate_cargo_keys() {
    let output = Command::new("git")
            .args(&["rev-parse", "--short", "HEAD"])
            .output();
    let commit = match output {
        Ok(o) if o.status.success() => {
            let sha = String::from_utf8_lossy(&o.stdout).trim().to_owned();
            Cow::from(sha)
        }
        Ok(o) => {
            println!(
                "cargo:warning=Git command failed with status: {}",
                o.status
            );
            Cow::from("unknown")
        },
        Err(err) => {
            println!(
                "cargo:warning=Failed to execute git command: {}",
                Err
            );
            Cow::from("unknown")
        },
    };

    println!(
        "cargo:rustc-env=RUST_WEB_DEV_VERSION={}",
        get_version(&commit)
    );
```

```
}

fn get_platform() -> String {
    let env_dash = if TARGET_ENV.is_some() { "-" } else { "" };

    format!(
        "{}-{}{}{}",
        TARGET_ARCH.as_str(),
        TARGET_OS.as_str(),
        env_dash,
        TARGET_ENV.map(|x| x.as_str()).unwrap_or(""),
    )
}

fn get_version(impl_commit: &str) -> String {
    let commit_dash = if impl_commit.is_empty() { "" } else { "-" };

    format!(
          "{}{}{}-{}",
          std::env::var("CARGO_PKG_VERSION").unwrap_or_default(),
          commit_dash,
          impl_commit,
          get_platform(),
    )
}

fn main() {
  generate_cargo_keys();
}
```

这是一种生成唯一 ID 的扩展方式，其中包括提交哈希值和所运行操作系统的信息。以下代码：

```
println!("cargo:rustc-env=RUST_WEB_DEV_VERSION={}", get_version(&commit))
```

将函数的结果添加到名为 RUST_WEB_DEV_VERSION 的环境变量中，该变量由命令 cargo:rustc-env 设置。为了能从目标系统读取信息，需要一个名为 platforms 的 crate。当前场景下，仅将 platforms 添加到 Cargo.toml 中是不够的。必须在 Cargo 文件中添加一个新的部分，这样 build.rs 文件才能访问它。这个部分就是[build-dependencies]，如代码清单 10.13 所示。

代码清单 10.13　添加 platforms 构建依赖项

```
[package]
name = "rust-web-dev"
version = "1.0.0"
edition = "2021"

[dependencies]
…

[build-dependencies]
platforms = "2.0.0"
```

设置了这个环境变量后，尝试在代码库中访问它。希望使用 Tracing 库在每次启动应用程序时生成日志，以显示明确的版本号。每次发现 bug 或其他问题时，都可以将其与提交的确切哈希值结合起来，这样就总能知道问题发生的位置。代码清单 10.14 展示了在 main.rs 中添加的行。

代码清单 10.14 添加应用版本追踪信息

```
…

#[tokio::main]
async fn main() -> Result<(), handle_errors::Error> {
    …

    tracing::info!("Q&A service build ID {}", env!("RUST_WEB_DEV_VERSION"));

    warp::serve(routes).run(([127, 0, 0, 1], port)).await;

    Ok(())
}
```

使用标准库中的 env!宏来访问环境变量。Cargo 文档(http://mng.bz/rnvX)中也有说明。

当使用 cargo run 重新运行应用程序时，你可能期望在终端上看到版本号。但是没有。为什么呢？你可能还记得，之前将日志级别变量设置为 warn。可以使用 10.1 节中实现的 CLI 参数的强大功能，它允许动态地更改变量，而不必修改代码。

可以使用以下命令降低日志级别，然后可看到预期的输出：

```
$ cargo run -- --log-level info
   Compiling rust-web-dev v1.0.0
    (/Users/gruberbastian/CodingIsFun/RWD/code/ch_10)
   Finished dev [unoptimized + debuginfo] target(s) in 3.29s
     Running `target/debug/rust-web-dev --database-host localhost -
-log-level info --database-name rustwebdev --database-port 5432`
Apr 19 12:49:37.745 INFO rust_web_dev: Q&A service build ID 1.0.0-c15dd9eaarch64-
    macos
Apr 19 12:49:37.746 INFO Server::run{addr=127.0.0.1:8080}: warp::server:
    listening on http://127.0.0.1:8080
```

粗体文字突出显示了修改的地方。将日志级别传递给应用程序，它会输出两条日志。第一条是正在运行的构建版本的唯一 ID，第二条是 Warp 内置的日志。

10.4 创建正确的 Web 服务 Docker 镜像

上一节为部署流程解锁了新的能力。本章最后两节所探讨的也是 Rust 特有的代码发布方法。当涉及部署时，无法覆盖所有可能的解决方案。有很多书籍都涵盖了这个话题。不过，能够做的是尽量准备好代码，使其部署、维护和监控尽可能无缺陷。

Rust 代码的一种打包方式是 Docker 容器。这里不会详细介绍 Docker 是如何工作的，不过，Jeff Nickoloff 和 Stephen Kuenzli 所著的 *Docker in Action*(Manning, 2019, www.manning.com/books/docker-in-action-second-edition)是这方面的一个很好的资源。而此处将介绍 Docker 文件的创建以及它对代码的影响。由于存在数据库，还需要考虑如何在代码库的 Docker 容器上关联启动 PostgreSQL，以便快速启动开发环境。图 10.4 展示了准备和部署 Docker 容器的整个过程。

Docker 容器不仅可用于本地开发环境，还可用于部署流程。如果不熟悉 Docker 的概念，可以参考 Docker 官方网站的介绍：https://docs.docker.com/get-started/。该介绍还涵盖了操作系统的基本 Docker 设置，可以帮助你理解代码示例。

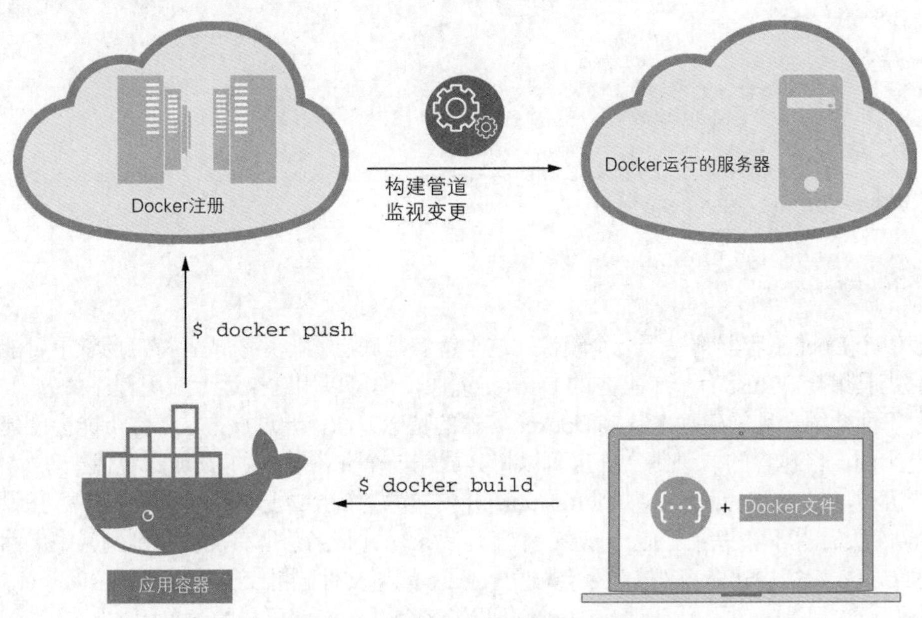

图 10.4　一种可行的 Docker 部署工作流程

10.4.1　创建静态链接的 Docker 镜像

接下来将采用 10.2 节中讨论的交叉编译方法，准备好容器，以便在不同的机器上运行。代码清单 10.15 展示了将要使用的 Docker 文件，将该文件放在项目的根目录下。截至本书撰写之时，所有代码都是在基于 ARM 芯片 M1 的 macOS 操作系统上开发的。

代码清单 10.15　在根目录下使用的 Docker 文件

```
FROM rust:latest AS builder

RUN rustup target add x86_64-unknown-linux-musl
RUN apt -y update
RUN apt install -y musl-tools musl-dev
RUN apt-get install -y build-essential
RUN apt install -y gcc-x86-64-linux-gnu

WORKDIR /app
```

```
COPY ./ .

// For a musl build on M1 Macs, these ENV variables have to be set
ENV RUSTFLAGS='-C linker=x86_64-linux-gnu-gcc'
ENV CC='gcc'
ENV CC_x86_64_unknown_linux_musl=x86_64-linux-gnu-gcc
ENV CC_x86_64-unknown-linux-musl=x86_64-linux-gnu-gcc
RUN cargo build --target x86_64-unknown-linux-musl --release

// We create the final Docker image "from scratch"
FROM scratch

WORKDIR /app

// We copy our binary and the .env file over to
// the final image to keep it small
COPY --from=builder /app/target/x86_64-unknown-linux-musl/release/rust-webdev./
COPY --from=builder /app/.env ./

// Executing the binary
CMD ["/app/rust-web-dev"]
```

每个Docker容器都基于一个镜像，这个镜像是底层操作系统或者特定场景下可能需要的工具组合。Rust有一个官方的Docker镜像，你可以用它来运行应用程序。

下面介绍一种创建静态链接Docker容器的特殊方法，通过该方法，你可能会创建一个更小的、自包含的二进制文件，可以将其放在一个非常基础的Docker镜像上。

因此，将musl target添加到Rustup，并安装静态链接二进制文件所需的库。在设置musl库所需的环境变量之前，创建一个工作目录，并将当前所有文件复制到其中。然后通过Cargo运行构建命令，该命令会根据release配置文件瞄准交叉编译的musl target，最后，执行二进制文件。代码清单10.16介绍了一个针对当前机器的简单版本。

代码清单10.16 最简单的适用于当前场景的Docker文件

```
FROM rust:latest

COPY ./ ./

RUN cargo build --release

CMD ["./target/release/rust-web-dev"]
```

10.4.2 使用docker-compose建立本地Docker环境

有一个注意事项：需要运行一个可以进行连接的PostgreSQL实例来操作数据库表。可以尝试通过Docker容器连接到本地的PostgreSQL服务器，或者使用Docker Compose的工具。该工具可以创建一个Docker容器网络并将它们相互连接起来。当你需要在本地复制一个更复杂的环境以进行测试时，这个工具非常有用。接下来需要在根目录下创建一个名为 docker-compose.yml 的文件，如代码清单 10.17 所示。

代码清单 10.17　创建 docker-compose.yml 来复制数据库和 Web 服务器

```
version: "3.7"
services:
  database:
    image: postgres
    restart: always
    env_file:
      - .env
    ports:
      - "5432:5432"
    volumes:
      - data:/var/lib/postgresql/data
  server:
    build:
      context: .
      dockerfile: Dockerfile
    env_file: .env
    depends_on:
      - database
    networks:
      - default
    ports:
      - "8080:8080"
volumes:
  data:
```

创建这个文件后，你可以打开终端，导航到代码目录，然后执行 docker-compose up。这将首先创建 PostgreSQL 镜像，然后基于之前创建的 Docker 文件创建 Web 服务镜像。然而，你可能会注意到一些问题：

```
ch_10-server-1 | Error: DatabaseQueryError(Io(Os { code: 99, kind:
AddrNotAvailable, message: "Address not available" }))
```

由于现在所处的环境不同，必须考虑几个问题：

- Docker 容器中的 PostgreSQL 服务器需要用户名和密码。
- 在 Web 服务中，仍然尝试连接到运行在本地主机上的 PostgreSQL 服务器，而不是刚刚通过 docker-compose 启动的服务器。
- 由于 PostgreSQL 服务器需要用户名/密码组合，我们也必须将这个组合提供给代码库中的连接 URL。
- 在 IP 地址 127.0.0.1 后面启动 Web 服务器。然而，在容器中运行时，需要从外部访问，因此必须将地址更改为 0.0.0.0，即“本地机器上的所有 IP4 地址”。

代码清单 10.18 展示了为适应 Docker 容器设置而对 main.rs 所做的更改。

代码清单 10.18 使用.env 变量更新 main.rs 并更改服务器 IP 地址

```
…

/// Q&A web service API
#[derive(Parser, Debug)]
#[clap(author, version, about, long_about = None)]
struct Args {
    /// Which errors we want to log (info, warn or error)
    #[clap(short, long, default_value = "warn")]
    log_level: String,
    /// Which PORT the server is listening to
    #[clap(short, long, default_value = "8080")]
    port: u16,
    /// Database user
    #[clap(long, default_value = "user")]
    db_user: String,
    /// URL for the postgres database
    #[clap(long, default_value = "localhost")]
    db_host: String,
    /// PORT number for the database connection
    #[clap(long, default_value = "5432")]
    db_port: u16,
    /// Database name
    #[clap(long, default_value = "rustwebdev")]
    db_name: String,
}

#[tokio::main]
async fn main() -> Result<(), handle_errors::Error> {
  …

  let db_user = env::var("POSTGRES_USER")
     .unwrap_or(args.db_user.to_owned());
  let db_password = env::var("POSTGRES_PASSWORD").unwrap();
  let db_host = env::var("POSTGRES_HOST")
     .unwrap_or(args.db_host.to_owned());
  let db_port = env::var("POSTGRES_PORT")
     .unwrap_or(args.db_port.to_string());
  let db_name = env::var("POSTGRES_DB")
     .unwrap_or(args.db_name.to_owned());

  let log_filter = std::env::var("RUST_LOG").unwrap_or_else(|_| {
     format!(
           "handle_errors={},rust_web_dev={},warp={}",
           args.log_level, args.log_level, args.log_level
     )
  });

  let store = store::Store::new(&format!(
      "postgres://{}:{}@{}:{}/{}",
      db_user, db_password, db_host, db_port, db_name
  ))
  .await
```

```
  .map_err(|e| handle_errors::Error::DatabaseQueryError(e))?;
  …

  warp::serve(routes).run(([0, 0, 0, 0], port)).await;

  Ok(())
}
```

此处增加了通过.env 文件读取每个环境变量的选项，如果没有设置，则使用 CLI 参数(通过 Args 结构体提供)。如果.env 文件和 CLI 都没有设置，则使用 Args 的默认参数。代码清单 10.19 展示了更新后的.env 文件。

代码清单 10.19　向.env 文件添加变量以配置数据库访问

```
BAD_WORDS_API_KEY=API_KEY_FROM_APILAYER
PASETO_KEY="RANDOM WORDS WINTER MACINTOSH PC"
PORT=8080
POSTGRES_USER=user
POSTGRES_PASSWORD=password
POSTGRES_DB=rustwebdev
POSTGRES_HOST=localhost
POSTGRES_PORT=5432
```

也可以为 PostgreSQL 密码添加一个默认值，但严格遵守不直接在代码库中放置凭证的准则。可以使用 Docker Compose 的构建命令来重建已更改的容器：

```
$ docker-compose build
$ docker-compose up
```

请记住，已经将服务器端口改为 8080。在 Docker Compose 完成构建并让新容器开始运行后，可通过下面的 curl 命令来检查一切是否仍按预期运行：

```
$ curl --location --request GET 'localhost:8080/questions'
[] ⏎
```

在一个全新的空数据库上运行，因此所有用户和问题都必须重新创建。完成代码的修改后，可以灵活地从环境设置或命令行中为应用程序提供变量。如果两者都没有，就使用代码库中的默认参数设置(.env 文件中的两个密钥除外)。

10.4.3　将 Web 服务器的配置提取到一个新模块中

现在，环境的设置和获取似乎有点复杂，main.rs 文件也变得更长，更难以阅读。可以将这些配置参数的设置提取到一个名为 config 的新模块中。代码清单 10.20 展示了这个新模块，它位于 src 文件夹内。

代码清单 10.20 src/config.rs 中的新 config 模块

```
use std::env;
use clap::Parser;
use dotenv;

/// Q&A web service API
#[derive(Parser, Debug)]
#[clap(author, version, about, long_about = None)]
pub struct Config {
    /// Which errors we want to log (info, warn or error)
    #[clap(short, long, default_value = "warn")]
    pub log_level: String,
    /// Which PORT the server is listening to
    #[clap(short, long, default_value = "8080")]
    pub port: u16,
    /// Database user
    #[clap(long, default_value = "user")]
    pub db_user: String,
    /// Database user
    #[clap(long)]
    pub db_password: String,
    /// URL for the postgres database
    #[clap(long, default_value = "localhost")]
    pub db_host: String,
    /// PORT number for the database connection
    #[clap(long, default_value = "5432")]
    pub db_port: u16,
    /// Database name
    #[clap(long, default_value = "rustwebdev")]
    pub db_name: String,
}

impl Config {
    pub fn new() -> Result<Config, handle_errors::Error> {
        dotenv::dotenv().ok();
        let config = Config::parse();

        if let Err(_) = env::var("BAD_WORDS_API_KEY") {
            panic!("BadWords API key not set");
        }

        if let Err(_) = env::var("PASETO_KEY") {
            panic!("PASETO_KEY not set");
        }

        let port = std::env::var("PORT")
            .ok()
            .map(|val| val.parse::<u16>())
            .unwrap_or(Ok(config.port))
            .map_err(|e| handle_errors::Error::ParseError(e))?;

        let db_user = env::var("POSTGRES_USER")
            .unwrap_or(config.db_user.to_owned());
        let db_password = env::var("POSTGRES_PASSWORD").unwrap();
```

```
        let db_host = env::var("POSTGRES_HOST")
            .unwrap_or(config.db_host.to_owned());
        let db_port = env::var("POSTGRES_PORT")
            .unwrap_or(config.db_port.to_string());
        let db_name = env::var("POSTGRES_DB")
            .unwrap_or(config.db_name.to_owned());

        Ok(Config {
            log_level: config.log_level,
            port,
            db_user,
            db_password,
            db_host,
            db_port: db_port.parse::<u16>().map_err(|e| {
                handle_errors::Error::ParseError(e)
            })?,
            db_name,
        })
    }
}
```

完成上面的操作后，就可缩短 main.rs 文件，只用一行就可以生成新的配置了，参见代码清单 10.21。

代码清单 10.21　更新后的 main.rs 文件(已初始化配置变量)

```
#![warn(clippy::all)]

use handle_errors::return_error;

use tracing_subscriber::fmt::format::FmtSpan;
use warp::{http::Method, Filter};

mod routes;
mod types;
mod config;
mod profanity;
mod store;

#[tokio::main]
async fn main() -> Result<(), handle_errors::Error> {
    let config = config::Config::new().expect("Config can't be set");

    let log_filter = format!(
            "handle_errors={},rust_web_dev={},warp={}",
            config.log_level, config.log_level, config.log_level
        );

    let store = store::Store::new(&format!(
        "postgres://{}:{}@{}:{}/{}",
        config.db_user,
        config.db_password,
        config.db_host,
        config.db_port,
```

```
        config.db_name
    ))
    .await
    .map_err(|e| handle_errors::Error::DatabaseQueryError(e))?;

    …

    warp::serve(routes).run(([0, 0, 0, 0], config.port)).await;

    Ok(())
}
```

然而，需要考虑的是，当在没有Docker的情况下启动服务器时，会发生什么。现在需要一个数据库用户和密码来访问数据库。根据你的设置，应该已经通过PostgreSQL的安装脚本创建了一个用户名和一个与用户名同名的数据库。

你可以尝试用你的用户名登录PSQL：

```
$ sudo -u <USERNAME> psql
```

如果这不起作用，可以使用以下命令创建一个数据库：

```
$ createdb
```

现在便可以登录，创建一个带有密码的新用户，并将此信息添加到代码文件夹中的.env文件中：

```
$ sudo -u <USERNAME> psql
<USERNAME>=# create user username with encrypted password 'password';
CREATE ROLE
<USERNAME>=# grant all privileges on database rustwebdev to username;
GRANT
<USERNAME>=#
```

以上命令可以使用给定的密码创建一个新的PostgreSQL用户，并授予其访问rustwebdev数据库的权限。在命令行中，允许使用user作为用户名，因为这是PostgreSQL保留的关键字。因此，还需要调整.env文件，如代码清单10.22所示。

代码清单10.22 在.env中调整数据库用户名

```
…
PORT=8080
POSTGRES_USER=username
POSTGRES_PASSWORD=password
POSTGRES_DB=rustwebdev
POSTGRES_HOST=localhost
POSTGRES_PORT=5432
```

完成以上操作后，既可以在Docker内启动Web服务器，也可通过CLI在没有Docker的情况下启动Web服务器：

```
$ cargo run -- --db-host localhost --log-level info --db-name rustwebdev -
db-port 5432 --db-password password
```

```
  Finished dev [unoptimized + debuginfo] target(s) in 0.13s
    Running `target/debug/rust-web-dev --db-host localhost --log-level
info -db-name rustwebdev -db-port 5432 -db-password password`
Apr 20 13:33:35.664 INFO rust_web_dev: Q&A service build ID 1.0.0-c15dd9eaarch64-
macos
Apr 20 13:33:35.665 INFO Server::run{addr=0.0.0.0:8080}: warp::server:
listening on http://0.0.0.0:8080
```

现在，你已经创建了一个非常灵活的代码库，可以根据运行环境向其输入变量。API 密钥和哈希密钥已从代码库中移除，并私密地存储在一个.env 文件中，该文件不会被提交到代码库中(通过在.gitignore 文件中添加条目来实现)。新增的配置模块使开发人员能够快速地判断通过代码库中的参数可以做出哪些可能的调整。在所有的代码都可以被部署、检查和维护之后，下面将进入本书的最后一章，重点关注与测试相关的内容。

10.5　本章小结

- 当涉及部署时，对于代码的打包和交付，几乎存在着无尽的可能性。
- 为了应对不同的场景，可通过环境变量或命令行参数使代码库支持动态变化。
- 可以删除代码中的硬编码字符串，并从配置文件、.env 文件或 CLI 参数中读取。
- 服务器的 IP 地址和端口、数据库的 URL，以及 API 的密钥，都非常适合用来将硬编码的字符串替换为外部变量。
- 一旦可以动态更改代码库中的关键参数，就可以确定使用哪些选项来编译二进制文件。
- 包管理器 Cargo 根据不同的目的提供了不同的配置文件。
- 构建用于生产的 Rust 二进制文件的常见方法是，在 cargo 构建命令中添加--release 标志，这会触发一个更优的构建配置文件。
- 可以选择针对不同的平台进行构建。
- Rustup 工具支持多种环境，可通过 rustup target add 添加环境。
- 然后可以使用 cargo build --release --target NAME_OF_TARGET 来构建不同于当前操作系统的系统。
- 在 musl 库的帮助下，可以将所需的系统库打包到二进制文件中，并生成一个可移植的使用静态链接的二进制文件。
- 发布代码的一种常见方式是部署 Docker 容器。
- 可以使用多阶段的 Docker 容器来创建更小的镜像。
- 如果在一个更复杂的设置中运行，Docker Compose 可以帮助生成一个由运行中的 Docker 容器组成的网络。
- 新增的 config 模块让开发人员有机会从 main.rs 文件中移除对环境变量和配置文件的读取和解析，以便在不干扰其他代码的情况下进行逻辑修改。

第 11 章 测试 Rust 应用程序

本章内容

- 评估 Web 服务的测试需求
- 使用 Rust 的内置测试能力创建单元测试
- 搭建条件测试环境
- 创建可以远程关闭的模拟服务器
- 使用 Warp 内置的测试框架测试过滤器
- 针对正在运行的 Web 服务编写集成测试

对于部分开发人员来说，本书最后一章的主题是编写应用程序的过程中最重要的步骤：测试。你可以实践测试驱动的开发，即先编写测试。可以选择在实现业务逻辑后直接编写测试，也可以等到应用程序逻辑大致编写完后再进行测试。没有一种适用于所有情况的固定流程，具体的选择取决于应用程序的规模和编写的环境。

同样，对于编写的测试类型，以及是否希望 100%覆盖代码库，也需要根据实际情况来确定。最重要的一点是，必须有测试，而且测试要覆盖应用程序中最关键的工作流。另一个需要注意的方面是，要对最复杂的代码进行彻底测试。如果你修改了一段难以理解的代码，或者它对整个应用程序有很多副作用，那么这将是你需要进行大量测试的地方，最好能覆盖所有可能的结果。

Rust 编译器在确保完善的匹配模式、返回正确的类型以及处理可能出现错误的结果等方面非常出色。但它无法测试业务逻辑，也无法判断在上百种可能的错误中，是否为正确的用例返回了正确的错误。特别是在 Web 应用中，必须确保用户得到正确的响应或得到响应。

工程领域有各种各样的测试策略，这些策略同样适用于软件工程领域。最常用的两种策略是单元测试和集成测试。单元测试是指一段代码(例如一个函数)，它有一组定义的输入和可能的输出列表。当函数没有副作用时，你可以使用这种测试方法。以 extract_pagination 函数为例，它的签名如下：

```
pub fn extract_pagination(
    params: HashMap<String, String>
```

```
) -> Result<Pagination, Error>
```

向函数传递一个哈希映射，并期望返回一个 Pagination 类型或 Error。在函数体内部，不调用其他函数，也不操作任何类型的状态。假设有一组允许用户传递的输入参数，需要测试是否针对这些输入返回了有效的响应。

另一种测试是集成测试(integration testing)。如果想确保传入的 HTTP 请求是以正确的方式处理的，而且整个过程中所有的数据库变化都是正确的，并且返回了预期的 HTTP 响应，那么不妨使用这种测试。login 端点是其中一个场景。图 11.1 突出显示了单元测试和集成测试的不同范围。

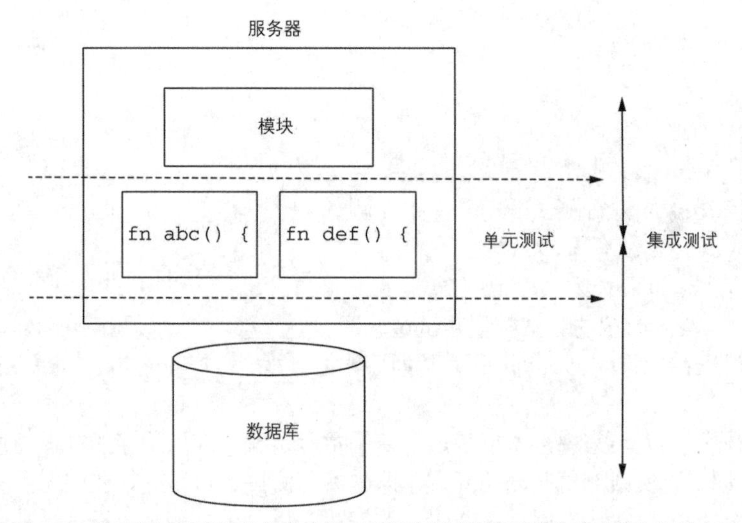

图 11.1　单元测试侧重于独立的功能，而集成测试侧重于模块和功能之间的交互

可通过单元测试来测试登录流程，检查过滤器是否按预期工作，是否使用请求中的电子邮件和密码组合执行数据库查询，以及是否根据参数返回正确的响应。或者，可以直接启动服务器，让测试函数发出登录请求，并期望获得带有特定参数的 HTTP 响应。在这种情况下，不关心实现的细节，而是把代码视作黑盒。

在测试方面，Rust 提供了一些工具，以使开发工作更加便捷。可以使用包管理器 Cargo 的 test 命令，也可以在函数顶部使用测试属性(#[test])，这样编译器就知道不将这段代码添加到二进制文件中。此外，Rust 还提供了一些断言宏(例如 assert_eq!)，用于检查参数和预期是否相同。

其他部分基本上是标准的 Rust 代码。一些额外的 crate 可以帮助你进行更高级的功能模拟。然而，在开始之前，这里给出了一些建议：在向代码库添加 crate 之前，先尽量使用 Rust 标准库来完成所需功能。

11.1　业务逻辑的单元测试

下面从封装的、自包含的测试开始测试之旅。希望确保业务逻辑按预期运行。你会发现，每个测试用例都会遇到新的挑战。没有什么是“只要再写几行代码就能解决的”。要处理外部 API 调用、环境变量以及像 Warp 过滤器这样的和库相关的实现。

接下来的内容将着重介绍如何编写模拟服务器，处理并行运行的测试，以及在测试模块中运行异步函数(Rust 自身不支持这些能力)。

11.1.1　测试分页逻辑和处理自定义错误

我们将从小处着手，让你熟悉 Rust 测试背后的思想，且选择将没有副作用的独立函数用于第一个单元测试。正如本章开头提到的，extract_pagination 函数是一个非常合适的例子，如代码清单 11.1 所示。

代码清单 11.1　src/types/pagination.rs 中的 extract_pagination 函数

```
…

pub fn extract_pagination(
    params: HashMap<String, String>
) -> Result<Pagination, Error> {
    // Could be improved in the future
    if params.contains_key("limit") && params.contains_key("offset") {
        return Ok(Pagination {
            // Takes the "limit" parameter in the query
            // and tries to convert it to a number
            limit: Some(
                params
                    .get("limit")
                    .unwrap()
                    .parse()
                    .map_err(Error::ParseError)?,
            ),
            // Takes the "offset" parameter in the query
            // and tries to convert it to a number
            offset: params
                .get("offset")
                .unwrap()
                .parse()
                .map_err(Error::ParseError)?,
        });
    }

    Err(Error::MissingParameters)
}
```

该函数将 HashMap<String, String>作为输入，并返回 Result<Pagination, Error>。Rust 确保不能传递一些值，例如带有 i64 的 HashMap 对象，并确保返回正确的 Result。存在以下几种可能的情况。

- 一切按预期运行：哈希映射有两个字符串，可以解析为数字，并返回一个 Pagination 对象。

- 哈希映射没有 limit 或 offset key，这种情况下返回 MissingParameters 错误。
- 哈希映射有一个 limit 和一个 offset 关键字，但是其中任何一个值都不能解析为数字，这种情况下返回 ParseError 错误。

在 Rust 中，通常的做法是将测试与实际代码放在同一个文件中，至少在单元测试中是这样。代码清单 11.2 展示了第一种情况——“一切按预期运行”的测试配置。

代码清单 11.2 在 pagination.rs 文件中创建测试模块

```
...
#[cfg(test)]
  mod pagination_tests {
     use super::{HashMap, extract_pagination, Pagination, Error};

     #[test]
     fn valid_pagination() {
         let mut params = HashMap::new();
         params.insert(String::from("limit"), String::from("1"));
         params.insert(String::from("offset"), String::from("1"));
         let pagination_result = extract_pagination(params);
         let expected = Pagination {
             limit: Some(1),
             offset: 1
         };
         assert_eq!(pagination_result.unwrap(), expected);
     }
  }
```

使用 test 属性告诉编译器这是测试代码，不需要包含在二进制文件中

因为创建了一个新模块，所以必须通过 use super 从 pagination.rs 文件中导入函数和类型

创建一个新模块，可以使用任意名字

使用 test 宏注释当在命令行中使用 cargo test 时应该运行的函数

创建具有明确语义的普通 Rust 函数

创建一个变量，表示调用 extract_pagination 后结果的状态

通过 assert_eq!宏比较预期的结果和函数调用后的结果

整个代码库看起来像是普通的 Rust 代码。你甚至可以在代码库中找到 assert_eq!宏，开发人员希望确保某种状态是预期的，如果不是，则会触发 panic。你可以把测试模块看作代码库的另一个部分，该模块使用了你之前编写的函数和逻辑，类似于一个库或 Web 服务的用户。因为它是普通的 Rust 代码，没有第三方库，所以更容易阅读和理解。

上面介绍了最好的情况，此情况下所有参数都设置正确，函数返回一个 Pagination 对象。现在添加错误场景，即缺少参数或参数错误的场景。代码清单 11.3 展示了 offset 参数缺失情况下的测试。

代码清单 11.3 添加参数 offset 缺失的错误测试用例

```
...
     #[test]
     fn missing_offset_parameter() {
         let mut params = HashMap::new();
         params.insert(String::from("limit"), String::from("1"));

         let pagination_result = format!(
             "{}",
             extract_pagination(params).unwrap_err()
         );
```

由于这里只是将限制键/值添加到 HashMap 中，extract_pagination 函数失败了，因此预计会出现错误。将这个错误转换成一个字符串，以便将它与预期的错误情况进行比较

```
        let expected = format!("{}", Error::MissingParameters);
```

使用 impl Display trait 实现将 MissingParameters 错误转换为字符串，以便稍后进行比较

```
        assert_eq!(pagination_result, expected);
    }
...
```

将两个字符串传递给 assert_eq! 宏，如果两者匹配，则测试成功

即使是以上简单的测试用例，也存在多种逻辑实现的方式。创建一个哈希映射，并插入一个包含 limit 和数字的键值对。此处故意不插入 offset 键值对，使函数失败，从而构造错误用例。接下来的问题是，如何比较错误？

错误来自 handle-errors crate，并且如果想要比较枚举变体，需要实现另一个 trait，即 PartialEq(http:// mng.bz/p6X8)。可以使用 derive 宏来实现这个 trait，但还要使用来自 SQLx 等外部库的错误，这些错误的 trait 无法自动实现。以下代码片段显示了在 derive 宏中添加的 trait：

```
...

#[derive(Debug, PartialEq)]
pub enum Error {
    ParseError(std::num::ParseIntError),
    MissingParameters,
    WrongPassword,
    CannotDecryptToken,
    Unauthorized,
    ArgonLibraryError(ArgonError),
    DatabaseQueryError(sqlx::Error),
    MigrationError(sqlx::migrate::MigrateError),
    ReqwestAPIError(ReqwestError),
    MiddlewareReqwestAPIError(MiddlewareReqwestError),
    ClientError(APILayerError),
    ServerError(APILayerError)
}
...
```

这将导致错误。其中一个错误指向 sqlx::Error 类型，我们无法自动实现 PartialEq trait：

```
binary operation `==` cannot be applied to type `sqlx::Error`rustcE0369 lib.rs(13, 17):
Error originated from macro call here
```

不过，已经为所有变体手动实现了 Display 特性：

```
...

impl std::fmt::Display for Error {
  fn fmt(&self, f: &mut std::fmt::Formatter) -> std::fmt::Result {
    match &*self {
        Error::ParseError(ref err) => {
            write!(f, "Cannot parse parameter: {}", err)
        },
        Error::MissingParameters => write!(f, "Missing parameter"),
        Error::WrongPassword => write!(f, "Wrong password"),
```

```
                Error::CannotDecryptToken => write!(f, "Cannot decrypt error"),
                Error::Unauthorized => write!(
                    f,
                    "No permission to change the underlying resource"
                ),
                Error::ArgonLibraryError(_) => {
                    write!(f, "Cannot verifiy password")
                },
                Error::DatabaseQueryError(_) => {
                    write!(f, "Cannot update, invalid data")
                },
                Error::MigrationError(_) => write!(f, "Cannot migrate data"),
                Error::ReqwestAPIError(err) => {
                    write!(f, "External API error: {}", err)
                },
                Error::MiddlewareReqwestAPIError(err) => {
                    write!(f, "External API error: {}", err)
                },
                Error::ClientError(err) => {
                    write!(f, "External Client error: {}", err)
                },
                Error::ServerError(err) => {
                    write!(f, "External Server error: {}", err)
                },
            }
        }
    }

...
```

因此，可通过format!宏使用字符串形式的错误：

```
...
let pagination_result = format!("{}", extract_pagination(params).unwrap_err());
let expected = format!("{}", Error::MissingParameters);
assert_eq!(pagination_result, expected);
...
```

以上字符串实现了PartialEq trait(http://mng.bz/O6WR)，因此可以在assert_eq!宏中使用。标准库也在其错误中实现了kind函数：http://mng.bz/YKvB。你可以访问错误类型，然后对它们进行比较。pagination 函数的其余测试用例可以在本书的资源库中找到：http://mng.bz/G1Dv。

11.1.2 使用环境变量测试配置模块

上一节讨论了如何处理和比较自定义错误。本节将提供关于在Rust中进行测试的另一个有趣的细节：默认情况下，所有测试都是并行运行的。这对性能和速度都有很大的好处，但可能会出现副作用，你必须意识到这一点。其中一个副作用是，当你在一个测试函数中设置和删除环境变量时，会对其他测试产生影响，你很快就会在测试config模块时看到这一点。如果看一下代码清单11.4中Config结构体的实现，会发现如果paseto

密钥或 API 密钥没有设置，将在最开始时出错。

代码清单 11.4　src/config.rs 中植入配置的前几行

```
…

impl Config {
    pub fn new() -> Result<Config, handle_errors::Error> {
        dotenv::dotenv().ok();
        let config = Config::parse();

        if let Err(_) = env::var("BAD_WORDS_API_KEY") {
            panic!("BadWords API key not set");
        }

        if let Err(_) = env::var("PASETO_KEY") {
            panic!("PASETO_KEY not set");
        }

…
```

在测试相关的 new 函数时，必须考虑到这一点。务必弄清楚何时设置环境变量，以及如何在测试模块中设置或取消它们。函数的第一行调用了 dotenv crate，它将.env 文件中的环境变量引入环境中，开发人员可通过 env::var 调用来获取它们。

每次调用 new 函数时，也会设置所有的环境变量。这并没有实际的理由，因为可以在启动服务器时在 main 函数中进行设置。去掉第一行也能消除这个函数的副作用。因此，删除代码的第一行：

```
…

impl Config {
    pub fn new() -> Result<Config, handle_errors::Error> {
    dotenv::dotenv().ok();
    let config = Config::parse();

    if let Err(_) = env::var("BAD_WORDS_API_KEY") {
        panic!("BadWords API key not set");
    }

    if let Err(_) = env::var("PASETO_KEY") {
        panic!("PASETO_KEY not set");
    }
…
```

将这一行添加到 main.rs 中的 main 函数中：

```
…

#[tokio::main]
async fn main() -> Result<(), handle_errors::Error> {
    dotenv::dotenv().ok();

    let config = config::Config::new().expect("Config can't be set");
```

```
    let log_filter = format!(
...
```

现在可以专注于编写第一个测试了。代码清单 11.5 展示了在 config.rs 文件末尾添加的测试模块。

代码清单 11.5 在 src/config.rs 中添加测试模块

```
...

#[cfg(test)]
mod config_tests {
    use super::*;

    #[test]
    fn unset_api_key() {
        let result = std::panic::catch_unwind(|| Config::new());
        assert!(result.is_err());
    }
}
```

通过 super::*导入模块的所有函数和结构，并编写第一个测试，以捕捉没有通过环境变量设置 API key 的情况。这里删除了之前的 dotenv::dotenv.ok 调用，因此调用 Config::new 时，.env 中的变量不会被引入作用域中。

我们还在工具箱中添加了一个新的技巧，即标准库中的 catch_unwind 调用。这个巧妙的函数可以捕获代码中的 panic 而不导致程序宕机。它还封装了 panic 发生的原因。然而，对于本用例，重要的是捕获错误，通过一个简单的 assert!(result.is_err())，即可检查新 Config 对象的创建是否出错。

在命令行中运行 cargo test 命令时若看到绿色的通过标志，则表明所有的测试都通过了。现在可以继续测试下一个用例，即设置环境变量并期望返回一个有效的 Config 对象。代码清单 11.6 展示了添加的正向测试。

代码清单 11.6 在配置模块中添加正向测试

```
...
#[cfg(test)]
mod config_tests {
    use super::*;
    fn set_env() {
        env::set_var("BAD_WORDS_API_KEY", "yes");
        env::set_var("PASETO_KEY", "yes");
        env::set_var("POSTGRES_USER", "user");
        env::set_var("POSTGRES_PASSWORD", "pass");
        env::set_var("POSTGRES_HOST", "localhost");
        env::set_var("POSTGRES_PORT", "5432");
        env::set_var("POSTGRES_DB", "rustwebdev");
    }

    #[test]
```

```
    fn unset_api_key() {
        let result = std::panic::catch_unwind(|| Config::new());
        assert!(result.is_err());
    }

    #[test]
    fn set_api_key() {
        set_env();

        let expected = Config {
            log_level: "warn".to_string(),
            port: 8080,
            db_user: "user".to_string(),
            db_password: "pass".to_string(),
            db_host: "localhost".to_string(),
            db_port: 5432,
            db_name: "rustwebdev".to_string(),
        };

        let config = Config::new().unwrap();

        assert_eq!(config, expected);
    }
}
```

在这里，在测试模块中创建一个新的辅助函数，并手动设置所有环境变量。调用该函数并尝试创建一个新的 Config 对象。然后检查创建的 Config 是否与手动创建的对象相等。运行 cargo test 命令后，你会看到一些奇怪的行为：

```
$ cargo test
…

test config::config_tests::set_api_key … ok
test config::config_tests::unset_api_key … FAILED
```

刚刚添加的 set_api_key 测试显示绿色的通过标志，但是之前的 unset_api_key 测试失败了。前面已经说过 Rust 的测试是并行运行的，在 config 测试模块中同时执行这两个函数。set_api_key 测试会设置所有的环境变量，但是在另一个测试中这些环境变量应该是未设置的，因此 Config::new 函数调用应该引发 panic。那么解决方案是什么呢？需要确保先运行失败的测试，然后设置环境变量。

一种解决方案是不并行运行测试。Rust 的官方书籍(http://mng.bz/z5zB)告诉我们可以按顺序运行测试：

```
$ cargo test -- --test-threads=1
```

然而，所有测试都将停止并行运行，这不是我们想要的。另一种解决方案是，不创建两个单独的函数，而是创建一个，并将两个测试用例打包在同一个函数中。代码清单 11.7 展示了相关的解决方案。

代码清单 11.7 合并两个配置测试，以避免环境变量的干扰

```
...
    #[test]
    fn unset_and_set_api_key() {
        // ENV VARIABLES ARE NOT SET
        let result = std::panic::catch_unwind(|| Config::new());
        assert!(result.is_err());

        // NOW WE SET THEM
        set_env();

        let expected = Config {
            log_level: "warn".to_string(),
            port: 8080,
            db_user: "user".to_string(),
            db_password: "pass".to_string(),
            db_host: "localhost".to_string(),
            db_port: 5432,
            db_name: "rustwebdev".to_string(),
        };

        let config = Config::new().unwrap();

        assert_eq!(config, expected);
    }
}
```

重新运行测试时它们会再次变为绿色，表明代码全部正常工作。可通过env::remove_var("")重新设置所有环境变量。

11.1.3 使用新创建的模拟服务器测试 profanity 模块

第一轮测试是一次很好的热身。在处理 profanity 模块时，将进入一个新的复杂级别。你可能还记得，可使用 check_profanity 函数将问题(或答案)的标题和内容发送到第三方 API，以检查是否有敏感词(该 API 会将内容的审查版本发回给我们)。

希望测试该函数的行为。虽然没有太多的业务逻辑，但我们处理了多个错误和成功场景，并且希望返回正确的响应。这里的挑战是对第三方 API 的 HTTP 调用，必须通过某种方式处理它。

在处理这种情况时，整体上有两个(主要)概念：

- 可以用自己的假逻辑替换 Reqwest 库。
- 可以改变 API 的 URL，用一个运行在本地主机上的带有预定义响应的模拟服务器来代替真实的 URL。

一般来说，建议不要替换太多的代码，因为你想测试真正的源代码。选择编写自己的模拟服务器，可以运行它，并在测试结束后关闭它。可以为测试预设一些 JSON 响应，以便检查不同的错误和响应。图 11.2 展示了两种不同的模拟策略。

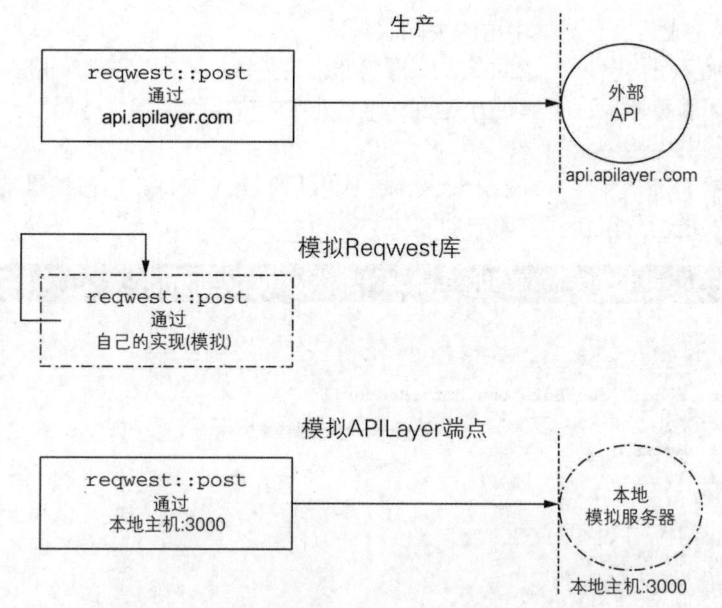

图 11.2　在这些模拟策略中，可以调用库本身或端点

到目前为止，已经完成了大量新代码的编写，可以专注于一些测试代码了。但是，创建的这个模拟服务器将为你留下一个强大的工具，你可以将其用于将来的项目。

首先在根目录下创建一个新的 Rust 项目(与在 handle-errors crate 中做的一样)：

```
$ cargo new --lib mock-server
```

创建一个新库，并将其添加到 Cargo.toml 文件中，如代码清单 11.8 所示。

代码清单 11.8　在 Cargo.toml 文件中添加新的 mock-server

```
[package]
name = "rust-web-dev"
version = "1.0.0"
edition = "2021"

[dependencies]
handle-errors = { path = "handle-errors", version = "0.1.0" }
mock-server = { path = "mock-server", version = " 0.1.0" }
warp = "0.3"
…
```

现在，必须考虑模拟服务器应该是什么样子的。要做到以下几点：

- 通过命令在特定端口和地址上启动它。
- 具有与第三方服务器相同的路由，以便在测试时将 URL 从 api.apylayer.com 切换到本地主机。
- 接收与真实 API 相同的参数。
- 引入以不同的错误和 OK 情况响应的可能性。

● 测试完成后，在测试中再次关闭服务器。

我们似乎又在构建一个普通的 Web 服务器，只是增加了预定义的响应并且允许在测试完成后关闭服务器。这个解决方案的有趣之处在于“远程关闭服务器”；模拟服务器的其余部分与书中所展示的一样。

代码清单 11.9 展示了 mock-server crate 中更新的 lib.rs 文件。粗体代码显示了用来远程向服务器发送消息以使其关闭的功能。

代码清单 11.9 使用单发通道向服务器发出信号以使其关闭

```
use serde_json::json;
use std::net::SocketAddr;
use tokio::sync::{oneshot, oneshot::Sender};
use warp::{http, Filter, Reply};
use bytes::Bytes;
use std::collections::HashMap;

#[derive(Clone, Debug)]
pub struct MockServer {
    socket: SocketAddr,
}

pub struct OneshotHandler {
    pub sender: Sender<i32>,
}

impl MockServer {
    pub fn new(bind_addr: SocketAddr) -> MockServer {
        MockServer {
            socket: bind_addr,
        }
    }

    async fn check_profanity(
        _: (),
        content: Bytes,
    ) -> Result<impl warp::Reply, warp::Rejection> {
        let content = String::from_utf8(content.to_vec())
            .expect("Invalid UTF-8");
        if content.contains("shitty") {
            Ok(warp::reply::with_status(
                warp::reply::json(&json!({
                    "bad_words_list": [
                    {
                        "deviations": 0,
                        "end": 16,
                        "info": 2,
                        "original": "shitty",
                        "replacedLen": 6,
                        "start": 10,
                        "word": "shitty"
                    }
                    ],
```

```
                "bad_words_total": 1,
                "censored_content": "this is a ****** sentence",
                "content": "this is a shitty sentence"
        })),
        http::StatusCode::OK))
    } else {
        Ok(warp::reply::with_status(
            warp::reply::json(&json!({
                "bad_words_list": [],
                "bad_words_total": 0,
                "censored_content": "",
                "content": "this is a sentence"
            })),
            http::StatusCode::OK,
        ))
    }
}

fn build_routes(&self) -> impl Filter<Extract = impl Reply> + Clone {
    warp::post()
        .and(warp::path("bad_words"))
        .and(warp::query())
        .map(|_: HashMap<String, String>| ())
        .and(warp::path::end())
        .and(warp::body::bytes())
        .and_then(Self::check_profanity)
}

pub fn oneshot(&self) -> OneshotHandler {
    let (tx, rx) = oneshot::channel::<i32>();
    let routes = Self::build_routes(&self);

    let (_, server) = warp::serve(routes)
        .bind_with_graceful_shutdown(self.socket, async {
            rx.await.ok();
        });

    tokio::task::spawn(server);

    OneshotHandler {
        sender: tx,
    }
}
}
```

正如你所看到的，build_routes 功能和 check_profanity 路由函数看起来就像本书中已经多次构建过的一样。此处只是用熟悉的工具构建了另一个 Web 服务器，其中不包含数据库和更复杂的中间件，我们只是想返回模拟数据，为集成测试提供足够的测试用例，以覆盖所有可能的代码行。

加粗的代码是有趣的部分。下面开始检查开放的端点，然后讨论添加的功能，以便远程关闭服务器。API 层具有以下端点：/bad_words?censor_character={{censor_character}}。在启动服务器时，只想将主机从 api.apilayer.com 替换为本地主机，因此必须逐个模仿端

点。查询参数是硬编码的，无法更改。因此，期望接收查询参数，但不对其做任何操作(因此，.map(|_: HashMap<String, String>...)。

使用的API期望的正文不是JSON格式，而是原始格式。这就是我们期望Warp服务器中的 body 是字节的原因。使用第三方的 bytes crate，并将其添加到模拟服务器的Cargo.toml文件中(见代码清单11.10)。在路由函数中，使用下面这一行代码将字节转换为字符串：

```
let content = String::from_utf8(content.to_vec()).expect("Invalid UTF-8");
```

代码清单 11.10　模拟服务器项目的 Cargo.toml

```
[package]
name = "mock-server"
version = "0.1.0"
edition = "2021"

[dependencies]
tokio = { version = "1.1.1", features = ["full"] }
warp = "0.3"
serde_json = "1.0"
bytes = "1.1.0"
```

有了端点和路由函数，便可以专注于另一段新代码了。它提供了优雅关闭服务器的能力。Warp提供了通过 bind_with_graceful_shutdown 函数启动服务器的功能，该函数接收一个套接字地址和一个信号，该信号必须是future。每当接收到这个信号时，服务器就会开始关闭。图11.3说明了通过开放通道发送信号的概念。

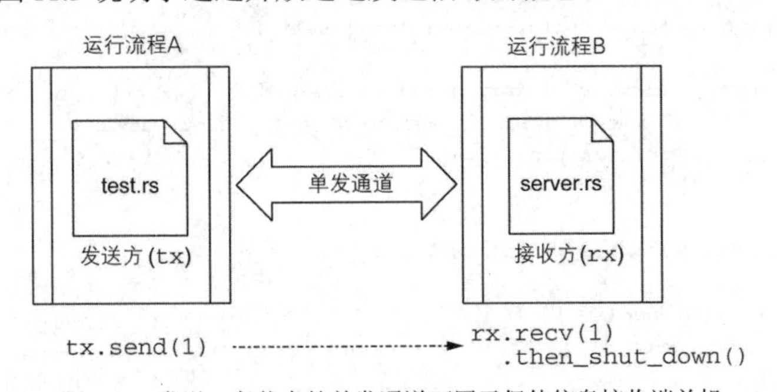

图11.3　发送一条信息的单发通道可用于促使信息接收端关机

现在，这个信号可以是命令行上的Ctrl-C命令(取决于操作系统)。如果你触发了这个信号，Warp将确保以适当的方式关闭一切，也许会清空一些地址空间，而不是执行强制关机。然而，由于“远离”命令行(在测试中，希望在不同的项目中远程启动和停止服务器)，需要一个可以发送给正在运行的服务器的信号。

这就是通道发挥作用的地方。通道可以在两个实例之间创建，然后双方可通过通道进行通信。Tokio 网站上有关于通道的详细教程(https://tokio.rs/tokio/tutorial/channels)。在本例中，使用单发通道，该通道用于在发送方和接收方之间发送单个值。而其他通道则应保持，甚至无限期地保持。

因此，下面这一行创建通道，并返回一个 tx(发送方)和一个 rx(接收方)对象：

```
let (tx, rx) = oneshot::channel::();
```

在 bind_with_graceful_shutdown 函数中，使用 rx 等待信号，并使用创建的发送方(tx)构建一个 OneshotHandler 对象。之后当通过 MockServer::new 创建一个新的 MockServer 时，会得到一个新的对象，可以在该对象上调用 oneshot 函数。这将启动服务器，并返回一个 sender，你可以使用它发送一条简单的消息(i32)，一旦你发送了这条消息，服务器就会开始关闭。下面实际操作一下，为 profanity 模块添加测试，参见代码清单 11.11。

代码清单 11.11　在 check_profanity 测试中使用模拟服务器

```
...

#[instrument]
pub async fn check_profanity(content: String)
    -> Result<String, handle_errors::Error> {
    // We are already checking if the ENV VARIABLE is set inside main.rs,
    // so safe to unwrap here
    let api_key = env::var("BAD_WORDS_API_KEY")
      .expect("BAD WORDS API KEY NOT SET");
    let api_layer_url = env::var("API_LAYER_URL")
      .expect("APILAYER URL NOT SET");

    let retry_policy = ExponentialBackoff::builder()
      .build_with_max_retries(3);
    let client = ClientBuilder::new(reqwest::Client::new())
        // Trace HTTP requests. See the tracing crate to make use of
        // these traces.Retry failed requests.
        .with(RetryTransientMiddleware::new_with_policy(retry_policy))
        .build();

    let res = client
        .post(format!(
            "{}/bad_words?censor_character=*",
            api_layer_url
        ))
        .header("apikey", api_key)

...

#[cfg(test)]
mod profanity_tests {
    use super::{check_profanity, env};

    use mock_server::{MockServer, OneshotHandler};

    #[tokio::test]
    async fn run() {
        let handler = run_mock();
```

```
        censor_profane_words().await;
        no_profane_words().await;
        let _ = handler.sender.send(1);
    }

    fn run_mock() -> OneshotHandler {
        env::set_var("API_LAYER_URL", "http://127.0.0.1:3030");
        env::set_var("BAD_WORDS_API_KEY", "YES");

        let socket = "127.0.0.1:3030"
            .to_string()
            .parse()
            .expect("Not a valid address");
        let mock = MockServer::new(socket);
        mock.oneshot()
    }

    async fn censor_profane_words() {
        let content = "This is a shitty sentence".to_string();
        let censored_content = check_profanity(content).await;
        assert_eq!(censored_content.unwrap(), "this is a ****** sentence");
    }

    async fn no_profane_words() {
        let content = "this is a sentence".to_string();
        let censored_content = check_profanity(content).await;
        assert_eq!(censored_content.unwrap(), "");
    }
}
```

在以上代码中有一个 run 函数，只会被 cargo test 触发。在该函数中，启动模拟服务器(并接收带有 sender 的 oneshot 函数)。运行两个测试，调用 check_profanity 函数的真实实现，并在两个函数运行后，通过单发通道发送一个任意整数来向模拟服务器发出关闭信号。

不过，run_mock 函数还有一段重要的代码。必须能够更改 check_profanity 函数所调用的 URL。可通过一个环境变量将主机从 api.apilayer.com 替换为本地主机。为此，需要在.env 文件中添加这个环境变量，参见代码清单 11.12。

代码清单 11.12 在.env 文件中添加 API_LAYER_URL

```
BAD_WORDS_API_KEY=API_KEY
PASETO_KEY="RANDOM WORDS WINTER MACINTOSH PC"
API_LAYER_URL="https://api.apilayer.com"
PORT=8080
POSTGRES_USER=username
POSTGRES_PASSWORD=password
POSTGRES_DB=rustwebdev
POSTGRES_HOST=localhost
POSTGRES_PORT=5432
```

为 profanity 模块添加测试以后，可再次运行 cargo test 来查看所有测试的执行情况：

```
$ cargo test
   Finished test [unoptimized + debuginfo] target(s) in 0.08s
      Running unittests (target/debug/deps/rust_web_dev-125890e6530d6a57)

running 7 tests
test types::pagination::pagination_tests::valid_pagination … ok
test types::pagination::pagination_tests::missing_offset_paramater … ok
test types::pagination::pagination_tests::wrong_limit_type … ok
test types::pagination::pagination_tests::missing_limit_paramater … ok
test types::pagination::pagination_tests::wrong_offset_type … ok
test config::config_tests::unset_and_set_api_key … ok
test profanity::profanity_tests::run … ok

test result: ok. 7 passed; 0 failed; 0 ignored; 0 measured; 0 filtered out;
finished in 0.00s
```

刚刚完成测试的这三个模块涵盖了你将在 Rust 代码库中反复使用的各种技术。你可能不会对 config 这样的小模块进行单元测试，但本书的目的在于教学，这让我们有机会了解 Rust 测试的并行特性以及如何处理环境变量。

pagination 模块让我们看到对比错误并不是那么简单，而最后一个 profanity 模块的影响最大，因为我们从头开始创建了一个模拟服务器。但这项技能的适用范围很广。有了这些测试，可以专注于测试旅程的下一步：Warp 过滤器。

11.2　测试 Warp 过滤器

在将传入的 HTTP 请求传递给路由函数之前，要通过认证过滤器，以确保存在 Authorization 头，并且 Authorization 头中存在有效的令牌。这段代码的测试对于应用程序的安全性至关重要。如果能在不启动服务器并通过它运行请求的情况下测试这段代码，那将非常有利。

有两种测试方法：

- 单独测试认证功能。
- 使用集成的 warp::test 模块在不启动服务器的情况下测试端点。

这里将采用第二种方法，因为可以检查各种端点，确保它们包含了 auth 中间件，并且可以看到 Warp 中的测试模块是如何运行的。下面是 authentication.rs 文件中的代码，粗体部分是在路由中使用的过滤函数：

```
…

pub fn verify_token(token: String) -> Result<Session, handle_errors::Error> {
    let key = env::var("PASETO_KEY").unwrap();
    let token = paseto::tokens::validate_local_token(
        &token,
        None,
        key.as_bytes(),
        &paseto::tokens::TimeBackend::Chrono,
```

```
    )
    .map_err(|_| handle_errors::Error::CannotDecryptToken)?;

    serde_json::from_value::<Session>(token).map_err(|_| {
        handle_errors::Error::CannotDecryptToken
    })
}

fn issue_token(account_id: AccountId) -> String {
    let key = env::var("PASETO_KEY").unwrap();

    let current_date_time = Utc::now();
    let dt = current_date_time + chrono::Duration::days(1);

    paseto::tokens::PasetoBuilder::new()
        .set_encryption_key(&Vec::from(key.as_bytes()))
        .set_expiration(&dt)
        .set_not_before(&Utc::now())
        .set_claim("account_id", serde_json::json!(account_id))
        .build()
        .expect("Failed to construct paseto token w/ builder!")
}

pub fn auth()
    -> impl Filter<Extract = (Session,), Error = warp::Rejection> + Clone {
    warp::header::<String>("Authorization").and_then(|token: String| {
        let token = match verify_token(token) {
            Ok(t) => t,
            Err(_) => return future::ready(Err(warp::reject::custom(
                handle_errors::Error::Unauthorized
            ))),
        };

        future::ready(Ok(token))
    })
}
```

可以使用前面提到的warp::test模块，创建一个请求，设置Authorization头信息，然后查看auth过滤器是否按照预期运行，而不是启动一个测试服务器来运行请求。代码清单11.13展示了对auth过滤器的第一次测试。

代码清单 11.13　测试 src/routes/authentication.rs 中的 auth 过滤器

```
...

#[cfg(test)]
mod authentication_tests {
    use super::{auth, env, issue_token, AccountId};    ◄── 从认证模块导入所需的结构和函数

    #[tokio::test]
    async fn post_questions_auth() {
                                    必须设置PASETO_KEY环境变量，否则issue_token
                                    函数(auth在后台调用)将会失败
        env::set_var("PASETO_KEY", "RANDOM WORDS WINTER MACINTOSH PC");  ◄──┘
```

```
        let token = issue_token(AccountId(3));

        let filter = auth();

        let res = warp::test::request()
            .header("Authorization", token)
            .filter(&filter);
            assert_eq!(res.await.unwrap().account_id, AccountId(3));
    }
}
```

发放一个新的令牌，可以在授权头中传递给测试请求

调用带有头信息的 create-a-test 请求，并将其传递给过滤器，也就是 auth 函数

等待响应并返回一个会话，比较会话中的 account_id 和发放令牌时使用的 account_id

对于之前的测试，我们总会在探索过程中发现一些以前没有注意到的细节。在这种情况下，如果实现并运行这个测试，会发现偶尔会出现测试失败的情况：

```
$ cargo test
   Finished test [unoptimized + debuginfo] target(s) in 0.07s
    Running unittests (target/debug/deps/rust_web_dev-125890e6530d6a57)

running 8 tests
test types::pagination::pagination_tests::missing_offset_paramater … ok
test types::pagination::pagination_tests::wrong_limit_type … ok
test types::pagination::pagination_tests::wrong_offset_type … ok
test types::pagination::pagination_tests::missing_limit_paramater … ok
test types::pagination::pagination_tests::valid_pagination … ok
test config::config_tests::unset_and_set_api_key … ok
test routes::authentication::authentication_tests::post_questions_auth …
FAILED
test profanity::profanity_tests::run … ok

failures:

---- routes::authentication::authentication_tests::post_questions_auth
stdout ----
thread 'routes::authentication::authentication_tests::post_questions_auth'
panicked at 'called `Result::unwrap()` on an `Err` value:
Rejection(Unauthorized)', src/routes/authentication.rs:113:30

failures:
    routes::authentication::authentication_tests::post_questions_auth

test result: FAILED. 7 passed; 1 failed; 0 ignored; 0 measured; 0 filtered
out; finished in 0.00s
```

以上测试用例也证明测试代码的过程中会产生新见解。对于偶尔失败的测试，可以有两个假设：

- 同时运行的另一个测试对 auth 测试产生了一些副作用。
- 令牌发放的时间与测试失败有关。

事实证明，这两个假设都是正确的。必须确定哪些测试可能会受到干扰，而唯一需要设置和删除环境变量的就是 config 模块的测试。可以先注释掉它们，看看是否会对测试产生影响。如果这样做，那么重新运行测试时，会发现情况有所好转。测试通过的次

数增加了，但仍然不是每次都通过。

下面检查一下令牌是如何发出的(加粗显示带时间戳的代码段)：

```
fn issue_token(account_id: AccountId) -> String {
    let key = env::var("PASETO_KEY").unwrap();

    let current_date_time = Utc::now();
    let dt = current_date_time + chrono::Duration::days(1);

    paseto::tokens::PasetoBuilder::new()
        .set_encryption_key(&Vec::from(key.as_bytes()))
        .set_expiration(&dt)
        .set_not_before(&current_date_time)
        .set_claim("account_id", serde_json::json!(account_id))
        .build()
        .expect("Failed to construct paseto token w/ builder!")
}
```

可以确定，当发出令牌时，设置了 set_not_before 字段。not_before 字段的时间戳是 Utc::now。那么，莫非我们试图在 Utc::now 时间戳之前使用令牌？可以尝试删除令牌上的 set_not_before 设置，看看是否有影响。结果发现，auth 测试一直失败。进一步检查，发现当验证令牌时，试图通过 Serde 将其反序列化为一个新的 Session 对象。为了最终完成修改，改变了 Session 结构并删除了 nbf 字段：

```
#[derive(Serialize, Deserialize, Debug, Clone, PartialEq)]
pub struct Session {
    pub exp: DateTime<Utc>,
    pub account_id: AccountId,
    pub nbf: DateTime<Utc>,
}
```

在 config 测试仍被注释的情况下，删除令牌和会话上的 nbf 字段，然后重新运行测试：

```
$ cargo test
   Finished test [unoptimized + debuginfo] target(s) in 0.07s
      Running unittests (target/debug/deps/rust_web_dev-125890e6530d6a57)

running 7 tests
test types::pagination::pagination_tests::missing_limit_paramater … ok
test types::pagination::pagination_tests::valid_pagination … ok
test types::pagination::pagination_tests::missing_offset_paramater … ok
test types::pagination::pagination_tests::wrong_offset_type … ok
test types::pagination::pagination_tests::wrong_limit_type … ok
test routes::authentication::authentication_tests::post_questions_auth … ok
test profanity::profanity_tests::run … ok

test result: ok. 7 passed; 0 failed; 0 ignored; 0 measured; 0 filtered out;
finished in 0.00s
```

每次运行的结果都是绿色的。如果取消对 config 测试的注释，则会导致测试偶尔失败。进一步检查测试，可以看到 PASETO_KEY 环境变量被设置为 YES。在继续尝试隔离测试之前，将示例值改为正确的键值，并重新运行测试：

```
…
#[cfg(test)]
mod config_tests {
    use super::*;

    fn set_env() {
        env::set_var("BAD_WORDS_API_KEY", "yes");
        env::set_var("PASETO_KEY", "yes");
        env::set_var("PASETO_KEY", "RANDOM WORDS WINTER MACINTOSH PC");
…
```

将在每个测试运行后，都得到表示通过的结果。

```
$ cargo test
   Finished test [unoptimized + debuginfo] target(s) in 0.07s
      Running unittests (target/debug/deps/rust_web_dev-125890e6530d6a57)

running 8 tests
test types::pagination::pagination_tests::missing_offset_paramater … ok
test types::pagination::pagination_tests::wrong_offset_type … ok
test types::pagination::pagination_tests::wrong_limit_type … ok
test types::pagination::pagination_tests::valid_pagination … ok
test routes::authentication::authentication_tests::post_questions_auth … ok
test config::config_tests::unset_and_set_api_key ... ok
test types::pagination::pagination_tests::missing_limit_paramater … ok
test profanity::profanity_tests::run … ok

test result: ok. 8 passed; 0 failed; 0 ignored; 0 measured; 0 filtered out;
finished in 0.00s
```

为了一个简单的过滤器测试，我们做了大量的修改和摸索，但最终，更好地了解了代码，改变了实际的代码库，并对应用程序的内部工作更有信心。我们已经准备好进入本章测试之旅乃至本书的最后一部分：集成测试。

11.3　创建集成测试配置

在本书中，当谈到集成测试时，指的是在本地主机或 Docker 环境中启动 Web 服务，建立本地数据库，并模拟外部 API 端点。要确保每个模块都能正常工作，整个注册、登录和创建问题的工作流程都能按照预期运行。集成测试设置中的模块和流程如图 11.4 所示。

集成测试和端到端测试是有区别的。在本书中，集成测试是指应用程序中模块之间的连接。例如：我能否发送 HTTP POST 请求，在 Web 服务中创建一个新问题并得到相应的响应？这也意味着模拟外部 API 调用第三方。

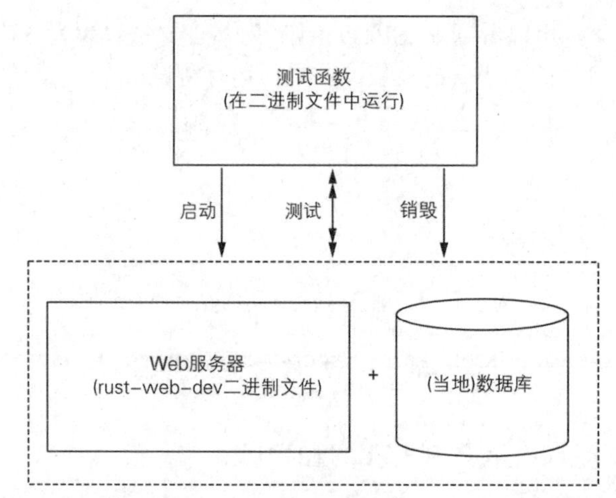

图 11.4 在集成测试前设置服务器和数据库，并在完成后销毁

这一步也在很大程度上取决于开发环境。可以有以下选择：

- 设置一个 bash 脚本，启动 Docker 环境并在最后关闭。
- 通过代码库建立 Docker 环境，并在最后关闭。
- 使用不带 Docker 的本地设置，让测试在当前代码库中运行。
- 创建一个子文件夹或新的 Cargo 项目，将集成测试放在其中，并在本地设置中运行。

选择最后一个选项(为集成测试创建子文件夹)，如图 11.5 所示。

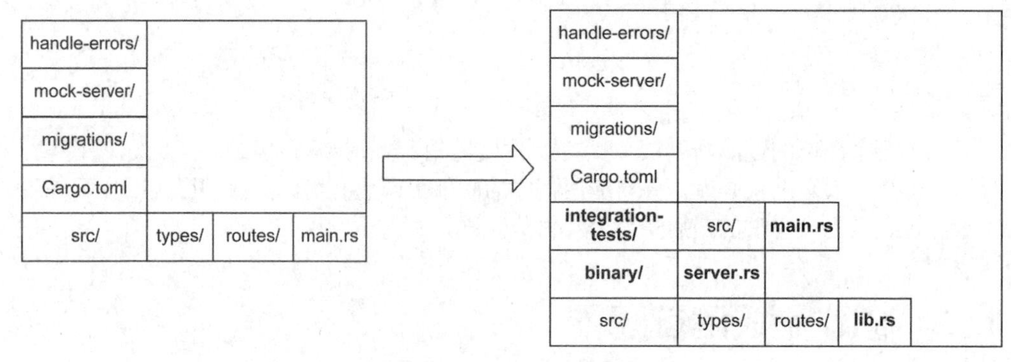

图 11.5 重构代码库，同时提供库和二进制文件

本书的重点是问题的 Rust 部分。每个主题(构建 API、添加认证、设置测试环境)都有各种外部因素和最佳实践，这些因素和实践有时变化很快。因此，选择在本地环境中探索集成测试设置的解决方案。

尝试做到以下几点：

- 在项目的根目录下新建一个名为 integration-tests 的 Cargo 项目。
- 通过 main.rs 文件创建一个 lib.rs 文件，并利用 main.rs 文件的其余部分创建一个二进制文件夹。

- 在新建的 lib.rs 文件中添加一个 oneshot 函数，以便启动服务器并在运行中关闭它。
- 在 Rust 代码库中建立一个本地数据库，并在每次集成测试后将其删除。
- 以普通 Rust 函数的形式编写测试函数，并向正在运行的 Web 服务器发送 HTTP 请求。

图 11.6 展示了 main.rs 文件的拆分，以及新的 server.rs 和 lib.rs 文件将包含的内容。

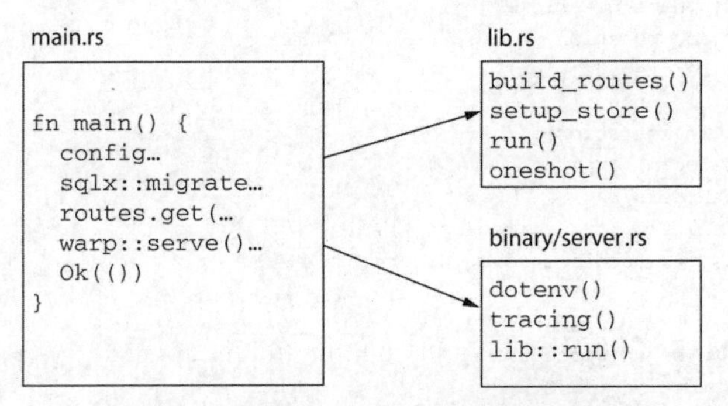

图 11.6　将 main.rs 拆分为 server.rs 和 lib.rs

代码库的这次大调整(将 main.rs 拆分为 server.rs 和 lib.rs)将会教你很多关于如何进一步设置服务器参数的知识。在接下来的内容中，我们将做的大部分代码拆分工作实际上是从头开启一个项目时要尝试做的第一件事。

11.3.1　将代码库拆分为 lib.rs 和二进制文件

希望通过代码库创建一个库和一个二进制文件。这将允许使用代码库之外(以及新的集成测试项目中)的公有函数和结构体，并且仍然能够执行 cargo run 来启动服务器，并使用 cargo build 来创建代码库的二进制版本。第一步是将 main.rs 重命名为 lib.rs，第二步是通过创建函数来创建 store 和路由，并运行服务器。代码清单 11.14 包含了所有细节。

代码清单 11.14　将 main.rs 重命名为 lib.rs，并对功能进行分组

```
#![warn(clippy::all)]

…

async fn build_routes(store: store::Store)
    -> impl Filter<Extract = impl Reply> + Clone {
    let store_filter = warp::any().map(move || store.clone());

    let cors = warp::cors()
        .allow_any_origin()
        .allow_header("content-type")
        .allow_methods(&[Method::PUT, Method::DELETE]);

    let get_questions = warp::get()
        .and(warp::path("questions"))
        .and(warp::path::end())
```

```
            .and(warp::query())
            .and(store_filter.clone())
            .and_then(routes::question::get_questions);

    …

    get_questions
            .or(update_question)
            .or(add_question)
            .or(delete_question)
            .or(add_answer)
            .or(registration)
            .or(login)
            .with(cors)
            .with(warp::trace::request())
            .recover(handle_errors::return_error)
   }

   pub async fn setup_store(
       config:
       &config::Config
   ) -> Result<store::Store, handle_errors::Error> {
       let store = store::Store::new(&format!(
           "postgres://{}:{}@{}:{}/{}",
           config.db_user,
           config.db_password,
           config.db_host,
           config.db_port,
           config.db_name
    ))
    .await
    .map_err(handle_errors::Error::DatabaseQueryError)?;
    sqlx::migrate!()
        .run(&store.clone().connection)
        .await
        .map_err(handle_errors::Error::MigrationError)?;

    let log_filter = format!(
        "handle_errors={},rust_web_dev={},warp={}",
        config.log_level, config.log_level, config.log_level
    );

    tracing_subscriber::fmt()
        // Use the filter we built above to determine which traces to record.
        .with_env_filter(log_filter)
        // Record an event when each span closes.
        // This can be used to time our
        // routes' durations!
        .with_span_events(FmtSpan::CLOSE)
        .init();

    Ok(store)
}

pub async fn run(config: config::Config, store: store::Store) {
```

```
    let routes = build_routes(store).await;
    warp::serve(routes).run(([0, 0, 0, 0], config.port)).await;
}
```

现在，在 src 文件夹下创建一个名为 bin 的文件夹，并添加一个名为 server.rs 的文件。这将是 cargo run 执行和构建的地方。代码清单 11.15 展示了新的文件。

代码清单 11.15　新 src/bin 文件夹中的新 server.rs 文件

```
use rust_web_dev::{config, run, setup_store};

#[tokio::main]
async fn main() -> Result<(), handle_errors::Error> {
    dotenv::dotenv().ok();

    let config = config::Config::new().expect("Config can't be set");
    let store = setup_store(&config).await?;

    tracing::info!("Q&A service build ID {}", env!("RUST_WEB_DEV_VERSION"));

    run(config, store).await;

    Ok(())
}
```

将通过 dotenv::dotenv().ok 初始化.env 文件，创建一个 config，并将其传递给 lib.rs 中的 setup_store 函数，然后使用 store 和 config 对象调用 run 函数，在内部构建路由并启动服务器。

文件的第一行表示现在访问名为 rust_web_dev(项目名)的库，并从中导入公有函数。

重命名还会造成其他影响。如果想从库的内部导入模块，现在必须使用 crate 关键字。代码清单 11.16 展示了更新后的 authentication.rs 文件。

代码清单 11.16　通过 authentication.rs 中的 crate 关键字导入库代码

```
use argon2::{self, Config};
use chrono::prelude::*;
use rand::Rng;
use std::{env, future};
use warp::Filter;

use crate::store::Store;
use crate::types::account::{Account, AccountId, Session};

pub async fn register(
    store: Store,
    account: Account
) -> Result<impl warp::Reply, warp::Rejection> {
   let hashed_password = hash_password(account.password.as_bytes());

…
```

必须在另外三个文件中做同样的事情(更新的代码可以在 https://github.com/Rust-Web-Development/code/tree/main/ch_11 找到)：

- routes/answer.rs
- routes/question.rs
- store.rs

通过 cargo run 运行代码的结果应该和以前一样。这一改动为在项目中创建新的集成测试模块奠定了基础，使你能更好地控制服务器。下一节将完善缺失的部分。

11.3.2 创建集成测试 crate 和单发服务器实现

为了运行集成测试，需要能够根据命令启动和停止 Web 服务器。将使用从模拟服务器中学到的技巧，在集成测试和 Web 服务器之间创建一个单发通道。我们已经创建了一个 lib.rs 文件，现在可以根据需要添加功能并进一步调整服务器。代码清单 11.17 展示了如何添加单发功能。

代码清单 11.17 在 src/lib.rs 中为服务器添加一个单发通道

```
#![warn(clippy::all)]

use handle_errors;
use tokio::sync::{oneshot, oneshot::Sender};
use tracing_subscriber::fmt::format::FmtSpan;
use warp::{http::Method, Filter, Reply};

…

pub struct OneshotHandler {
   pub sender: Sender<i32>,
}

…

pub async fn run(config: config::Config, store: store::Store) {
     let routes = build_routes(store).await;
     warp::serve(routes).run(([0, 0, 0, 0], config.port)).await;
}

pub async fn oneshot(store: store::Store) -> OneshotHandler {
     let routes = build_routes(store).await;
     let (tx, rx) = oneshot::channel::<i32>();

     let socket: std::net::SocketAddr = "127.0.0.1:3030"
          .to_string()
          .parse()
          .expect("Not a valid address");

     let (_, server) = warp::serve(routes).bind_with_graceful_shutdown(
       socket, async {
          rx.await.ok();
```

```
    });

    tokio::task::spawn(server);

    OneshotHandler { sender: tx }
}
```

以上步骤在实现模拟服务器的过程中都使用过。构建路由，创建通道，并返回一个OneshotHandler，其中包含发送者对象。当要关闭服务器时，将使用该对象通过通道向服务器发送一个整数。

现在，是时候在项目根目录下创建新的集成测试 crate 了：

```
$ cargo new integration-tests
```

需要在 Cargo.toml 文件中添加一些依赖(见代码清单 11.18)。值得注意的是，还要将 rust-web-dev 库(项目)添加到依赖列表中。例如，需要访问 oneshot 函数，以及 config 模块来创建服务器。

代码清单 11.18　针对集成测试 crate 的 Cargo.toml 文件

```
[package]
name = "integration-tests"
version = "0.1.0"
edition = "2021"

[dependencies]
rust-web-dev = { path = "../", version = "1.0.0" }
dotenv = "0.15.0"
tokio = { version = "1.1.1", features = ["full"] }
reqwest = { version = "0.11", features = ["json"] }
serde = { version = "1.0", features = ["derive"] }
serde_json = "1.0"
```

代码清单 11.19 展示了 main.rs 的第一个版本，它让我们初步了解了在设置服务器时想要实现的目标。

代码清单 11.19　从集成测试中启动服务器的首次尝试

```
use rust_web_dev::{config, handle_errors, oneshot, setup_store};

#[tokio::main]
async fn main() -> Result<(), handle_errors::Error> {
    dotenv::dotenv().ok();
    let config = config::Config::new().expect("Config can't be set");

    let store = setup_store(&config).await?;

    let handler = oneshot(store).await;

    // register_user();
    // login_user();
```

```
    // post_question();

    let _ = handler.sender.send(1);

    Ok(())
}
```

从项目中导入所需的函数和模块，编译器会在这里抛出第一个错误。config 模块和 handle_errors 模块是不公开的，目前仅限于 lib.rs。若想改变这种情况，可以在 lib.rs 文件中将 pub 关键字添加到相应的模块前：

```
#![warn(clippy::all)]

pub use handle_errors;

use tokio::sync::{oneshot, oneshot::Sender};
use tracing_subscriber::fmt::format::FmtSpan;
use warp::{http::Method, Filter, Reply};
pub mod config;
mod profanity;
mod routes;

…
```

还需要将项目文件夹中的.env 文件复制到集成测试 crate 中，因为 dotenv 辅助库在调用时会在这里查找文件：

```
$ cd BOOK_PROJECT
$ cp .env integration-tests/
```

现在已准备就绪，可以开始编写第一个集成测试。

11.3.3 添加注册测试

需要启动 Web 服务，并向其发送带有电子邮件/密码组合的 HTTP 请求。代码清单 11.20 展示了实现细节。

代码清单 11.20 在 integration-tests/main.rs 中添加注册 HTTP 调用

```
use rust_web_dev::{config, handle_errors, oneshot, setup_store};
use serde::{Deserialize, Serialize};
use serde_json::Value;

#[derive(Serialize, Deserialize, Debug, Clone)]
struct User {
    email: String,
    password: String,
}

#[tokio::main]
async fn main() -> Result<(), handle_errors::Error> {
```

```
    dotenv::dotenv().ok();
    let config = config::Config::new().expect("Config can't be set");

    let store = setup_store(&config).await?;

    let handler = oneshot(store).await;

    let u = User {
        email: "test@email.com".to_string(),
        password: "password".to_string(),
    };

    register_new_user(&u).await?;

    let _ = handler.sender.send(1);

    Ok(())
}
async fn register_new_user(user: &User) {
    let client = reqwest::Client::new();
    let res = client
        .post("http://localhost:3030/registration")
        .json(&user)
        .send()
        .await
        .unwrap()
        .json::<Value>()
        .await
        .unwrap

    assert_eq!(res, "Account added".to_string());
}
```

这个测试看起来微不足道。通过 oneshot 函数启动 Web 服务器，创建一个假用户，然后创建一个名为 register_new_user 的函数，通过 Reqwest 发送 HTTP 请求。如果仔细观察，可以发现这个函数与通常写的函数不同：

- 没有返回类型(某种形式的结果)。
- 不做任何错误处理，而是直接解析 Result。
- 用 assert_eq!宏结束函数。

为什么要这样做呢？首先，不关心任何错误处理或结果的进一步处理。想检查是否可以创建账户，如果可以，则说明集成测试成功；如果不能，则意味着失败了，并输出："出错了！"

如果进一步思考：失败意味着什么？必须明确停止模拟服务器，并停止其他测试函数的运行。需要一种方法来优雅地关闭模拟服务器和自己的应用程序。你很快就会看到如何实现这一点。

但是，让我们先处理另外两个更明显的问题。可导航到 integration-tests 文件夹来运行测试，并在命令行中执行 cargo run。

会遇到两个问题：

- 收到一个数据库错误，得知用户已经存在。
- HTTP 请求的响应无法解析，因为它不是有效的 JSON。

下面先解决第二个问题。在 src/routes/authentication.rs 中检查返回的内容，发现返回的是字符串，而不是有效的 JSON：

```
pub async fn register(
    store: Store,
    account: Account
) -> Result<impl warp::Reply, warp::Rejection> {
   …

   match store.add_account(account).await {
      Ok(_) =>
         Ok(warp::reply::with_status("Account added", StatusCode::OK)),
      Err(e) => Err(warp::reject::custom(e)),
   }
}
```

按如下方式将上面粗体部分的代码改为 warp::reply::json()：

```
pub async fn register(
    store: Store,
    account: Account
) -> Result<impl warp::Reply, warp::Rejection> {
   …

   match store.add_account(account).await {
         Ok(_) => Ok(warp::reply::json(&"Account added".to_string())),
         Err(e) => Err(warp::reject::custom(e)),
   }
}
```

以上代码解决了将响应解析为 JSON 值的问题。至于第一个错误，即账户已经存在的问题，每个人都可能在本地遇到。目前正在重复使用整本书所使用的数据库，可能之前使用了相同的电子邮件。然而，这种情况并不是我们想要的。需要做以下工作：

- 创建一个新的测试数据库，仅用于集成测试。
- 每次运行测试时连接到该测试数据库。
- 在每次运行集成测试后清理数据库。

首先，修改集成测试 crate 中的.env 文件，以连接到一个名为 test 的数据库：

```
…
PORT=8080
POSTGRES_USER=username
POSTGRES_PASSWORD=password
POSTGRES_DB=test
POSTGRES_HOST=localhost
POSTGRES_PORT=5432
```

现在必须找到一种为每次运行创建和删除数据库的方法。可通过命令行手动创建，然后在代码中使用 SQL 语句在每次测试后删除所有数据。为了简单起见，也为了学习新知识，将尝试通过 Rust 标准库在代码中执行 CLI 命令。代码清单 11.21 展示了如何执行。

代码清单 11.21 为每次运行删除和创建测试数据库

```
use std::process::Command;        // 标准库提供命令模块，可用于将CLI命令转换成代码
use std::io::{self, Write};
use rust_web_dev::{config, handle_errors, oneshot, setup_store};
use serde::{Deserialize, Serialize};
use serde_json::Value;

#[derive(Serialize, Deserialize, Debug, Clone)]
struct User {
    email: String,
    password: String,
}

#[tokio::main]
async fn main() -> Result<(), handle_errors::Error> {
    dotenv::dotenv().ok();
    let config = config::Config::new().expect("Config can't be set");

    let s = Command::new("sqlx")        // 创建一个新命令，这是 SQLx CLI 工具，调用它来删除和创建数据库
        .arg("database")                // 指定传递给 sqlx 命令的参数
        .arg("drop")
        .arg("--database-url")
        .arg(format!("postgres://{}:{}/{}",
            config.db_host, config.db_port, config.db_name
        ))
        .arg("-y")                      // 添加一个-y 参数，以自动回答 CLI 问题，如果确定要删除数据库，则回答“是”
        .output()                       // 输出函数将创建最终命令，可以稍后执行
        .expect("sqlx command failed to start");

    io::stdout().write_all(&s.stderr).unwrap();   // 使用 stdout 函数将命令写入命令行并执行

    let s = Command::new("sqlx")
        .arg("database")
        .arg("create")
        .arg("--database-url")
        .arg(format!("postgres://{}:{}/{}",
            config.db_host, config.db_port, config.db_name
        ))
        .output()
        .expect("sqlx command failed to start");

    io::stdout().write_all(&s.stderr).unwrap();

    ...
}

...
```

将下面两条 CLI 命令转换成 Rust 标准库中的命令生成器结构：

```
sqlx database drop --database-url postgres://localhost:5432/test -y
```

```
sqlx database create --database-url postgres://localhost:5432/test
```

然后通过 write_all 命令来执行，在这里还可通过 stderr 字段来指定是否打印错误：

```
io::stdout().write_all(&s.stderr).unwrap();
```

完成后，可再次尝试通过 cargo run 运行二进制文件，并发送 HTTP 请求以注册新用户。如果没有任何输出，则说明测试成功，注册了一个新用户并将其添加到数据库中。

11.3.4 发生错误时进行堆栈展开

可以创建一个新账户，并且调用成功。但是也必须为测试失败的情况做好准备。因为这里写的是纯 Rust，仅调用应用程序集成测试，所以得不到 Rust 测试辅助逻辑的任何支持，无法在出错的情况下以正确的方式启动和结束应用程序。必须自己处理这个问题。代码清单 11.22 展示了最终的代码，我们将在后面进行解释。

代码清单 11.22 对可能失败的集成测试进行堆栈展开

```
use std::process::Command;
use std::io::{self, Write};

use futures_util::future::FutureExt;    // 通过 futures_util crate 在异步测试函数中使用 catch_unwind 函数

...

#[tokio::main]
async fn main() -> Result<(), handle_errors::Error> {
    ...

    print!("Running register_new_user...");

    let result = std::panic::AssertUnwindSafe(register_new_user(&u))
        .catch_unwind().await;    // 使用 Rust 标准库中的 AssertUnwindSafe 封装器来封装函数和变量

    match result {    // 匹配 register_new_user 函数的结果
        Ok(_) => println!("✓ "),    // 如果测试成功，会在命令行中打印一个复选标记
        Err(_) => {    // 如果函数异常(panic)，会通过之前的 catch_unwind 进行捕获，并在此处结束进程
            let _ = handler.sender.send(1);
            std::process::exit(1);
        }
    }

    let _ = handler.sender.send(1);

    Ok(())
}

...
```

在编程中，unwind 指的是按相反的顺序从堆栈中移除函数和变量，以便在发生异常时重新开始。如果预期函数调用会发生异常(panic)，可以使用 Rust 标准库中的

catch_unwind 调用(http://mng.bz/K0dj)。在本例中，使用包装器 AssertUnwindSafe (http://mng.bz/9VJ7)，它表示使用的变量是可逆转的。将函数调用包装在其中，并从 futures_util crate 中调用 catch_unwind(http://mng.bz/jA9r)，该 crate 在轮询 future 时捕获可逆转的异常。

如果 register_new_user 函数发生异常(由于没有处理错误并进行解包)，并且在测试过程中发生其他问题，会进行堆栈展开(unwind)，停止模拟服务器，并结束进程。

11.3.5　测试登录和发布问题

现在可以添加登录测试和第一个问题。代码清单 11.23 展示了缺少的部分。

代码清单 11.23　添加 login 和 add_question 测试

```
…

#[derive(Serialize, Deserialize, Debug, Clone)]
struct User {
    email: String,
    password: String,
}

#[derive(Serialize, Deserialize, Debug, Clone)]
struct Question {
    title: String,
    content: String,
}

#[derive(Serialize, Deserialize, Debug, Clone)]
struct QuestionAnswer {
    id: i32,
    title: String,
    content: String,
    tags: Option<Vec<String>>,
}

#[derive(Serialize, Deserialize, Debug, Clone)]
struct Token(String);

#[tokio::main]
async fn main() -> Result<(), handle_errors::Error> {
    …

    print!("Running login...");
    match std::panic::AssertUnwindSafe(login(u)).catch_unwind().await {
        Ok(t) => {
               token = t;
               println!("✓ ");
        },
        Err(_) => {
             let _ = handler.sender.send(1);
             std::process::exit(1);
```

```
    }
}

print!("Running post_question...");
match std::panic::AssertUnwindSafe(post_question(token))
    .catch_unwind().await {
    Ok(_) => println!("✓ "),
    Err(_) => {
        let _ = handler.sender.send(1);
        std::process::exit(1);
    }
}

let _ = handler.sender.send(1);

Ok(())
}

…

async fn login(user: User) -> Token {
let client = reqwest::Client::new();
let res = client
    .post("http://localhost:3030/login")
    .json(&user)
    .send()
    .await
    .unwrap();

assert_eq!(res.status(), 200);

res
    .json::<Token>()
    .await
    .unwrap()
}

async fn post_question(token: Token) {
let q = Question {
    title: "First Question".to_string(),
    content: "How can I test?".to_string(),
};

let client = reqwest::Client::new();
let res = client
    .post("http://localhost:3030/questions")
    .header("Authorization", token.0)
    .json(&q)
    .send()
    .await
    .unwrap()
    .json::<QuestionAnswer>()
    .await
```

```
        .unwrap();
    assert_eq!(res.id, 1);
    assert_eq!(res.title, q.title);
}
```

这就是我们所做的：验证了注册和登录路由，并且可以创建新的问题。根据本书中讨论的知识，创建失败的测试(例如，在创建问题时缺少令牌)并使用 assert 宏来检查错误代码。

代码仍有改进的余地，这是留给你的练习：

- 在运行时打印出每个测试(函数)的名称，并在成功或失败时标记对号或×。
- 在每次运行之后(而不是之前)删除数据库。
- 在测试套件中添加失败测试。

本章所做的更改不仅验证了一个正常工作的 Web 服务，而且更改了代码库以适应测试环境。我们发现了一些问题(例如，没有为发送的每个 HTTP 响应返回 JSON)，并将存储和路由的创建移到它们自己的函数中。这样的代码更简洁，更能适应未来的变化。

11.4　本章小结

- 自包含函数非常适合单元测试，可以为函数提供不同的参数，并始终依赖于无副作用的响应。
- 在比较结果时，需要在结构体上实现 PartialEq 特性。
- 比较错误并不总是一件小事，最简单的解决方案是比较错误产生的字符串(通过 Display trait 和.to_string 函数)。
- Rust 并行运行测试，这在测试不同的环境变量时会产生副作用。这将影响所有依赖于这些环境变量的测试，因此需要尽可能的自包含。
- 不需要模拟外部 API 调用；可将它们调用的 URL 改为本地主机，并在自己的服务器上运行一个模拟服务器，以控制响应。
- 可在测试函数和服务器之间打开一个通道以关闭模拟服务器，可通过发送一个信号来优雅关闭服务器。
- 单发通道是一个很好的工具，可以与系统的不同部分(如模拟服务器)进行通信，并通过消息触发功能(如关闭)。
- 中间件的测试在一定程度上取决于你使用的 Web 框架。如果中间件能够像 warp::test 模块那样，在不启动服务器的情况下测试路由，那是最理想的。
- 集成测试是在本地环境中端到端测试功能(部分)的大规模测试。
- 你可以使用自己的文件夹或 crate，或者将它们与代码库的其他部分放在一起。

- 你需要能够在每次集成测试运行前和运行后启动和停止服务器并清理数据库。可通过一个启动 Docker 环境的 bash 文件来实现，或者通过你自己的代码库中的单发通道和标准库中的 Command 模块来实现。

附录

关于安全的思考

当开发 API 或其他 Web 服务时，你必须确保端点的安全，验证传入的数据，并了解攻击者可能如何滥用你的应用。这些主题涉及多本书，无法在此进行详细介绍。不过，本书可以在有限的范围内介绍一些工具，以便你检查和验证 Rust 代码，这样至少可以完成安全审计。

A.1 验证你的依赖是否存在安全问题

构建 Rust 代码库时需要引入数百个依赖。手动验证这些依赖项的方式是烦琐的，甚至可以说是不可能的。一个名为 Cargo-crev 的命令行工具可以帮助你完成这项任务。这个代码审查系统使用户能够审查第三方依赖项并发布审查结果。

最新的设置步骤可以在项目的 GitHub 库中找到：https://github.com/crev-dev/cargo-crev。你可以按照以下步骤安装和设置 Cargo-crev：

```
$ cargo install cargo-crev
$ cargo crev trust --level high https:/ /github.com/dpc/crev-proofs
$ cargo crev repo fetch all
```

下一步是在 Rust 项目文件夹中运行该工具：

```
$ cargo crev verify --show-all
```

这将生成一个表，其中包含你所有的 crate、版本以及其他审阅者发现的问题。例如，拉入的一个名为 traitobject 的 crate 有一个未解决的问题：

```
status reviews issues owner downloads loc lpidx geiger flgs crate
none   0     4    0  0  0 1 16318K  72935K 577  140    0 ____
version_check                 0.9.4                   ↓0.9.3
none   0     0    0  0  0 2  6698K 42472K 529 119 112 CB__
futures-task 0.3.21
none   1     1    0  1  0 1  6374K  7712K  96  70      88 ____
traitobject                 0.1.0
```

可以使用这个信息，并通过下面这个命令来了解这个问题的详细信息：

```
$ cargo crev repo query issue traitobject 0.1.0
```

这将生成以下内容：

````
---
kind: package review
version: -1
date: "2020-02-10T17:11:03.187657396+01:00"
from:
  id-type: crev
  id: tjxgceP0Tp8LrAEV_onFfMwoEKFqSMWWfN-1f-HnzIw
  url: "https:/ /github.com/Nemo157/crev-proofs"
package:
  source: "https:/ /crates.io"
  name: traitobject
  version: 0.1.0
  digest: mrCxpjxVETR7m06rtGmx71d6R5kQ_dlH25_WncE0UOk
review:
  thoroughness: none
  understanding: none
  rating: negative
issues:
   - id: "https:/ /github.com/reem/rust-traitobject/issues/5"
    severity: medium
    comment: ""
flags:
   unmaintained: true
comment: |-
  Has future compat warnings over a year old,
     and given that it is unmaintained
  there is very little possibility that these will be fixed.

  ```
  warning: conflicting implementations of trait `Trait` for type
     `(dyn std::marker::Send + std::marker::Sync + 'static)`: (E0119)
     |
  71 | unsafe impl Trait for ::std::marker::Send + Sync { }
     | ---------------------------------------------
  first implementation here
  72 | unsafe impl Trait for ::std::marker::Send + Send + Sync { }
     | ^^^^^^^^^^^^^^^^^^^^^^^^^^^^^^^^^^^^^^^^^^^^^^^^^^^
        conflicting implementation for
        `(dyn std::marker::Send + std::marker::Sync + 'static)`
     |
     = note: `#[warn(order_dependent_trait_objects)]` on by default
     = warning: this was previously accepted by the compiler
       but is being phased out; it will become a hard error
       in a future release!
     = note: for more information,
       see issue #56484 <https:/ /github.com/rust-lang/rust/issues/56484>
…
````
````

根据获得的信息，可以决定(或尝试)不使用这个 crate，或者尝试进入库并推送更改。目前，功能集有限。例如，无法轻松地查看在 Cargo.toml 文件中的哪个依赖项引入了这个 crate。

你可以使用的另一个 crate 是 Cargo Audit(http://mng.bz/VyO5)。这个工具将根据 RustSec 安全咨询数据库(https://github.com/RustSec/advisory-db/)检查依赖项，并报告发现的所有漏洞。可通过 cargo install 安装它：

```
$ cargo install cargo-audit
```

之后执行：

```
$ cargo audit
```

该工具将显示依赖关系树并提供解决方案：

```
$ argo audit
    Fetching advisory database from
      `https:/ /github.com/RustSec/advisory-db.git`
     Loaded 417 security advisories
       (from /Users/gruberbastian/.cargo/advisory-db)
    Updating crates.io index
    Scanning Cargo.lock for vulnerabilities (214 crate dependencies)
Crate:      hyper
Version:    0.14.7
Title:      Integer overflow in `hyper``s parsing
of the `Transfer-Encoding` header leads to data loss
Date:       2021-07-07
ID:         RUSTSEC-2021-0079
URL:        https:/ /rustsec.org/advisories/RUSTSEC-2021-0079
Solution:   Upgrade to >=0.14.10
Dependency tree:
hyper 0.14.7
??? warp 0.3.1
    ??? practical-rust-book 0.1.0
    ??? handle-errors 0.1.0
        ??? practical-rust-book 0.1.0
Crate:      hyper
Version:    0.14.7
Title:      Lenient `hyper` header parsing of `Content-Length`
                could allow request smuggling
Date:       2021-07-07
ID:         RUSTSEC-2021-0078
URL:        https:/ /rustsec.org/advisories/RUSTSEC-2021-0078
Solution:   Upgrade to >=0.14.10
```

在本例中，将 Hyper 升级到 0.14.10 版就能解决问题。

A.2 验证你的代码

在开发 Rust 应用时，请确保遵循指南。在线的 *Secure Rust Guidelines* (http://mng.bz/xMYB)提供了最佳实践和建议。

始终在最新的 Rust 稳定分支上进行开发，如果确实需要，可以切换到 nightly 分支。可通过 Rustup 运行 toolchain list 命令来验证这一点：

```
$ rustup toolchain list
stable-aarch64-apple-darwin (default)
beta-aarch64-apple-darwin
nightly-aarch64-apple-darwin
```

你使用的版本是默认设置的。请确保定期检查稳定版本的更新：

```
$ rustup update
```

可通过 Clippy 执行代码检查，并使用 Rust 格式化工具 Rustfmt 使代码格式化(如第 5 章所述)。一个干净、易读的代码库有助于更快地发现错误。再进一步，你可以验证你的实际代码。

一个名为 semval 的 crate 可以让你“在运行时验证复杂的数据结构”(https://github.com/slowtec/semval)。例如，你可以实现验证检查，告诉你的应用何为有效的电话号码或邮件地址。其他 crate 可以帮助你检查函数的输入并覆盖边缘情况：http://mng.bz/AVRW。

A.3 结束语

当涉及安全时，本书可涵盖基本设置并提供更多资源。但是，整个安全主题远远超出一本书的范围，我的建议是，就你自己无法解决的问题咨询安全专家。

Rust 安全代码工作组列出了一些可用的 crate 和项目：https://github.com/rust-secure-code/projects。根据经验，检查依赖项中的漏洞是第一步，而且是非常重要的一步。下一步是对代码进行检查和格式化，以便你轻松地理解代码并确保代码涵盖了基本内容。

然后验证函数的输入。如果有一个 API 端点，请检查未知参数和 JSON 可能对你的应用产生的影响。输入净化库也有助于解决这个问题。为了进行全面的检查，请阅读相关文献并咨询专家，以教你或为你完成工作。